21世纪高等院校 **云计算和大数据** 人才培养规划教材

Hadoop大数据
处理技术基础与实践

安俊秀 王鹏 靳宇倡 ◎ 编著

人民邮电出版社

北京

图书在版编目（CIP）数据

Hadoop大数据处理技术基础与实践 / 安俊秀，王鹏，靳宇倡编著. — 北京：人民邮电出版社，2015.12（2020.9重印）
21世纪高等院校云计算和大数据人才培养规划教材
ISBN 978-7-115-40074-1

Ⅰ．①H… Ⅱ．①安… ②王… ③靳… Ⅲ．①数据处理软件－高等学校－教材 Ⅳ．①TP274

中国版本图书馆CIP数据核字(2015)第177537号

内 容 提 要

全书共12章，从Hadoop起源开始讲述，介绍了Hadoop的安装和配置，并对Hadoop的组件分别进行了介绍，包括HDFS分布式存储系统、MapReduce计算框架、海量数据库HBase、Hive数据仓库、Pig、ZooKeeper管理系统等知识，最后对Hadoop实时数据处理技术做了简单介绍，旨在让读者了解当前其他的大数据处理技术。本书除了对Hadoop的理论进行说明之外，还对如何使用各组件进行了介绍，但介绍的只是基础知识的使用，并未涉及底层部分的高级内容，所以本书只是起一个引导作用，旨在让读者了解Hadoop且能够使用Hadoop的基本功能，并不是学习Hadoop的完全手册，如果希望进一步了解，还需要学习进阶课程。

本书可作为普通高等院校的云计算专业、物联网专业及云计算与大数据专业的核心基础课程的教材，也可作为云计算与大数据技术相关培训班等的教材或自学参考用书。

◆ 编　著　安俊秀　王　鹏　靳宇倡
　　责任编辑　王　威
　　责任印制　杨林杰

◆ 人民邮电出版社出版发行　北京市丰台区成寿寺路11号
　　邮编　100164　电子邮件　315@ptpress.com.cn
　　网址　http://www.ptpress.com.cn
　　北京七彩京通数码快印有限公司印刷

◆ 开本：787×1092　1/16
　　印张：18.75　　　　　　　2015年12月第1版
　　字数：494千字　　　　　2020年9北京第7次印刷

定价：45.00元

读者服务热线：(010)81055256　印装质量热线：(010)81055316
反盗版热线：(010)81055315

序

20世纪50年代，人类充满好奇地进入了信息时代，随后的半个多世纪人类的生活由于信息技术的高速发展发生了翻天覆地的变化，信息技术改变了人类的生活方式及生产方式。进入21世纪后，网络技术的空前发展催生了云计算和大数据技术的出现，1960年人工智能之父约翰·麦卡锡所预言的"计算机将作为公共设施提供给大家"这一设想在今天成为了现实。

云计算大数据的出现使信息技术的思路一下子得到拓宽，新技术层出不穷，传统的计算机教学模式被打破，分布式计算技术、虚拟化技术、大数据分析技术在传统计算机教学体系中都较少涉及，不少教师对如何进行云计算和大数据的教学都非常困惑。与此同时产业的高速发展又急切地需要大量高素质的人才，我在企业工作10余年，对于高素质人才的渴求真是深有体会，尽快建立云计算和大数据的课程体系成为了人才培养的当务之急。安俊秀教授的这本《Hadoop大数据处理技术基础与实践》正是对建立云计算和大数据课程体系的有益探索。

Hadoop目前是云计算和大数据技术领域的一个事实标准，已在各领域得到了广泛的应用。同时Hadoop是一个开源系统，对于今后实现云计算大数据产业的技术可控和数据安全是有益的。但是，Hadoop体系庞大，又涉及分布式存储系统架构，不容易以一种简单的方式向学生讲解，这是许多现有教材共同的问题。本书的主编安俊秀教授长期工作于教学一线，并致力于云计算科研工作多年，培养了一大批云计算和大数据专业的人才，积累了非常丰富的教学和科研经验。在本书中，安教授在长期积累的基础上以浅显易懂的方式深入浅出地对Hadoop技术进行了讲解，条理清晰，层次分明，同时辅以大量案例帮助学生理解复杂的技术难点。全书基本囊括了Hadoop主要的技术要点，是一本非常适合Hadoop教学的教材。

我与安教授已认识多年，她治学严谨、思路清晰、待人热情，对我们公司的技术人员多有指导。虽人在成都，但广东省高职高专云计算与大数据专委会的相关课程讨论会议也是每次必到，这一点甚是让人感动。对于教学工作，安教授总是以一种极端负责的心态去对待，一丝不苟。我相信安教授的这本新作一定会对培养云计算大数据领域的高层次技能性人才起到重要的促进作用。

谢高辉
广东省高职高专云计算与大数据专委会副理事长
广东云计算应用协会理事
广州五舟科技股份有限公司总经理

前　言

云计算与大数据是国家重点支持和发展的战略新兴产业，国家各部委相继出台了云计算与大数据专项支持政策。作为谷歌云计算与大数据基础架构的模仿实现，Hadoop已经成为云计算与大数据平台的事实标准。Hadoop具有很好的扩展性、容错性，以及高性能、大存储等特点，已经成为大型公司搭建云计算平台的主流技术，如百度、腾讯、阿里巴巴、FaceBook、Yahoo！及新浪等。目前很多中小型企业也在快速接受和使用它。产业的高速发展使企业对Hadoop人才的需求呈井喷式增长，但Hadoop的实用性人才培养数量和质量不能满足人才市场的需要，随着产业的高速发展，这一矛盾将更加突出。

Hadoop作为一种开源软件，其生态系统是开放的，所以它包含的软件种类多，版本升级较快，而且市面上的Hadoop图书大多为技术参考书，偏重产业和技术介绍，不适合院校作为教材使用。本书定位为高等院校云计算专业的核心专业基础课程教材，结合学生群体的就业需求，以实用为目的，避免讲述复杂的理论知识，重点讲解Hadoop技术架构的典型应用。

我们对本书的体系结构及内容做了精心的设计，实现理论指导实践、实践提升理论的良性循环。按照"模块理论－模块实践"这一思路进行编排，通过不断地螺旋迭代逐渐让学生掌握Hadoop的体系架构及各组件的功能及相应典型案例。在内容编写方面，注意难点分散、循序渐进；在实例选取方面，注意实用性强、针对性强。

在学习本书之前，大家应该具有如下的基础：要有一定的计算机网络和分布式系统的基础知识，对文件系统的基本操作有一定的了解；掌握常用的Linux操作命令；有较好的编程基础和阅读代码的能力，尤其是要能够熟练使用Java语言；对数据库、数据仓库、系统监控等知识最好也能有一些了解。

本书共12章，首先介绍了Hadoop起源及体系架构，接着详细描述了Hadoop的安装和配置，再对Hadoop的组件分别进行了介绍，包括：HDFS分布式存储系统架构、Shell操作和API的使用，MapReduce编程模型、数据流及任务流程，HBase逻辑视图、物理视图及其安装和基本用法，ZooKeeper数据模型、Shell操作命令及搭建环境，Hive功能、特点及安装配置，Pig功能、操作及安装配置，Sqoop功能、操作及安装配置等知识。最后对Hadoop的两个不同分支（Hadoop 1.x和Hadoop 2.x）做了简要的分析比较，对Hadoop实时数据处理技术作了简单介绍，旨在让读者了解当前其他的大数据处理技术，从而能够针对自己的学习兴趣和需要选择特定体系框架的Hadoop版本。

本书除了对Hadoop的理论进行说明之外，还对如何使用各组件进行了介绍，但介绍的只是基础知识的使用，没有涉及底层的高级内容，所以本书只是起一个引导作用，旨在让读者了解Hadoop并能够使用Hadoop的基本功能，不是学习Hadoop的完全手册。通过学习本书使学生达到分布式存储编程与应用能力、非结构化数据库技术与应用能力、大数据分析与处理能力、大数据挖掘技术与应用能力及Hadoop平台部署能力。书中所有实验均是在并行计算实验室（www.qhoa.org）集群环境下完成的。

本书每章都附有一定数量的习题，可以帮助学生进一步巩固基础知识；另外，每章还附有实践性较强的实训，可以供学生上机操作时使用。本书配备了PPT课件、源代码、习题答案等丰富的教学资源，任课教师可到人民邮电出版社教学服务与资源网（www.ptpedu.com.cn）免费下载使用。

本书由成都信息工程大学的安俊秀教授、王鹏教授和四川师范大学的靳宇倡教授担任主编，共同讨论编书指导思想、章节排序和内容组织结构，并全程参与了本书各章节的校定及审阅工作。其中第1章由靳宇倡编写，第2章、第3章、第5章、第7章由陆志君、安俊秀编写，第4章、第6章由杨海涛、王鹏编写，第8章～第12章由王远超、安俊秀编写，附录1由杨海涛编写，附录2由王远超编写，最后三位主编一起统稿。在编写本书的过程中，丁冠中、陶冶、胡逸芃、郭嘉懿和谭宇等几位同学做了大量实践工作，并提出了很多宝贵的修改意见，在此表示诚挚的感谢！

由于技术发展日新月异，加之我们水平有限，书中难免存在错误和不足之处，敬请广大读者批评指正。如果有任何问题和建议，可发送电子邮件至86631589@qq.com。

安俊秀
2015年于成都信息工程大学

目 录 CONTENTS

第1章 Hadoop 概述 1

- 1.1 Hadoop 来源和动机 1
- 1.2 Hadoop 体系架构 4
- 1.3 Hadoop 与分布式开发 6
- 1.4 Hadoop 行业应用案例分析 8
  - 1.4.1 Hadoop 在门户网站的应用 8
  - 1.4.2 Hadoop 在搜索引擎中的应用 9
  - 1.4.3 Hadoop 在电商平台中的应用 9
- 1.5 小结 10
- 习题 10

第2章 Hadoop 安装与配置管理 11

- 2.1 实验准备 11
- 2.2 配置一个单节点环境 13
  - 2.2.1 运行一个虚拟环境 CentOS 13
  - 2.2.2 配置网络 14
  - 2.2.3 创建新的用户组和用户 18
  - 2.2.4 上传文件到 CentOS 并配置 Java 和 Hadoop 环境 20
  - 2.2.5 修改 Hadoop2.2 配置文件 24
  - 2.2.6 修改 CentOS 主机名 28
  - 2.2.7 绑定 hostname 与 IP 29
  - 2.2.8 关闭防火墙 29
- 2.3 节点之间的免密码通信 30
  - 2.3.1 什么是 SSH 30
  - 2.3.2 复制虚拟机节点 30
  - 2.3.3 配置 SSH 免密码登录 31
- 2.4 Hadoop 的启动和测试 34
  - 2.4.1 格式化文件系统 34
  - 2.4.2 启动 HDFS 34
  - 2.4.3 启动 Yarn 35
  - 2.4.4 管理 JobHistory Server 36
  - 2.4.5 集群验证 36
  - 2.4.6 需要了解的默认配置 37
- 2.5 动态管理节点 38
  - 2.5.1 动态增加和删除 datanode 38
  - 2.5.2 动态修改 TaskTracker 39
- 2.6 小结 40
- 习题 41

第3章 HDFS 技术 42

- 3.1 HDFS 的特点 42
- 3.2 HDFS 架构 43
  - 3.2.1 数据块 44
  - 3.2.2 元数据节点与数据节点 45
  - 3.2.3 辅助元数据节点 47
  - 3.2.4 安全模式 48
  - 3.2.5 负载均衡 49
  - 3.2.6 垃圾回收 49
- 3.3 HDFSShell 命令 50
  - 3.3.1 文件处理命令 50
  - 3.3.2 dfsadmin 命令 56
  - 3.3.3 namenode 命令 58
  - 3.3.4 fsck 命令 58
  - 3.3.5 pipes 命令 59
  - 3.3.6 job 命令 59
- 3.4 HDFS 中的 Java API 的使用 60
  - 3.4.1 上传文件 62
  - 3.4.2 新建文件 63
  - 3.4.3 查看文件详细信息 65
  - 3.4.4 下载文件 66
- 3.5 RPC 通信 67
  - 3.5.1 反射机制 68
  - 3.5.2 代理模式与动态代理 71
  - 3.5.3 Hadoop RPC 机制与源码分析 74
- 3.6 小结 78
- 习题 78

第4章 MapReduce 技术 79

- 4.1 什么是 MapReduce 79
- 4.2 MapReduce 编程模型 81
  - 4.2.1 MapReduce 编程模型简介 81
  - 4.2.2 MapReduce 简单模型 82
  - 4.2.3 MapReduce 复杂模型 82
  - 4.2.4 MapReduce 编程实例——WordCount 83
- 4.3 MapReduce 数据流 84
  - 4.3.1 分片、格式化数据源（InputFormat）84

	4.3.2 Map 过程	86
	4.3.3 Shuffle 过程	86
	4.3.4 Reduce 过程	91
	4.3.5 文件写入（OutputFormat）	92
4.4	MapReduce 任务流程	92
	4.4.1 MRv2 基本组成	92
	4.4.2 Yarn 基本组成	93
	4.4.3 任务流程	93
4.5	MapReduce 的 Streaming 和 Pipe	94
	4.5.1 Hadoop Streaming	95
	4.5.2 Hadoop Pipe	96
4.6	MapReduce 性能调优	98
4.7	MapReduce 实战	100
	4.7.1 快速入门	100
	4.7.2 简单使用 Eclipse 插件	113
4.8	小结	122
	习　题	123

第 5 章　Hadoop I/O 操作　124

5.1	HDFS 数据完整性	124
	5.1.1 校验和	125
	5.1.2 DataBlockScanner	126
5.2	基于文件的数据结构	126
	5.2.1 SequenceFile 存储	126
	5.2.2 MapFile	131
	5.2.3 SequenceFile 转换为 MapFile	135
5.3	压缩	136
	5.3.1 Codec	136
	5.3.2 本地库	139
	5.3.3 如何选择压缩格式	140
5.4	序列化	141
	5.4.1 Writable 接口	142
	5.4.2 WritableComparable	143
	5.4.3 Hadoop writable 基本类型	144
	5.4.4 自定义 writable 类型	150
5.5	小结	152
	习　题	152

第 6 章　海量数据库 HBase 技术　153

6.1	初识 HBase	153
6.2	HBase 表视图	154
	6.2.1 概念视图	154
	6.2.2 物理视图	155
6.3	HBase 物理存储模型	156
6.4	安装 HBase	163
	6.4.1 HBase 单节点安装	163
	6.4.2 HBase 伪分布式安装	166
	6.4.3 HBase 完全分布式安装	167
6.5	HBase Shell	169
	6.5.1 general 一般操作	172
	6.5.2 ddl 操作	172
	6.5.3 dml 操作	175
6.6	小结	178
	习　题	178

第 7 章　ZooKeeper 技术　179

7.1	分布式协调技术	179
7.2	实现者	180
7.3	角色	180
7.4	ZooKeeper 数据模型	181
	7.4.1 Znode	181
	7.4.2 ZooKeeper 中的时间	182
	7.4.3 ZooKeeper 节点属性	182
	7.4.4 watch 触发器	183
7.5	ZooKeeper 集群安装	184
7.6	ZooKeeper 主要 Shell 操作	186
7.7	典型运用场景	188
	7.7.1 数据发布与订阅（Data pulication and subscription）	188
	7.7.2 统一命名服务（Name Service）	189
	7.7.3 分布通知/协调（Distribution of notification/coordination）	190
7.8	小结	191
	习　题	191

第 8 章　分布式数据仓库技术 Hive　192

8.1	Hive 出现原因	193
8.2	Hive 服务组成	193
8.3	Hive 安装	195
	8.3.1 Hive 基本安装	195
	8.3.2 MySQL 安装	195
	8.3.3 Hive 配置	196

8.4 Hive Shell 介绍	199	8.5.3 Hive 表 DML 操作	213
8.5 HiveQL 详解	200	8.6 小结	217
8.5.1 Hive 管理数据方式	201	习题	217
8.5.2 Hive 表 DDL 操作	203		

第9章 分布式数据分析工具 Pig　218

9.1 Pig 的安装和配置	219	9.4.4 Pig 程序运行方式	228
9.2 Pig 基本概念	219	9.4.5 Pig 输入与输出	230
9.3 Pig 保留关键字	221	9.5 模式（schemas）	232
9.4 使用 Pig	223	9.6 Pig 相关函数详解	240
9.4.1 Pig 命令行选项	223	9.7 小结	245
9.4.2 Pig 的两种运行模式	223	习题	245
9.4.3 Pig 相关 Shell 命令详解	224		

第10章 Hadoop 与 RDBMS 数据迁移工具 Sqoop　246

10.1 Sqoop 基本安装	247	10.3.4 sqoop-list-databases 操作	260
10.2 Sqoop 配置	247	10.3.5 sqoop-list-tables 操作	261
10.3 Sqoop 相关功能	248	10.4 Hive、Pig 和 Sqoop	
10.3.1 sqoop-import 操作	251	三者之间的关系	261
10.3.2 sqoop-import-all-tables 操作	256	10.5 小结	262
10.3.3 sqoop-export 操作	258	习题	262

第11章 Hadoop1.x 与 Hadoop2.x 的比较　263

11.1 Hadoop 发展历程	263	11.2.2 Hadoop1 与 Hadoop2	
11.2 Hadoop 1.x 与 Hadoop 2.x		之间配置差异	266
之间的差异	264	11.2.3 YARN	267
11.2.1 Hadoop 1 与 Hadoop 2		11.2.4 HDFS 联邦机制（Federation）	269
体系结构对比	265	11.3 小结	272
		习题	272

第12章 Hadoop 实时数据处理技术　273

12.1 Storm-YARN 概述	274	12.2 Apache Spark 概述	277
12.1.1 Apache Storm 组成结构	274	12.2.1 Apache Spark 组成结构	277
12.1.2 Storm 数据流	274	12.2.2 Apache Spark 扩展功能	278
12.1.3 Storm-YARN 产生背景	276	12.3 Storm 与 Spark 的比较	279
12.1.4 Storm-YARN 功能介绍	276	12.4 小结	279
		习题	280

附录 A 使用 Eclipse 提交 Hadoop 任务相关错误解决　281

附录 B 常用 Pig 内置函数简介　283

第 1 章
Hadoop 概述

学习目标

- 了解 Hadoop 的起源和发展历程，知道什么是 Hadoop
- 了解 Hadoop 的体系架构及各组件的功能

1.1 Hadoop 来源和动机

Hadoop 采用 Java 语言开发，是对 Google 的 MapReduce、GFS（Google File System）和 Bigtable 等核心技术的开源实现，由 Apache 软件基金会支持，是以 Hadoop 分布式文件系统（Hadoop Distributed File System，HDFS）和 MapReduce（Google MapReduce）为核心，以及一些支持 Hadoop 的其他子项目的通用工具组成的分布式计算系统。主要用于海量数据（大于 1TB）高效的存储、管理和分析。HDFS 的高容错性、高伸缩性等优点让用户可以在价格低廉的硬件上部署 Hadoop，形成分布式系统，是企业选择处理大数据集工具的不二选择。MapReduce 让用户可以在不了解分布式底层细节的情况下开发分布式程序，并可以充分利用集群的威力高速运算和存储。这一结构实现了计算和存储的高度耦合，十分有利于面向数据的系统架构，因此已成为大数据技术领域的事实标准。

简单来说，Hadoop 是一个可以更容易开发和运行处理大规模数据的软件平台。Hadoop 这个名字不是一个缩写，它是一个虚构的名字。该项目的创建者 Doug Cutting 解释 Hadoop 的得名："这个名字是我孩子给一个棕黄色的大象玩具命名的。我的命名标准就是简短，容易发音和拼写，没有太多的意义，并且不会被用于别处。小孩子恰恰是这方面的高手。"图 1-1 所示是 Hadoop 的 Logo。

图 1-1 Hadoop 的 Logo

Hadoop 最早起源于 Nutch。Nutch 是基于 Java 实现的开源搜索引擎，2002 年由 Doug Cutting 领衔的 Yahoo！团队开发。2003 年，Google 在 SOSP（操作系统原理会议）上发表了有关 GFS（Google File System，Google 文件系统）分布式存储系统的论文；2004 年，Google

在 OSDI（操作系统设计与实现会议）上发表了有关 MapReduce 分布式处理技术的论文。Cutting 意识到，GFS 可以解决在网络抓取和索引过程中产生的超大文件存储需求的问题，MapReduce 框架可用于处理海量网页的索引问题。但是，Google 仅仅提供了思想，并没有开源代码，于是，在 2004 年，Nutch 项目组将这两个系统复制重建，形成了 Hadoop，成为真正可扩展应用于 Web 数据处理的技术。

如图 1-2 所示，梳理了 Hadoop 技术发展与演进中的重要事件，以便于大家理解 Hadoop 技术从简单的技术雏形到完整的技术架构的发展历程。

图 1-2　Hadoop 发展时序图

Hadoop 大事记

2004 年：最初版本，现在称为 HDFS 和 MapReduce。因 Google 发表了相关论文，由 Doug Cutting 和 Mike Cafarella 实施，Doug Cutting、Mike Cafarella 两人基于 GFS 实现了 Nutch 分布式文件系统 NDFS。

2005 年：年初 Doug Cutting 和 Mike Cafarella 基于 Google 的 MapReduce 公开论文在 Nutch 上实现了 MapReduce 系统，12 月 Hadoop 被引入到 Nutch，在 20 个节点上稳定运行。

2006 年 2 月：NDFS 和 MapReduce 移除 Nutch 成为 Lucene 的一个子项目，称为 Hadoop，NDFS

重新命名为 HDFS（Hadoop Distribute File System），然后 Apache Hadoop 项目正式启动，以支持 HDFS 和 MapReduce 的独立发展，开启了以 MapReduce 和 HDFS 为基础的分布式处理架构的独立发展时期。

2006 年 2 月：雅虎的网格计算团队开始采用 Hadoop。

2007 年 4 月：研究集群达到 1000 个节点。

2007 年 11 月：纽约时报使用基于亚马逊 EC2 云服务器的 Hadoop 应用将往年的累积 4TB 的报纸扫描文档制作成 PDF 文件，仅耗时 24 小时花费 240 美元，向公众证明了 Hadoop 技术成本低、效率高的大数据处理能力。

2008 年 1 月：Hadoop 升级成为 Apache 顶级项目，截止此时，Hadoop 发展到 0.15.3 版本。

2008 年 2 月：Hadoop 首次验证了其具有处理 Web 级规模大数据的能力，雅虎公司采用 Hadoop 集群作为搜索引擎的基础架构，并将其搜索引擎成功部署在一个拥有 10000 个节点的 Hadoop 集群上。

2009 年 3 月：17 个集群总共 24000 台机器。

2010 年 2 月：Apache 发布 Hadoop 0.20.2 版本，该版本后来演化为 Hadoop 1.x 系列，获得了业界更加广泛的关注。

2010 年 5 月：Avro 数据传输中间件脱离 Hadoop 项目，成为 Apache 顶级项目。

2010 年 5 月：Facebook 披露他们建立了当时世界上最大规模的 Hadoop 集群，该集群拥有高达 21 PB 的数据存储能力。8 月份，Apache 发布 Hadoop 0.21.0 版本，该版本与 0.20.2 版本 API 兼容。

2010 年 9 月：Hive 数据仓库和 Pig 数据分析平台脱离 Hadoop 项目，成为 Apache 顶级项目。

2011 年 1 月：ZooKeeper 管理工具从 Hadoop 项目中孵化成功，成为 Apache 顶级项目。

2011 年 5 月：Hcatalog 数据存储系统的 1.0 版本发布，使得 Hadoop 的数据存储更加便捷高效。

2011 年 11 月：Apache 发布 Hadoop 0.23.0 版本，该版本后来成为一个系列，一部分功能演化成 Hadoop 2.x 系列，新增 HDFS Federation 和 YARN（Yet Another Resource Negotiator）框架，也叫 MapReduce2 或 MRv2 功能特性。

2011 年 12 月：Hadoop 发布 1.0.0 版本，标志着 Hadoop 技术进入成熟期。

2012 年 2 月：Apache 发布 Hadoop 0.23.1 版本，该版本为 0.23.0 版本号的延续，成功集成了 HBase、Pig、Oozie、Hive 等功能组件。

2012 年 5 月：Hadoop 2.x 系列的第一个 alpha 版 Hadoop 2.0.0 发布，该版本由 Hadoop 0.23.2 新增了 HDFS NameNode 的 HA（High Availability）功能演化而得，即产生了 Hadoop 2.0.0 和 Hadoop 0.23.2 两个版本，同时也诞生了两个分支系列，即 Hadoop 2.x 系列和 Hadoop 0.23.x 系列。此外，完善了 Hadoop 2.0.0 和 Hadoop 0.23.2 中 YARN 框架的手动容错功能和 HDFS Federation 机制。

2013 年 5 月：Cloudera 释放了 Impala1.0 版本，其根本的设计理念是与 Hadoop 无缝的整合，共同使用一个储存池、元数据模型、安全框架以及系统资源集，能让 Hadoop 用户在 MapReduce 和其他的框架上做更好的 SQL 查询。

2013 年 8 月：Hadoop 2.1.0 版本发布，Hadoop 2.x 系列中的第一个 beta 版，该版本新增了很多功能，基本上已确定 Hadoop 2.x 系列的未来整体架构，功能已趋稳定，提供了组件之间进行通信的大量 API，支持 HDFS 镜像（HDFS snapshots），支持在微软的 Windows 系统上运行 Hadoop，提供了与 Hadoop 1.x 系列兼容的 MapReduce API。

2014 年 2 月：Hadoop2.3.0 发布。新特性包括支持 HDFS 的混合存储分级，可以集中管理 HDFS 内存里的缓存数据，通过 HDFS 中的 YARN 分布式缓存简化 MapReduce 分配及一些 Bug 修正。

2014 年 4 月：Hadoop2.4.0 发布。包括 HDFS 支持 ACL 权限控制机制、容易升级、支持支持 https 访问、支持 ResourceManager 因故障挂掉重启后，可以恢复之前正在运行的应用程序（用户不需重新提交）、增加了 Yarn 共享信息存储模块 ATS 等。

2014 年 8 月：Hadoop2.5.0 发布。新特性包括扩展文件属性、改进 HDFS 的 Web UI，提升 Yarn 共享信息存储模块 ATS 安全性，更丰富的 YARN REST API 等。

2014 年 11 月：Hadoop 2.6.0 版本发布，Hadoop 2.x 系列发展进程的又一个里程碑，针对 Hadoop 三大核心模块添加了新功能特性，如 common 模块完善了密钥管理服务器功能和认证提供服务器功能，HDFS 模块支持异构存储功能、归档存储功能、透明数据传输加密功能、支持动态添加或减少数据节点存储容量而不需重启机器，YARN 模块支持长时间运行服务、支持滚动升级、支持将任务分配到特定机器节点。

Hadoop 是基于以下思想设计的。

（1）可以通过普通机器组成的服务器群来分发以及处理数据，这些服务器群总计可达数千个节点，使高性能服务成本极度降低（Economical）。

（2）极度减小服务器节点失效导致的问题，不会因某个服务器节点失效导致工作不能正常进行，能实现该方式的原因是 Hadoop 能自动地维护数据的多份复制，并且在任务失败后能自动地重新部署计算任务，实现了工作可靠性（Reliable）和弹性扩容能力（Scalable）。

（3）能高效率（Efficient）地存储和处理千兆字节（PB）的数据，通过分发数据，Hadoop 可以在数据所在的节点上并行地处理它们，这使得处理非常的快速。如假设需要 grep（一种强大的文本搜索工具，它使用正则表达式搜索文本，并把匹配的行打印出来）。一个 10 TB 的巨型文件，在传统系统上，将需要很长时间。但是在 Hadoop 上，因采用并行执行机制，可以大大提高效率。

（4）文件不会被频繁写入和修改；机柜内的数据传输速度大于机柜间的数据传输速度；海量数据的情况下移动计算比移动数据更高效（Moving Computation is Cheaper than Moving Data）。

1.2 Hadoop 体系架构

Hadoop 实现了对大数据进行分布式并行处理的系统框架，是一种数据并行方法。由实现数据分析的 MapReduce 计算框架和实现数据存储的分布式文件系统（HDFS）有机结合组成，它自动把应用程序分割成许多小的工作单元，并把这些单元放到集群中的相应节点上执行，而分布式文件系统（HDFS）负责各个节点上的数据的存储，实现高吞吐率的数据读写。Hadoop 的基础架构如图 1-3 所示。

图 1-3　Hadoop 基础架构

分布式文件系统（HDFS）是 Hadoop 的储存系统，从用户角度看，和其他的文件系统没有什么区别，都具有创建文件、删除文件、移动文件和重命名文件等功能。MapReduce 则是一个分布式计算框架，是 Hadoop 的一个基础组件，分为 Map 和 Reduce 过程，是一种将大任务细分处理再汇总结果的一种方法。

MapReduce 的主要吸引力在于：它支持使用廉价的计算机集群对规模达到 PB 级的数据集进行分布式并行计算，是一种编程模型。它由 Map 函数和 Reduce 函数构成，分别完成任务的分解与结果的汇总。MapReduce 的用途是进行批量处理，而不是进行实时查询，即特别不适用于交互式应用。它极大地方便了编程人员在不会分布式并行编程的情况下，将自己的程序运行在分布式系统上。

HDFS 中的数据具有"一次写，多次读"的特征，即保证一个文件在一个时刻只能被一个调用者执行写操作，但可以被多个调用者执行读操作。HDFS 是以流式数据访问模式来存储超大文件，运行于商用硬件集群上。HDFS 具有高容错性，可以部署在低廉的硬件上，提供了对数据读写的高吞吐率。非常适合具有超大数据集的应用程序。HDFS 为分布式计算存储提供了底层支持，HDFS 与 MapReduce 框架紧密结合，是完成分布式并行数据处理的典型案例。

目前，Hadoop 已经发展成为包含很多项目的集合，形成了一个以 Hadoop 为中心的生态系统（Hadoop Ecosystem），如图 1-4 所示。此生态系统提供了互补性服务或在核心层上提供了更高层的服务，使 Hadoop 的应用更加方便快捷。

图 1-4　Hadoop 生态系统图

ETL Tools 是构建数据仓库的重要环节,由一系列数据仓库采集工具构成。

BI Reporting(Business Intelligence Reporting,商业智能报表)能提供综合报告、数据分析和数据集成等功能。

RDBMS 是关系型数据库管理系统。RDBMS 中的数据存储在被称为表(table)的数据库中。表是相关的记录的集合,它由列和行组成,是一种二维关系表。

Pig 是数据处理脚本,提供相应的数据流(Data Flow)语言和运行环境,实现数据转换(使用管道)和实验性研究(如快速原型),适用于数据准备阶段。Pig 运行在由 Hadoop 基本架构构建的集群上。

Hive 是基于平面文件而构建的分布式数据仓库,擅长于数据展示,由 Facebook 贡献。Hive 管理存储在 HDFS 中的数据,提供了基于 SQL 的查询语言(由运行时的引擎翻译成 MapReduce 作业)查询数据。Hive 和 Pig 都是建立在 Hadoop 基本架构之上的,可以用来从数据库中提取信息,交给 Hadoop 处理。

Sqoop 是数据接口,完成 HDFS 和关系型数据库中的数据相互转移的工具。

HBase 是类似于 Google BigTable 的分布式列数据库。HBase 和 Avro 于 2010 年 5 月成为顶级 Apache 项目。HBase 支持 MapReduce 的并行计算和点查询(即随机读取)。HBase 是基于 Java 的产品,与其对应的基于 C++的开源项目是 Hypertable,也是 Apache 的项目。

Avro 是一种新的数据序列化(serialization)格式和传输工具,主要用来取代 Hadoop 基本架构中原有的 IPC 机制。

Zookeeper 用于构建分布式应用,是一种分布式锁设施,提供类似 Google Chubby(主要用于解决分布式一致性问题)的功能,它是基于 HBase 和 HDFS 的,由 Facebook 贡献。

Ambari 是最新加入 Hadoop 的项目,Ambari 项目旨在将监控和管理等核心功能加入 Hadoop 项目。Ambari 可帮助系统管理员部署和配置 Hadoop、升级集群以及监控服务。

Flume 是 Cloudera 提供的一个高可用的、高可靠的、分布式的海量日志采集、聚合和传输的系统,Flume 支持在日志系统中定制各类数据发送方,用于收集数据;同时,Flume 提供对数据进行简单处理,并写到各种数据接受方(可定制)的能力。

Mahout 是机器学习和数据挖掘的一个分布式框架,区别于其他的开源数据挖掘软件,它是基于 Hadoop 之上的;Mahout 用 MapReduce 实现了部分数据挖掘算法,解决了并行挖掘的问题,所以 Hadoop 的优势就是 Mahout 的优势。

1.3 Hadoop 与分布式开发

分布式,从字面的意思理解是指物理地址的分开,如主分店:主机在纽约,分店在北京。分布式就是要实现在不同的物理位置空间中实现数据资源的共享与处理。如金融行业的银行联网、交通行业的售票系统、公安系统的全国户籍管理等,这些企业或行业单位之间具有地理分布性或业务分布性,如何在这种分布式的环境下实现高效的数据库应用程序的开发是一个重要的问题。

典型的分布式开发采用的是层模式变体,即松散分层系统(Relaxed Layered System)。这种模式的层间关系松散,每个层可以使用比它低层的所有服务,不限于相邻层,从而增加了层模式的灵活性。较常用的分布式开发模式有客户机/服务器开发模式(C/S 开发模式)、浏览器/服务器开发模式(B/S 开发模式)、C/S 开发模式和 B/S 开发模式的综合应用。C/S 开发模式如图 1-5 所示，B/S 开发模式如图 1-6 所示。

图 1-5　典型的 C/S 体系结构

在图 1-6 中，多了一层 Web 层，它主要用于创建和展示用户界面。现实中经常把 Web 服务器层和应用服务器层统称为业务逻辑层，也就是说在 B/S 开发模式下，一般把业务逻辑放在了 Web 服务器中。因此分布式开发主要分为 3 个层次架构，即用户界面、业务逻辑、数据库存储与管理，3 个层次分别部署在不同的位置。其中用户界面实现客户端所需的功能，B/S 架构的用户界面是通过 Web 浏览器来实现的，如 IE 6.0。由此可看出，B/S 架构的系统比 C/S 架构系统更能够避免高额的投入和维护成本。业务逻辑层主要是由满足企业业务需要的分布式构件组成的，负责对输入/输出的数据按照业务逻辑进行加工处理，并实现对数据库服务器的访问，确保在更新数据库或将数据提供给用户之前数据是可靠的。数据库存储与管理是在一个专门的数据库服务器上实现的，从而实现软件开发中业务与数据分离，实现了软件复用。这样的架构能够简化客户端的工作环境并减轻系统维护和升级的成本与工作量。

图 1-6　典型的 B/S 计算模式

分布式开发技术已经成为建立应用框架（Application Framework）和软构件（Software Component）的核心技术，在开发大型分布式应用系统中表现出强大的生命力，并形成了三项具有代表性的主流技术，一个是微软公司推出的分布式构件对象模型（Distributed Component Object Model，DCOM），即.NET 核心技术。另一个是 SUN 公司推出的 Enterprise Java Beans（EJB），即 J2EE 核心技术。第三个是对象管理组织（Object Management Group，

OMG）组织推出的公共对象请求代理结构（Common Object Request Broker Architecture，CORBA）。

当然，不同的分布式系统或开发平台，其所在层次是不一样的，完成的功能也不一样。并且要完成一个分布式系统有很多工作要做，如分布式操作系统、分布式程序设计语言及其编译（解释）系统、分布式文件系统和分布式数据库系统等。所以说分布式开发就是根据用户的需要，选择特定的分布式软件系统或平台，然后基于这个系统或平台进一步的开发或者在这个系统上进行分布式应用的开发。

Hadoop 是分布式开发的一种，它实现了分布式文件系统和部分分布式数据库的功能。Hadoop 中的分布式文件系统 HDFS 能够实现数据在计算机集群组成的云上高效的存储和管理，Hadoop 中的并行编程框架 MapReduce 能够让用户编写的 Hadoop 并行应用程序运行更加简化，使得人们能够通过 Hadoop 进行相应的分布式开发。

通过 Hadoop 进行分布式开发，要先知道 Hadoop 的应用特点。Hadoop 的优势在于处理大规模分布式数据的能力，而且所有的数据处理作业都是批处理的，所有要处理的数据都要求在本地，任务的处理是高延迟的。MapReduce 的处理过程虽然是基于流式的，但是处理的数据不是实时数据，也就是说 Hadoop 在实时性数据处理上不占优势，因此，Hadoop 不适合于开发 Web 程序。

Hadoop 上的并行应用程序开发是基于 MapReduce 编程框架的，不需要考虑任务的具体分配是什么样的，只需要用户根据 MapReduce 提供的 API 编写特定的 mapper 与 reducer 函数就可以和机器交互，然后把任务交给系统就可以了。显然，仅仅依赖 HDFS 和 MapReduce 能够完成的功能是有限的。但随着 Hadoop 的快速发展，很多组件也伴随着它应运而生。如 Hive，它是基于 Hadoop 的数据仓库工具，可以将结构化的数据文件映射为数据库表，并提供完整的 SQL 查询功能，可以将 SQL 语句转换为 MapReduce 任务进行运行，可以通过类 SQL 语句快速实现简单的 MapReduce 统计。这样，开发者就不必开发专门的 MapReduce 应用，十分适合对数据仓库的统计分析。

1.4 Hadoop 行业应用案例分析

随着企业的数据量的迅速增长，存储和处理大规模数据已成为企业的迫切需求。Hadoop 作为开源的云计算平台，已引起了学术界和企业的普遍兴趣。下面将选取具有代表性的 Hadoop 商业应用案例进行分析，让读者了解 Hadoop 在企业界的应用情况。

1.4.1 Hadoop 在门户网站的应用

关于 Hadoop 技术的研究和应用，Yahoo! 始终处于领先地位，它将 Hadoop 应用于自己的各种产品中，包括数据分析、内容优化、反垃圾邮件系统、广告的优化选择、大数据处理和 ETL 等。同样，在用户兴趣预测、搜索排名、广告定位等方面得到了充分的应用。

Yahoo! 在主页个性化方面，实时服务系统通过 Apache 从数据库中读取相应的映射，并且每隔 5 分钟 Hadoop 集群就会基于最新数据重新排列内容，每隔 7 分钟则在页面上更新内容。在邮箱方面，Yahoo! 利用 Hadoop 集群根据垃圾邮件模式为邮件计分，并且每隔几个小时就在集群上改进反垃圾邮件模型，集群系统每天还可以推动 50 亿次的邮件投递。在 Yahoo! 的 Search Webmap 应用上，它运行在超过 10 000 台机器的 Linux 系统集群里，Yahoo! 的网页搜索查询使用的就是它产生的数据。

Yahoo! 在 Hadoop 中同时使用了 Pig 和 Hive，主要用于数据准备和数据表示。数据准备阶段通常被认为是提取、转换和加载（Extract Transform Load，ETL）数据的阶段。这个阶段需要装载和清洗原始数据，并让它遵守特定的数据模型，还要尽可能地让它与其他数据源结合等。这一阶段的客户一般都是程序员、数据专家或研究者。数据表示阶段一般指的都是数据仓库，数据仓库存储了客户所需要的产品，客户会根据需要选取合适的产品。这一阶段的客户可能是系统的数据工程师、分析师或决策者。

1.4.2 Hadoop 在搜索引擎中的应用

百度作为全球最大的中文搜索引擎公司，提供基于搜索引擎的各种产品，包括以网络搜索为主的功能性搜索，以贴吧为主的社区搜索，针对区域、行业的垂直搜索、MP3 音乐搜索以及百科等，几乎覆盖了中文网络世界中所有的搜索需求。

百度对海量数据处理的要求是比较高的，要在线下对数据进行分析，还要在规定的时间内处理完并反馈到平台上。百度在互联网领域的平台需求要通过性能较好的云平台进行处理，Hadoop 就是很好的选择。在百度，Hadoop 主要应用于日志的存储和统计；网页数据的分析和挖掘；商业分析，如用户的行为和广告关注度等；在线数据的反馈，及时得到在线广告的点击情况；用户网页的聚类，分析用户的推荐度及用户之间的关联度。

百度现在拥有 3 个 Hadoop 集群，总规模在 700 台机器左右，其中有 100 多台新机器和 600 多台要淘汰的机器（它们的计算能力相当于 200 多台新机器），不过其规模还在不断的增加中。现在每天运行的 MapReduce 任务在 3000 个左右，处理数据约 120 TB/天。

1.4.3 Hadoop 在电商平台中的应用

在 eBay 上存储着上亿种商品的信息，而且每天有数百万种的新商品在增加，因此需要用云系统来存储和处理 PB 级别的数据，而 Hadoop 则是个很好的选择。Hadoop 是建立在商业硬件上的容错、可扩展、分布式的云计算框架，eBay 利用 Hadoop 建立了一个大规模的集群系统——Athena，它被分为 5 层，如图 1-7 所示。

图 1-7 Athena 的层次

Hadoop 核心层包括 Hadoop 运行时环境、一些通用设施和 HDFS，其中文件系统为读写大块数据而做了一些优化，如将块的大小由 128 MB 改为 256 MB。MapReduce 层为开发和执行任务提供 API 和控件。数据获取层的主要框架是 HBase、Pig 和 Hive。

除了以上案例，在很多其他的应用中都有 Hadoop 的身影，在 Facebook、电信等业务中 Hadoop 都发挥着举足轻重的作用。由此可以看出 Hadoop 分布式集群在大数据处理方面有着无与伦比的优势，它的特点（易于部署、代价低、方便扩展、性能强等）使得它能很快地被业界接受，生存能力也非常的强。实际上除商业上的应用外，Hadoop 在科学研究上也发挥了很大的作用，例如数据挖掘、数据分析等。

虽然 Hadoop 在某些处理机制上存在者不足，如实时处理，但随着 Hadoop 发展，这些不足正在被慢慢弥补，最新版的 Hadoop 已经开始支持了 Storm 架构（一种实时处理架构）。随着时间的推移，Hadoop 会越来越完善，无论用于电子商务还是科学研究，都是很不错的选择。

1.5 小结

第 1 节介绍了 Hadoop 的起源与 Hadoop 的发展历程以及什么是 Hadoop。Hadoop 是 Apache 旗下的一个开源计算框架，具有高可靠性和良好的扩展性，可以部署在大量成本低廉的硬件设备（PC）上，为分布式计算任务提供底层支持。

第 2 节介绍了 Hadoop 的体系架构，Hadoop 由 HDFS、MapReduce、HBase、Hive、Pig 和 Zookeeper 等组件组成，并分别介绍了这些组件的基本功能。

第 3 节介绍了一般的分布式开发模式，并说明了 Hadoop 的分布式开发的不同。

第 4 节介绍了 Hadoop 的一些行业应用，如门户网站的应用、搜索引擎的应用和电商平台中的应用等，其实除了这些，还有很多知名的企业也在使用 Hadoop，如 FaceBook 等，Hadoop 的市场应用是十分广泛的。

习题

1. Hadoop 的核心组件是什么，它们各自有承担什么样的角色？
2. Hadoop 处理数据的特点是什么？
3. 如何简单地开发 Hadoop 应用？

第 2 章
Hadoop 安装与配置管理

知识储备

- 计算机网络基本概念
- Linux 基本操作命令
- Java 环境变量配置

学习目标

- 掌握集群安装过程原理
- 理解 3 种网络连接方式原理
- 熟悉 SSH 免密码登录原理
- 了解 Hadoop 的关键配置选项
- 掌握动态管理节点方法

这一章主要以实验为主,在了解前面知识点的情况下搭建一个 Hadoop 集群。

2.1 实验准备

通过物理机器虚拟化 4 台虚拟机:1 个 Master,3 个 Slave 节点,节点之间在局域网中相互连通。为了实现节点间在同一局域网上定向通信,配置使用静态地址,各节点的 IP 的分布如表 2-1 所示。

表 2-1 4 个节点的 IP 地址分配及角色

节点主机名	静态 IP 地址	主要角色
node	192.168.10.100	namenode 节点
node1	192.168.10.101	datanode 节点

续表

节点主机名	静态 IP 地址	主要角色
node2	192.168.10.102	datanode 节点
node3	192.168.10.103	datanode 节点

Master 机器主要配置 NameNode 和 JobTracker 角色,总体负责分布式数据和分解任务的执行;3 个 Slave 节点机器配置 DataNode 和 TaskTracker 的角色,负责分布式数据存储以及任务的执行。

安装过程中用到的所有软件如图 2-1 所示。

名称	修改日期	类型	大小
hadoop-2.2.0-x64.tar.gz	2014/10/22 11:06	WinRAR 压缩文件	93,924 KB
jdk-7u67-linux-x64.tar.gz	2014/10/22 11:07	WinRAR 压缩文件	139,040 KB
PieTTY 0.3.26.exe	2014/6/8 0:08	应用程序	317 KB
VMWare10软件.rar	2014/6/8 0:26	WinRAR 压缩文件	475,977 KB
VMWare专用CentOS.rar	2014/9/14 16:26	WinRAR 压缩文件	703,385 KB
winscp516setup.exe	2014/6/8 0:19	应用程序	4,904 KB

图 2-1 安装过程中用到的软件

以上软件的下载地址如表 2-2 所示。

表 2-2 软件下载地址

软件名称	概述
Hadoop-2.2.0-x64.tar.gz	如果机器是 32 位的,可以从官网下载:https://archive.apache.org/dist/hadoop/common/hadoop-2.2.0/hadoop-2.2.0.tar.gz。如果机器是 64 位的,可以下载源文件:https://archive.apache.org/dist/hadoop/common/hadoop-2.2.0/hadoop-2.2.0-src.tar.gz 然后按网上方法把 hadoop2.2 编译成 64 位,这里直接提供了编译完成的地址:http://pan.baidu.com/s/1c0fk8A8
jdk-7u67-linux-x64.tar.gz	Hadoop 是基于 Java 的工程项目,需要 Linux 下的 JDK 支持,可以在 Oracle 官网下载:http://www.oracle.com/technetwork/java/javase/downloads/index.html
PieTTy	源自于 PuTTY,完整支持亚洲等多国语,并在使用界面上大幅改进,是易学易用的在 Windows 环境下发展的 Telnet/SSH 安全远端连线程式。下载地址:http://ntu.csie.org/~piaip/pietty/archive/pietty0400b14.zip
VMWare10	VMware 工作站允许一台真实的计算机同时运行数个操作系统,如 Windows、Linux、BSD 等衍生版本。官网下载:https://my.vmware.com/cn/web/vmware/downloads
CentOS64	CentOS 是一个基于 Red Hat Linux 提供的可自由使用源代码的企业级 Linux 发行版本。官网下载:http://www.centos.org/
WinSCP	Windows 平台软件,用于在 Windows 下复制文件到 Linux 中。官网下载:http://winscp.net/eng/download.php

用户信息如表 2-3 所示,所有虚拟节点都一样。

表 2-3　Linux 系统用户

用户	密码	用户组
root	安装 CentOS 时提供	root
hadoop	读者自定	hadoop

2.2　配置一个单节点环境

2.2.1　运行一个虚拟环境 CentOS

首先在计算机上安装虚拟机。下载 VMWare10 后，解压 CentOS 到指定文件夹下，打开 VMWare10，单击菜单栏"文件"→"打开"，选择 CentOS 文件，如图 2-2 所示。

图 2-2（1）　打开 CentOS

图 2-2（2）　打开 CentOS

用鼠标右键单击 CentOS 选择"设置"，弹出设置窗口。里面是虚拟系统的主要硬件参数信息，读者可以根据自己机器性能进行配置，这里选默认配置，如图 2-3 所示。

图 2-3 显示虚拟系统属性

2.2.2 配置网络

VMWare 提供了 3 种工作模式，它们是 bridged（桥接）模式、NAT（网络地址转换）模式和 host-only（仅主机）模式。在学习 VMWare 虚拟网络时，建议选择 host-only 方式。原因有两个：一是如果用的是笔记本电脑，从 A 网络移到 B 网络环境发生变化后，只有 host-only 方式不受影响，其他方式必须重新设置虚拟交换机配置；二是可以将真实环境和虚拟环境隔离开，保证了虚拟环境的安全。下面将简单了解 bridged 模式和 NAT 模式，详细学习 host-only 模式。

1．bridged

在这种模式下，VMWare 虚拟出来的操作系统就像是局域网中的一台独立的主机，它可以访问网内任何一台机器。同时在桥接模式下，需要手工为虚拟系统配置 IP 地址、子网掩码，而且还要和宿主机器处于同一网段，这样虚拟系统才能和宿主机器进行通信。

2．NAT

使用 NAT 模式，就是让虚拟系统借助 NAT 功能，通过宿主机器所在的网络来访问公网。也就是说，使用 NAT 模式可以实现在虚拟系统中安全的访问互联网。采用 NAT 模式最大的优势就是虚拟系统接入互联网非常简单，不需要进行任何其他的配置，只需要宿主机器能访问互联网即可。

3．host-only

在某些特殊的网络调试环境中，要求将真实环境和虚拟环境隔离开，这时可采用 host-only 模式。在 host-only 模式中，所有的虚拟系统是可以相互通信的，但虚拟系统和真实的网络是被隔离开的。

在 host-only 模式下，虚拟系统的 TCP/IP 配置信息（如 IP 地址、网关地址、DNS 服务器等），都可以由 VMnet1（host-only）虚拟网络的 DHCP 服务器来动态分配。

如果想利用 VMWare 创建一个与网内其他机器相隔离的虚拟系统，进行某些特殊的网络调试工作，可以选择 host-only 模式，如图 2-4 所示。

图 2-4　host-only 模式

使用 host-only 方式，A、A1、A2 可以互访，但 A1、A2 不能访问 B，也不能被 B 访问。

主机上安装 VMware Workstation 或 VMware Server 的时候，默认会安装 3 块虚拟网卡，这 3 块虚拟网卡的名称分别为 VMnet0、VMnet1、VMnet8，其中 VMnet0 的网络属性为"物理网卡"，VMnet1 与 VMnet8 的网络属性为"虚拟网卡"。在默认情况下，VMnet1 虚拟网卡的定义是"仅主机虚拟网络"，VMnet8 虚拟网卡的定义是"NAT 网络"，同时，主机物理网卡被定义为"桥接网络"，主机物理网卡也可以称为 VMnet0。

在安装完虚拟机后，默认安装了两个虚拟网卡，VMnet1 和 VMnet8。其中 VMnet1 是 host-only 网卡，用于 host 方式连接网络的。VMnet8 是 NAT 网卡，是用 NAT 方式连接网络的。它们的 IP 地址是默认的，如果要用虚拟机做实验的话，最好将 VMnet1 到 VMnet8 的 IP 地址改了。此处采用的是 host-only 模式，所以下面将改写 VMnet1 的 IP 地址。

（1）按绿色箭头启动虚拟机，角色选择 Other，输入 root 角色名，如图 2-5 所示。

图 2-5　登录 CentOS

（2）在 Windows 网络连接中打开 VMnet1 网络，然后设置 IPv4，如图 2-6 所示。

图 2-6（1） 网络连接图　　　　　　　2-6（2） 网络连接

（3）在 Linux 桌面环境中用鼠标右键单击任务栏右侧的电脑图标，选中"Edit Connection"进行如下配置，步骤如图 2-7 所示。

图 2-7（1） 配置网络　　　　　　　　图 2-7（2） 配置网络

（4）打开终端，重启网络服务使配置生效，当出现 3 个"OK"说明网络配置成功，用 ifconfig 查看配置情况，如图 2-8 所示。

图 2-8（1） 查看网络配置情况

图 2-8（2） 查看网络配置情况

常用远程登录工具还有 putty、XShell 等，但 PieTTy 相比之下操作更加简单，功能更加强大，并且软件只有 300 多 KB。因此以下是使用 PieTTy 连接到 Linux 上的步骤。

（1）打开 PieTTy 客户端软件后，填写"目标 IP 地址"，端口是 SSH 模式的访问端口 22。单击 Open，输入角色和密码登录，如图 2-9 所示。

图 2-9 通过 PieTTy 远程连接

这时会弹出提示"潜在安全缺口"，如图 2-10 所示，由于首次使用 PieTTy 登录 Linux 虚拟机，PieTTy 缓存里面并没有该 Linux 虚拟机的 rsa2 公钥信息，因此会提示是否信任次机器，选择"是"。具体原理会在 2.4.2 节分析。

图 2-10　首次登录的安全提示

（2）进去后输入用户名和密码，即可进入命令窗口，如图 2-11 所示。

图 2-11　PieTTy 的命令窗口

2.2.3　创建新的用户组和用户

大家看到这个题目可能会产生疑问：Hadoop 本身有 root 用户了为什么还要创建新用户？因为一方面，对 Linux 不是很熟悉的人很可能会误操作而损坏操作系统核心内容；另一方面方便同一个组的用户可以共享 Hadoop 集群。实现思路是使用 root 登录，创建自定义用户，并为这个用户分组。

1．创建 hadoopGroup 组

添加用户时，可以将用户添加到现有的用户组（Linux 内置很多默认用户组），或者创建一个新的用户组。可以在 /etc/group 文件中看到所有的用户组信息。使用 groupadd 命令创建用户组的语法结构：groupadd　[-g gid [-o]] [-r] [-f] groupname。每个选项的含义如表 2-4 所示。

表 2-4 groupadd 各参数含义

选项	说明
-g	以数字表示的用户组 ID
-o	可以使用重复的组 ID
-r	建立系统组，用来管理系统用户
-f	强制创建
groupname	用户组的名称

如果不指定选项，系统将使用默认值。如创建一个 hadoopGroup 用户组命令：groupadd hadoopGroup，可以看出它就没有可选项和参数。

2．添加 Hadoop 用户

添加用户可以使用 useradd 命令，语法为

useradd [-d homedir] [-g groupname] [-m -s shell] [-u userid] [accountname]每个选项的含义如表 2-5 所示。

表 2-5 useradd 各参数含义

选项	描述
-d homedir	指定用户主目录
-g groupname	指定用户组
-m	如果主目录不存在，就创建
-s shell	为用户指定默认 Shell
-u userid	指定用户 ID
accountname	用户名

如创建用户组 hadoopGroup，并创建 Hadoop 用户加入这个组，用户主目录为/home/hadoop，命令如图 2-12 所示。

```
[root@node ~]# groupadd hadoopGroup
[root@node ~]# useradd -d /home/hadoop -g hadoopGroup hadoop
```

图 2-12 创建用户命令

用户被创建后，可以使用 passwd 命令来设置密码，如：

```
$ passwd hadoop
Changing password for user hadoop.
New Linux password:******
Retype new UNIX password:******
passwd: all authentication tokens updated successfully.
```

2.2.4 上传文件到 CentOS 并配置 Java 和 Hadoop 环境

新建完用户后，就可以安装 JDK 和 Hadoop 了。

1．使用 WinSCP 传输文件

WinSCP 是 Windows 环境下使用 SSH 的开源图形化 SFTP 客户端。同时支持 SCP 协议。它的主要功能是在本地与远程计算机间安全的复制文件。

在 root 用户下，执行命令：rm –rf   /usr/local/*，删除目录下所有内容（当前内容无用）。使用 WinSCP 把 JDK 文件从 Windows 复制到/usr/local 目录下，以下是 WinSCP 使用传输文件的步骤。

（1）打开 WinSCP 后，单击"新建"按钮，输入 IP 地址和用户信息后单击"确定"按钮。如图 2–13 所示。

图 2–13 WinSCP 远程连接

（2）输入 Linux 的用户名和密码，如图 2–14 所示。

图 2–14 WinSCP 验证窗口

（3）WinSCP 窗口左侧是 Windows 端，右侧是 Linux 端，可以直接通过鼠标拖动传输文件。具体步骤如图 2-15 所示。

图 2-15　WinSCP 使用步骤

2．解压文件

输入解压命令：tar –zvxf jdk-7u67-linux-x64.tar.gz 到当前目录。参数 z 代表调用 gzip 压缩程序的功能，v 代表显示详细解压过程，x 代表解压文件参数指令，f 参数后跟解压的文件名，如图 2-16 所示。

```
[root@node ~]# cd /usr
[root@node usr]# cd ./local
[root@node local]# ls
hadoop-2.2.0-x64.tar.gz    jdk-7u67-linux-x64.tar.gz
[root@node local]# tar -zxvf jdk-7u67-linux-x64.tar.gz
```

图 2-16　解压命令

为了后面写环境变量方便，更改文件名为 jdk1.7，如图 2-17 所示。

```
[root@node local]# ls
hadoop-2.2.0-x64.tar.gz    jdk1.7.0_67    jdk-7u67-linux-x64.tar.gz
[root@node local]# mv jdk1.7.0_67 jdk1.7
[root@node local]# ls
hadoop-2.2.0-x64.tar.gz    jdk1.7    jdk-7u67-linux-x64.tar.gz
[root@node local]#
```

图 2-17　重命名

同样，解压命令 tar –zvxf hadoop-2.2.0-x64.tar.gz 到当前目录，并通过命令 mv hadoop-2.2.0 /home/hadoop/hadoop2.2 移动到 Hadoop 用户的主目录下，如图 2-18 所示。

```
[root@localhost local]# ls
hadoop-2.2.0   hadoop-2.2.0-x64.tar.gz   jdk1.7   jdk-7u67-linux-x64.tar.gz
[root@localhost local]# mv hadoop-2.2.0 /home/hadoop/hadoop2.2
[root@localhost local]# ls /home/hadoop/
hadoop2.2
[root@localhost local]#
```

图 2-18　移动 Hadoop 程序目录到 Hadoop 主目录下

3．目录规划

Hadoop 程序存储的目录为/home/hadoop/hadoop2.2，相关的数据目录，包括日志、存储等指定为该程序目录下的 data、log 等。将程序和数据目录分开，可以更加方便地进行配置的管理和同步。

具体目录的准备与配置如下所示。

（1）创建程序存储目录/home/hadoop/hadoop2.2，用来存储 Hadoop 程序文件。

（2）创建数据存储目录/home/hadoop/hadoop2.2/hdfs，用来存储集群数据。

（3）创建目录/home/hadoop/hadoop2.2/hdfs/name，用来存储文件系统元数据。

（4）创建目录/home/hadoop/hadoop2.2/hdfs/data，用来存储真正的数据。

（5）创建日志目录为/home/hadoop/hadoop2.2/logs，用来存储日志信息。

（6）创建临时目录为/home/hadoop/hadoop2.2/tmp，用来存储临时生成的文件。

执行命令：mkdir –p /home/hadoop/hadoop2.2/hdfs，为还不存在目录的 Hadoop 程序创建目录，mkdir 是 make directory 的缩写，参数 p 可以创建多级目录。

给 hadoopGroup 组赋予权限，凡是属于 hadoopGroup 组的用户都有权利使用 hadoop2.2，方便多用户操作。

首先，把 Hadoop2.2 加入到 hadoopGroup 组，可以在 Hadoop2.2 当前目录下执行命令：chgrp –R hadoopGroup hadoop2.2。chgrp 是 change group 的缩写，R 参数可以将作用域扩展到后面目录里所有文件和子目录。

给这个组赋予权限 chmod –R g=rwx hadoop2.2。chmod 是 change model 的缩写，g=rwx 表示给后面的文件赋予用户的读（r）写（w）执行（x）权限。

4．导入 JDK 环境变量

执行 cd /etc 命令后执行 vi profile，对 profile 文件进行编辑，如图 2-19 所示，在行末尾添加：

```
export JAVA_HOME=/usr/local/jdk1.7
export CLASSPATH=.:$JAVA_HOME/lib/tools.jar:$JAVA_HOME/lib/dt.jar
export PATH=.:$JAVA_HOME/bin:$PATH
```

vi 编辑器的具体使用可以参见 http://c.biancheng.net/cpp/html/2735.html。

```
# /etc/profile
export JAVA_HOME=/usr/local/jdk1.7
export CLASSPATH=.:$JAVA_HOME/lib/tools.jar:$JAVA_HOME/lib/dt.jar
export PATH=.:$JAVA_HOME/bin:$PATH

# System wide environment and startup programs, for login setup
# Functions and aliases go in /etc/bashrc

# It's NOT a good idea to change this file unless you know what you
# are doing. It's much better to create a custom.sh shell script in
# /etc/profile.d/ to make custom changes to your environment, as this
# will prevent the need for merging in future updates.

pathmunge () {
    case ":${PATH}:" in
```

图 2-19 修改 profile 文件

执行命令 source profile，使其配置立即生效。

执行命令 java –version，查看是否安装成功。若出现图 2-20 所示的信息，代表安装成功。

```
[root@localhost etc]# vi profile
[root@localhost etc]# source profile
[root@localhost etc]# java -version
java version "1.7.0_67"
Java(TM) SE Runtime Environment (build 1.7.0_67-b01)
Java HotSpot(TM) 64-Bit Server VM (build 24.65-b04, mixed mode)
```

图 2-20 查看 JDK 配置情况

5．导入 Hadoop 环境变量

同上面一样，修改 profile，如图 2-21 所示。

```
# /etc/profile

export JAVA_HOME=/usr/local/jdk1.7
export CLASSPATH=.:$JAVA_HOME/lib/tools.jar:$JAVA_HOME/lib/dt.jar
export  HADOOP_HOME=/home/hadoop/hadoop2.2
export PATH=.:$HADOOP_HOME/sbin:$HADOOP_HOME/bin:$JAVA_HOME/bin:$PATH
export HADOOP_LOG_DIR=/home/hadoop/hadoop2.2/logs
export YARN_LOG_DIR=$HADOOP_LOG_DIR
```

图 2-21 导入 Hadoop 环境变量

执行 hadoop 命令，如 Hadoop，查看 Hadoop 环境配置成功是否成功，若出现图 2-22 所示信息，说明 Hadoop 环境配置成功。

```
Usage: hadoop [--config confdir] COMMAND
       where COMMAND is one of:
  fs                   run a generic filesystem user client
  version              print the version
  jar <jar>            run a jar file
  checknative [-a|-h]  check native hadoop and compression libraries availability
  distcp <srcurl> <desturl> copy file or directories recursively
  archive -archiveName NAME -p <parent path> <src>* <dest> create a hadoop archive
  classpath            prints the class path needed to get the
                       Hadoop jar and the required libraries
  daemonlog            get/set the log level for each daemon
 or
  CLASSNAME            run the class named CLASSNAME

Most commands print help when invoked w/o parameters.
```

图 2-22 验证 Hadoop 环境变量配置情况

2.2.5 修改 Hadoop2.2 配置文件

Hadoop 没有使用 java.util.Properties 管理配置文件，也没有使用 Apache Jakarta Commons Configuration 管理配置文件，而是使用了一套独有的配置文件管理系统，并提供自己的 API，即使 org.apache.hadoop.conf.Configuration 处理配置信息，让用户也可以通过 Eclipse 工具分析源码，并利用这些 API 修改配置文件。

由于 Hadoop 集群中每个机器上面的配置基本相同，所以先在主节点上面进行配置部署，然后再复制到其他节点。主要涉及 Hadoop 的脚本文件和配置文件如下。

（1）配置 ~/hadoop2.2/etc/hadoop 下的 hadoop-env.sh、yarn-env.sh、mapred-env.sh 修改 JAVA_HOME 值（export JAVA_HOME=/usr/local/jdk1.7/），如图 2-23 所示。

（2）配置 ~/hadoop2.2/etc/hadoop/slaves，这个文件里面保存所有 slave 节点，如图 2-24 所示。

图 2-23 指定 JDK 路径　　　　　　　图 2-24 修改 slaves 文件

（3）配置 ~/hadoop-2.2.0/etc/hadoop/core-site.xml，添加以下代码到文件中。

其配置选项的详细说明可参见：

http://hadoop.apache.org/docs/r2.2.0/hadoop-project-dist/hadoop-common/core-default.xml。

```xml
<configuration>
    <property>
        <name>fs.defaultFS</name>
        <value>hdfs://node:9000/</value>
        <description> 设定 namenode 的主机名及端口</description>
    </property>


    <property>
```

```xml
        <name>hadoop.tmp.dir</name>
        <value>/home/hadoop/tmp/hadoop-${user.name}</value>
        <description> 存储临时文件的目录 </description>
</property>

    <property>
        <name>hadoop.proxyuser.hadoop.hosts</name>
        <value>*</value>
</property>

    <property>
        <name>hadoop.proxyuser.hadoop.groups</name>
        <value>*</value>
    </property>
</configuration>
```

（4）配置~/hadoop-2.2.0/etc/hadoop/hdfs-site.xml，添加如下代码。

其详细配置说明可参见：

http://hadoop.apache.org/docs/r2.2.0/hadoop-project-dist/hadoop-hdfs/hdfs-default.xml。

```xml
<configuration>

    <property>
        <name>dfs.namenode.http-address</name>
        <value>node:50070</value>
        <description> NameNode 地址和端口 </description>
    </property>

    <property>
        <name>dfs.namenode.secondary.http-address</name>
        <value>node1:50090</value>
        <description> SecondNameNode 地址和端口 </description>
    </property>

    <property>
        <name>dfs.replication</name>
        <value>3</value>
        <description> 设定 HDFS 存储文件的副本个数，默认为 3 </description>
    </property>

    <property>
        <name>dfs.namenode.name.dir</name>
```

```
        <value>file:///home/hadoop/hadoop2.2/hdfs/name</value>
        <description> namenode 用来持续存储命名空间和交换日志的本地文件系统路径</description>
    </property>

    <property>
        <name>dfs.datanode.data.dir</name>
        <value>file:///home/hadoop/hadoop2.2/hdfs/data</value>
        <description> DataNode 在本地存储块文件的目录列表</description>
    </property>

    <property>
        <name>dfs.namenode.checkpoint.dir</name>
        <value>file:///home/hadoop/hadoop2.2/hdfs/namesecondary</value>
        <description> 设置 secondarynamenode 存储临时镜像的本地文件系统路径,如果这是一个用逗号分隔的文件列表,则镜像将会冗余复制到所有目录
    </description>
    </property>

    <property>
        <name>dfs.webhdfs.enabled</name>
        <value>true</value>
<description>是否允许网页浏览 HDFS 文件
</description>
    </property>

    <property>
        <name>dfs.stream-buffer-size</name>
        <value>131072</value>
<description> 默认是 4 KB,作为 Hadoop 缓冲区,用于 Hadoop 读 HDFS 的文件和写 HDFS 的文件,还有 map 的输出都用到了这个缓冲区容量,对于现在的硬件,可以设置为 128 KB(131072),甚至是 1 MB(太大了 map 和 reduce 任务可能会内存溢出)
        </description>
    </property>
</configuration>
```

(5)配置~/hadoop-2.2.0/etc/hadoop/mapred-site.xml,添加如下代码。

其详细配置说明可参见:

http://hadoop.apache.org/docs/r2.2.0/hadoop-mapreduce-client/hadoop-mapreduce-client-core/mapred-default.xml。

```
    <configuration>
```

```xml
<property>
    <name>mapreduce.framework.name</name>
    <value>yarn</value>
</property>
<property>
    <name>mapreduce.jobhistory.address</name>
    <value>node:10020</value>
</property>

<property>
    <name>mapreduce.jobhistory.webapp.address</name>
    <value>node:19888</value>
</property>
</configuration>
```

（6）配置~/hadoop-2.2.0/etc/hadoop/yarn-site.xml，添加代码如下。

其详细配置说明可参见：

http://hadoop.apache.org/docs/r2.2.0/hadoop-yarn/hadoop-yarn-common/yarn-default.xml。

```xml
<configuration>
    <property>
        <name>yarn.resourcemanager.hostname</name>
        <value>node</value>
    </property>

    <property>
        <name>yarn.nodemanager.aux-services</name>
        <value>mapreduce_shuffle</value>
    </property>

    <property>
        <name>yarn.nodemanager.aux-services.mapreduce.shuffle.class</name>
        <value>org.apache.hadoop.mapred.ShuffleHandler</value>
    </property>

    <property>
        <name>yarn.resourcemanager.address</name>
        <value>node:8032</value>
    </property>

    <property>
```

```xml
        <name>yarn.resourcemanager.scheduler.address</name>
        <value>node:8030</value>
    </property>

    <property>
        <name>yarn.resourcemanager.resource-tracker.address</name>
        <value>node:8031</value>
    </property>

    <property>
        <name>yarn.resourcemanager.admin.address</name>
        <value>node:8033</value>
    </property>

    <property>
        <name>yarn.resourcemanager.webapp.address</name>
        <value>node:8088</value>
    </property>

</configuration>
```

2.2.6 修改 CentOS 主机名

修改当前会话中的主机名，执行命令 hostname node，如图 2-25 所示。

图 2-25　修改主机名

但是这种配置只对当前状态有效，一旦重新启动虚拟机，主机名未变，因此只能在配置文件里修改。要想修改配置文件中的主机名，执行命令 vi /etc/sysconfig/network。重启生效，由于第一步已经在当前会话中配置了 hostname，所以不用重启，如图 2-26 所示。

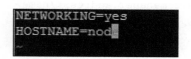

图 2-26　修改配置文件中的主机名

2.2.7 绑定 hostname 与 IP

执行命令：vi /etc/hosts，增加内容如下。

　　192.168.10.100　node
　　192.168.10.101　node1
　　192.168.10.102　node2
　　192.168.10.103　node3

通过 ping node，检验是否修改成功，如图 2-27 所示。

```
[root@localhost sysconfig]# vi /etc/hosts
[root@localhost sysconfig]# ping node
PING node (192.168.10.100) 56(84) bytes of data.
64 bytes from node (192.168.10.100): icmp_seq=1 ttl=64 time=12.8 ms
64 bytes from node (192.168.10.100): icmp_seq=2 ttl=64 time=0.060 ms
^C
--- node ping statistics ---
2 packets transmitted, 2 received, 0% packet loss, time 1928ms
rtt min/avg/max/mdev = 0.060/6.452/12.845/6.393 ms
[root@localhost sysconfig]#
```

图 2-27　验证 hostname 与 IP 的绑定

2.2.8 关闭防火墙

如果不关闭防火墙，可能会有以下 3 种情况的出现。

（1）HDFS 的 Web 管理页面，打不开该节点的文件浏览页面。

（2）后台运行脚本（如 HIVE），会出现莫名其妙的假死状态。

（3）在删除和增加节点的时候，会让数据迁移处理时间增长，甚至不能正常完成相关操作。

执行命令 service iptables stop 关闭防火墙，验证防火墙关闭 service iptables status，如图 2-28 所示。

```
[root@localhost ~]# service iptables stop
iptables: Setting chains to policy ACCEPT: filter     [  OK  ]
iptables: Flushing firewall rules:                    [  OK  ]
iptables: Unloading modules:                          [  OK  ]
[root@localhost ~]# service iptables status
iptables: Firewall is not running.
```

图 2-28　关闭防火墙

执行上面操作可以关闭防火墙，但重启后还会继续运行，所以还要设置关闭防火墙的自动运行，执行命令 chkconfig iptables off，验证命令 chkconfig --list |grep iptables，结果如图 2-29 所示。

```
[root@localhost ~]# chkconfig iptables off
[root@localhost ~]# chkconfig --list |grep iptables
iptables        0:off   1:off   2:off   3:off   4:off   5:off   6:off
```

图 2-29　关闭防火墙自动启动设置

2.3 节点之间的免密码通信

2.3.1 什么是 SSH

SSH 是 Secure Shell 的缩写,由 IETF 的网络工作小组(Network Working Group)所制定。SSH 是建立在应用层和传输层基础上的安全协议,专为远程登录会话和其他网络服务提供安全性的协议,即利用 SSH 协议可以有效防止远程管理过程中的信息泄露问题,目前 SSH 较可靠。

从客户端来看,SSH 提供两种级别的安全验证。第一种级别是基于口令的安全验证,只要知道账号和口令,就可以登录到远程主机。所有传输的数据都会被加密,但是不能保证正在连接的服务器就是想连接的服务器。可能会有别的服务器在冒充真正的服务器,也就是受到"中间人"这种方式的攻击。第二种级别是基于密匙的安全验证,这种验证需要依靠密匙,也就是必须为自己创建一对密匙,并把公用密匙放在需要访问的服务器上。这里私钥只能自己拥有,所以称为私钥,公钥可以解开私钥加密的信息,同样私钥可以解开公钥加密的信息。如果要连接到 SSH 服务器上,客户端软件就会向服务器发出请求,请求用密匙进行安全验证。服务器收到请求之后,先在该服务器上相应的主目录下寻找相应的公用密匙,然后把它和发送过来的公用密匙进行比较。如果两个密匙一致,服务器就用这个公用密匙加密"质询"(challenge)并把它发送给客户端软件。客户端软件收到"质询"之后就可以用私人密匙解密再把它发送给服务器完成安全认证。用这种方式,必须知道自己密匙的口令。但是,与第一种级别相比,第二种级别不需要在网络上传送口令。第二种级别不仅加密所有传送的数据,而且"中间人"这种攻击方式也是不可能的,因为它没有私人密匙,但是整个登录的过程耗时较长。

2.3.2 复制虚拟机节点

关闭当前 CentOS,然后右击 CentOS,选择"管理"→"克隆",如图 2-30 所示。

图 2-30(1) 克隆虚拟机　　　　　　图 2-30(2) 克隆虚拟机

分别完成 CentOS1、CentOS2、CentOS3 的克隆工作,然后分别启动,重复前面步骤修改网络,更改会话中的主机名(hostname X),然后用 PieTTy 登录测试连接。

如果发现各节点 hosts 文件不一致,可以登录 node 节点,把 node 节点上的 hosts 文件远程复制到其他节点,这样就不需要对每个节点单独修改 hosts 文件了。

使用 scp 命令 scp fromAdd toAdd，即把 fromAdd 文件复制到 toAdd 中，如图 2-31 所示。

```
[root@node ~]# scp /etc/hosts node1:/etc/hosts
The authenticity of host 'node1 (192.168.10.101)' can't be established.
RSA key fingerprint is d5:24:e9:43:00:c9:54:19:78:25:d8:c2:2c:ab:2a:1d.
Are you sure you want to continue connecting (yes/no)? yes
Warning: Permanently added 'node1,192.168.10.101' (RSA) to the list of known hosts.
root@node1's password:
hosts                                                100%  242     0.2KB/s   00:00
```

图 2-31　远程复制 hosts 文件

注意：复制过程会出现前面第一次连接时出现的提示："The authenticity of host 'node1 (192.168.10.101)' can't be established."无法确认 host 主机的真实性，只知道它的公钥指纹，问你还想继续连接吗？所谓"公钥指纹"，是指公钥长度较长（这里采用 RSA 算法，长达 1024 位），很难比对，所以对其进行 MD5 计算，将它变成一个 128 位的指纹。首先确认连接方安全，输入"yes"按"Enter"键，输入 node1 密码连接成功，打开 known_hosts 可以看到生成的公钥，如图 2-32 所示。

```
[root@node ~]# cd ./.ssh
[root@node .ssh]# ls
known_hosts
[root@node .ssh]# more known_hosts
node1,192.168.10.101 ssh-rsa AAAAB3NzaC1yc2EAAAABIwAAAQEAtCiHRKWOQGn1OAPBXB3160iEKKStxm
ZOYeAiXXKFdVCIe8x6Io0upTqAlNwJse4YBlJXsKPgr3kdbS5S+DAQ7IuK+XIFBm2ygMC3WjTrvLtowDCh4TDZh
HKHPJEmEu88JkTMPkQ0WBEtqVfIXEn/hfB6jg980/xgietyGGzc8DspzkAZ4RZSX1nfvKAaIrsaEHch6DG8GefY
cdA++XOunh695QT59BSdlIZcC9nmYNIQH6olMAP6NADzUVmgHBQg00YEY4muj/17bZmOqrzP4cKwd7v5va8knzv
kxZkll1CZN4hTwzqyntd68aQcXc2ej/+XYKP2YynR2+85ZVXyNQ==
```

图 2-32　know_hosts 文件

以后再与 node1 连接时不会再出现以上提示，因为在 known_hosts 已经加入了 node1，但仍然需要输入密码，后面依次完成其他节点的 hosts 复制（node2、node3）后，就需要解决免密码登录的问题了。

2.3.3　配置 SSH 免密码登录

Hadoop 集群之间的交互是不用密码的，否则如果每次都必须输入密码会非常麻烦。SSH 还提供了公钥登录，可以省去输入密码的步骤。

所谓"公钥登录"，原理很简单，就是用户将自己的公钥存储在远程主机上。登录的时候，远程主机会向用户发送一段随机字符串，用户用自己的私钥加密后，再发回去。远程主机用事先储存的公钥进行解密，如果成功，就证明用户是可信的，直接允许登录 shell，不再要求密码。

这种方法要求用户必须提供自己的公钥。如果没有现成的，可以直接用 ssh-keygen 生成一个。建议直接用创建的 Hadoop 用户进行 SSH 设置，因为设置只对当前用户有效，一般 Hadoop 主程序权限是哪个用户，就对哪个用户进行 SSH 设置。这里用户以 root 为例，登录 root 后进行 SSH 设置，当然也可以登录创建的用户进行设置，如图 2-33 所示。

```
[root@node1 ~]# ssh-keygen -t rsa -P '' -f ~/.ssh/id_rsa
Generating public/private rsa key pair.
Your identification has been saved in /root/.ssh/id_rsa. 私钥文件位置
Your public key has been saved in /root/.ssh/id_rsa.pub. 公钥文件位置
The key fingerprint is:
5c:05:c3:53:cd:e4:66:b4:43:2d:e9:dc:24:3f:1b:c5 root@node1
The key's randomart image is:
+--[ RSA 2048]----+
|        .ooo+++  |
|         oo +*.E |
|         .. o**.|
|         . .  oo+o|
|          S    +|
|               .|
|                |
|                |
|                |
+----------------+
[root@node1 ~]#
```

图 2-33 生成公钥

运行上面的命令以后，系统会出现一系列提示，可以一路按"Enter"键。运行结束以后，在$HOME/.ssh/目录下，会新生成两个文件：id_rsa.pub 和 id_rsa。前者是公钥，后者是私钥。

远程主机将用户的公钥保存在登录后的用户主目录的$HOME/.ssh/authorized_keys 文件中，使用下面命令，如图 2-34 所示，在本机上生成 authorized_keys，并验证能否对本机进行 SSH 无密码登录。

```
[root@node1 ~]# cd .ssh/
[root@node1 .ssh]# ls
id_rsa  id_rsa.pub  秘钥文件
[root@node1 .ssh]# cat id_rsa.pub >> authorized_keys 生成 authorised_keys
[root@node1 .ssh]# chmod 600 authorized_keys 设置权限（这一步很重要，否则 ssh 时可能仍然需要密码）
[root@node1 .ssh]# ssh localhost 用 ssh 登录本机
The authenticity of host 'localhost (::1)' can't be established.
RSA key fingerprint is 03:ed:f0:f7:43:c0:7d:1f:5e:31:05:85:e0:d6:fb:ac.
Are you sure you want to continue connecting (yes/no)? yes 正常的话，输入 yes 就可以登录本机了
Warning: Permanently added 'localhost' (RSA) to the list of known hosts.
Last login: Sat Sep 20 04:55:20 2014 from localhost ok，无密码登录成功
[root@node1 ~]# exit 退出 ssh 远程登录
logout
Connection to localhost closed.
[root@node1 .ssh]#
```

图 2-34 远程免密码登陆

对其他所有节点重复上述操作后都生成自己的 authorized_keys，通过 ssh-copy-id 命令复制各自的公钥到 node2 节点（可以随机指定某个存在的节点），图 2-35 所示是以 node1 节点为例，ssh-copy-id 命令把 node1 节点的公钥复制到 node2 节点的 authorized_keys 文件，并验证是否配置成功。

```
[root@node1 ~]# ssh-copy-id -i ~/.ssh/id_rsa.pub node2    拷贝 公钥 到 node2 生成
root@node2's password:          输入 node2 密码              authorized_keys
Now try logging into the machine, with "ssh 'node2'", and check in:

  .ssh/authorized_keys

to make sure we haven't added extra keys that you weren't expecting.

[root@node1 ~]# ssh node2 尝试 ssh 无密码远程登录 node2，下面验证已经成功
Last login: Sat Sep 20 06:47:57 2014 from node1
[root@node2 ~]#
```

图 2-35　复制公钥到 node2 节点

图 2-36 所示是 node2 节点完成其他所有节点公钥复制后的 authorized_keys 文件。

图 2-36　查看 node2 节点的 authorized_keys 文件

由此可见，所有节点的公钥都已经加入了这个文件，也就是说其他节点可以免密码登录到 node2 节点，那么只要把这个文件远程复制到其他所有节点中去，那么节点之间就可以实现免密码登录了。即在 node2 节点上执行远程复制，如图 2-37 所示。

图 2-37　远程复制 authorized_keys 文件

这样，节点之间的免密码登录就完成了。

2.4 Hadoop 的启动和测试

2.4.1 格式化文件系统

就像新买的硬盘需要使用 NTFS 文件系统或者 FAT32 文件系统格式化一样，Hadoop 文件系统也需要格式化在 node 节点上。

首先格式化 namenode，执行命令 hdfs namenode -format，在出现提示信息的最后第 2 行出现"Exiting with status 0"表示格式化成功，如图 2-38 所示。在 linux 中 0 表示成功，1 表示失败，因此如果返回"Exiting with status 1"，就应该好好分析下前面的错误提示信息，一般来说是前面配置文件和 hosts 文件的问题，修改后同步到其他节点上以保持相同环境，再接着执行格式化操作。

图 2-38 格式化成功信息

注意：如果用的是 Hadoop1.2 或者更靠前的版本，会习惯用 hadoop namenode -format 格式化，这个时候会弹出一条 WARNING 信息，警告脚本已过时，但不会影响结果，因为 Hadoop2.2 版本对之前的 Hadoop 命令几乎都兼容。

格式化前也可以使用命令：hadoop namenode -format -clusterid clustername，先自定义集群名字；如果未定义，系统将自动生成。

2.4.2 启动 HDFS

使用 start-dfs.sh 脚本命令开启 Hadoop HDFS 服务，如图 2-39 所示。

图 2-39 开启 HDFS 服务

启动 HDFS 后，可以发现 node 节点作为 namenode，node1、node2、node3 作为 datanode，而 node1 也作为 Secondarynamenode。可以通过 jps 命令在各节点上进行验证。jps 也是 Windows 上面的命令，表示开启的 Java 进程当出现如下结果，表示验证成功，如图 2-40 所示。

图 2-40 验证 HDFS 开启状况

同样，也可以通过网络验证 HDFS 情况，如在 Linux 环境下，通过 Web 浏览器中输入 http://node:50070，如图 2-41 所示。当然也可以在 Windows 环境中通过该 URL 访问，只需修改如下文件：C:\Windows\System32\drivers\etc\hosts，在其中添加 192.168.10.100 node 即可。

图 2-41　Web 验证 HDFS

2.4.3　启动 Yarn

在主节点 node 上，执行命令 start-yarn.sh，如图 2-42 所示。通过下面的输出，可以看到 node 节点已经作为了一个 resourcemanager，而其他 3 个节点分别作为 nodemanager。

图 2-42　启动 Yarn

和验证 HDFS 一样，可以通过 jps 查看各个节点启动的进程，当然最方便的是输入地址：http://node:8088/，如图 2-43 所示。

图 2-43　Web 验证 yarn 开启状态

2.4.4 管理 JobHistory Server

启动 JobHistory Server，通过 Web 控制台查看集群计算的任务的信息，执行如下命令：mr-jobhistory-daemon.sh start historyserver，如图 2-44 所示。

```
[root@node hadoop]# mr-jobhistory-daemon.sh start historyserver
starting historyserver, logging to /home/hadoop/hadoop2.2/logs/mapred-root-historyserver-node.out
```

图 2-44　启动历史任务管理器

通过访问 http://node:19888/，可以查看任务执行历史信息，如图 2-45 所示，因现在没有运行过任何任务，所以显示为空。

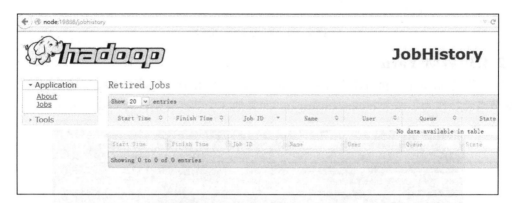

图 2-45　运行 JobHistory Server

JobHistory Server 是个后台进程，不使用的情况下可以关闭以节约资源，终止 JobHistory Server 执行如下命令：mr-jobhistory-daemon.sh stop historyserver。

2.4.5 集群验证

可以使用 Hadoop 自带的 WordCount 例子进行集群验证。这个例子为/share/Hadoop/mapreduce/hadoop-mapreduce-examples-2.2.0.jar，下面的命令都会在本书后面章节讲到，可以先不用理会具体意思。

首先，在 HDFS 上创建目录，执行命令：

```
hdfs dfs -mkdir -p /data/wordcount
hdfs dfs -mkdir -p /output/
```

目录/data/wordcount 用来存储 Hadoop 自带的 WordCount 例子的数据文件，运行这个 MapReduce 任务的结果输出到/output/wordcount 目录中。

将本地文件上传到 HDFS 中（这里上传一个配置文件），执行：

```
hdfs dfs -put /home/hadoop/hadoop2.2/etc/hadoop/core-site.xml /data/wordcount/
```

可以查看上传后的文件情况，执行如下命令：

```
hdfs dfs -ls /data/wordcount
```

下面，运行 WordCount 案例，执行如下命令：

```
hadoop jar /home/hadoop/hadoop2.2/share/hadoop/mapreduce/hadoop-mapreduce-examples-2.2.0.jar wordcount /data/wordcount /output/wordcount
```

通过 http://node:8088/，可以监视节点的运行情况，如图 2-46 所示。

图 2-46　Web 界面的 job 任务

运行结束后可以通过命令 hdfs dfs -cat /output/wordcount/part-r-00000，查看结果。

2.4.6　需要了解的默认配置

在 Hadoop2.2.0 中，Yarn 框架有很多默认的参数值，但在机器资源不足的情况下，需要修改这些默认值来满足一些任务需要。如可以根据实际修改下单节点所用物理内存，申请的 CPU 资源等。

NodeManager 和 ResourceManager 都是在 yarn-site.xml 文件中配置的，而运行 MapReduce 任务时，是在 mapred-site.xml 中进行配置的。

表 2-6 所示为相关的参数及其默认值情况。

表 2-6　部分默认配置

参数名称	默认值	进程名称	配置文件	含义说明
yarn.nodemanager.resource.memory-mb	8192	NodeManager	yarn-site.xml	从节点所在物理主机的可用物理内存总量
yarn.nodemanager.resource.cpu-vcores	8	NodeManager	yarn-site.xml	节点所在物理主机的可用虚拟 CPU 资源总数（core）
yarn.nodemanager.vmem-pmem-ratio	2.1	NodeManager	yarn-site.xml	使用 1 MB 物理内存，最多可以使用的虚拟内存数量
yarn.scheduler.minimum-allocation-mb	1024	ResourceManager	yarn-site.xml	一次申请分配内存资源的最小数量
yarn.scheduler.maximum-allocation-mb	8192	ResourceManager	yarn-site.xml	一次申请分配内存资源的最大数量
yarn.scheduler.minimum-allocation-vcores	1	ResourceManager	yarn-site.xml	一次申请分配虚拟 CPU 资源最小数量
yarn.scheduler.maximum-allocation-vcores	8	ResourceManager	yarn-site.xml	一次申请分配虚拟 CPU 资源最大数量

续表

参数名称	默认值	进程名称	配置文件	含义说明
mapreduce.framework.name	local	MapReduce	mapred-site.xml	取值 local、classic 或 Yarn 其中之一，如果不是 Yarn，则不会使用 Yarn 集群来实现资源的分配
mapreduce.map.memory.mb	1024	MapReduce	mapred-site.xml	每个 MapReduce 作业的 map 任务可以申请的内存资源数量
mapreduce.map.cpu.vcores	1	MapReduce	mapred-site.xml	每个 MapReduce 作业的 map 任务可以申请的虚拟 CPU 资源的数量
mapreduce.reduce.memory.mb	1024	MapReduce	mapred-site.xml	每个 MapReduce 作业的 reduce 任务可以申请的内存资源数量
yarn.nodemanager.resource.cpu-vcores	8	MapReduce	mapred-site.xml	每个 MapReduce 作业的 reduce 任务可以申请的虚拟 CPU 资源的数量

2.5 动态管理节点

2.5.1 动态增加和删除 datanode

管理大型集群时，有些机器可能会出现异常，这个时候就需要把它从集群中清除。等待修复好后加入集群中去。如果每次都是通过修改 slaves 文件，然后格式化集群，这不但浪费大量时间，也会影响正在执行的任务。

总的来说，正确的做法是优先在主节点上做好配置工作，然后在具体机器上进行相应进程的启动/停止操作。HDFS 默认的超时时间为 10 分 30 秒。这里暂且定义超时时间为 timeout，计算公式：

```
timeout=2*dfs.namenode.stale.datanode.interval+10*dfs.heartbeat.interval
```

Hadoop 上的心跳监控进程（HeartbeatMonitor）会定期的检测已注册的数据节点的心跳包，每一次检测间隔 heartbeatRecheckInterval，默认的 heartbeat.recheck.interval 大小为 5 分钟，心跳间隔（dfs.heartbeat.interval）默认的大小为 3 秒，NameNode 节点是根据数据节点上一次发送的心跳包时间和现在的时间差是否超出 timeout 来判断它是否已处于 dead 状态。需要注意的是 hdfs-site.xml 配置文件中的 heartbeat.recheck.interval 的单位为毫秒，dfs.heartbeat.interval 的单位为秒。

下面是动态增删 datanode 的步骤。

1．修改配置文件

在 namenode 下修改配置文件，如果集群版本是 Hadoop0.x，配置存储在文件 conf/hadoop-site.xml 中；在 Hadoop2.x 中变化很大，文件位置为 conf/hdfs-site.xml，需配置

的参数名为 dfs.namenode.hosts 和 fs.namenode.hosts.exclude。

参数说明：

dfs.hosts，定义了允许与 namenode 通信的 datanode 列表文件，如果值为空，所有 slaves 中的节点都会被加入这个许可列表。

dfs.hosts.exclude，定义了不允许与 namenode 通信的 datanode 列表文件，如果值为空，slaves 中的节点将没有一个会被阻止通信。

如修改 hdfs-site.xml，添加：

```
<property>
    <name>dfs.hosts</name>
    <value>/home/hadoop/hadoop2.2/conf/datanode-allow.list</value>
</property>
<property>
    <name>dfs.hosts.exclude</name>
    <value>/home/hadoop/hadoop2.2/conf/datanode-deny.list</value>
</property>
```

如果不需要允许列表，就不要创建对应项了，这样就表示所有 slaves 节点都允许通信。datanode-allow.list 与 datanode-deny.list 分别为允许列表和阻止列表，需要用户自己创建，一行写一个主机名。后者优先级比前者大，也就是说最重要的是 datanode-deny.list。

2．添加一个节点

（1）新的 datanode 节点做好相关配置工作（SSH 配置、Hadoop 配置、IP 配置等）。

（2）主节点上的 slaves 文件列表加入该 datanode 的主机名（非必须，方便以后重启 cluster 用）。

（3）若有 datanode-allow.list 文件，在主节点的 datanode-allow.list 中加入该 datanode 的主机名，没有的话可以自己创建后加入。

（4）在该 datanode 上启动 datanode 进程，运行：hadoop-daemon.sh start datanode。

3．删除一个节点

（1）在主节点上修改 datanode-deny.list（同上，没有的话可以自己创建），添加要删除的机器名。

（2）在主节点上刷新节点配置情况：hadoop dfsadmin –refreshNodes。

（3）此时在 Web UI 上就可以看到该节点变为 Decommissioning 状态，过一会就变为 Dead 了。也可以通过 hadoop dfsadmin –report 命令查看。

（4）在 slave 上关闭 datanode 进程（非必须），运行：hadoop-daemon.sh stop datanode。

4．重新加入各个删除的节点

（1）在主节点上的 datanode-deny.list 删除相应机器。

（2）在主节点上刷新节点配置情况：hadoop dfsadmin –refreshNodes。

（3）在欲加入的节点上重启 datanode 进程：hadoop-daemon.sh start datanode。

注意：如果之前没有关闭该 slave 上的 datanode 进程，需要先关闭再重新启动。

2.5.2 动态修改 TaskTracker

以下步骤为动态修改 TaskTracker 的步骤。

1. 修改配置文件

对于 Hadoop2.x 下在 namenode 下修改配置文件 conf/mapred-site.xml。关键参数 mapred.hosts 和 mapred.hosts.exclude。

参数说明：

mapreduce.jobtracker.hosts.filename，定义允许与 Jobtracker 节点通信的节点列表文件，如果为空，所有节点都可以与之通信。

mapreduce.jobtracker.hosts.exclude.filename，定义不允许与 Jobtracker 节点通信的节点列表文件，如果为空，没有一个节点会被阻止与之通信。

如修改 mapred-site.xml，添加参数：

```
<property>
    <name>mapreduce.jobtracker.hosts.filename</name>
    <value>/home/hadoop/hadoop2.2/conf/tasktracker-allow.list</value>
</property>
<property>
    <name>mapreduce.jobtracker.hosts.exclude.filename</name>
    <value>/home/hadoop/hadoop2.2/conf/tasktracker-deny.list</value>
</property>
```

同前面一样，创建 value 所指定的文件，一行写一个主机名。

2. 添加

（1）在新的从节点上做好相关配置工作（SSH 配置、Hadoop 配置、IP 配置等）。

（2）主节点上的 slaves 列表文件加入该从节点（非必须，方便以后重启集群用）。

（3）在 tasktracker-allow.list 中加入该从节点主机名，若没有可以自建。

（4）在这个从节点上启动 tasktracker 进程。运行 hadoop-daemon.sh start tasktracker。

3. 删除

不建议直接在 slave 上通过 hadoop-daemon.sh stop tasktracker 命令关掉 tasktracker，这会导致 namenode 认为这些机器暂时失联，因在一个超时时间内（默认 10min+30s）依然假设它们是正常的，还会将任务发送给它们。正常删除步骤应为

（1）在主节点上修改 tasktracker-deny.list，（同上，没有的话自建），添加相应机器。

（2）在主节点上刷新节点配置情况，执行命令 hadoop mradmin –refreshNodes。

（3）在 slave 上关闭 tasktracker 进程(非必须)，执行命令 hadoop-daemon. shstoptasktracker。

4. 重新加入各个删除的节点

（1）在主节点的 tasktracker-deny.list 删除相应机器。

（2）在主节点上刷新节点配置情况，执行命令 hadoop mradmin –refreshNodes。

（3）在 slave 上重启 tasktracker 进程，执行命令 hadoop-daemon.sh start tasktracker。

注意：如果之前没有关闭该 slave 上的 tasktracker 进程，需要先关闭再重新启动。

2.6 小结

本章主要介绍了如何部署和配置一个 Hadoop 集群，最重要的是网络配置和集群参数配置。要注意搭建这个集群的步骤顺序不可颠倒，并且养成做好一步就检验一下的习惯。在了

解主要配置参数的基础上能够根据实际情况调整配置参数，也能根据实际情况增删节点，对于 Hadoop 任务要知道如何在集群上提交和运行。

习题

1. 图 2-47 所示是一张全局网络拓扑图，请说出里面用到了哪几种 VMWare 网络连接方式，其中虚拟机 A82 处于哪种连接方式之中。

图 2-47 全局网络拓扑图

2. 小君在配置集群的时候给其中一个节点命名为 xiaojun2，使用命令 hostname xiaojun2，重启之后发现主机名没有变更，有什么办法可以让这个节点重启之后变成 xiaojun2？

3. 小君配置了 NAT 模式连接的节点后可以连接外网，为什么在外网上无法 ping 通该节点？

（1）小超给小君和小涛提供了自己的公钥，小君向小超发送报文，使用小超的公钥加密，这个报文是否安全？

（2）接上题，小超收到报文后使用私钥解密，就看到了报文内容，给小君回信，用自己的私钥对回信加密发送给小军，这个回信报文是否安全？

4. 在 core_site.xml 配置文档中对临时文件目录进行配置，值为/home/hadoop/tmp/hadoop-${user.name}，一主机名为 node1，当前 Hadoop 集群权限属于 trucy，那么实际生成的临时目录是什么？

第 3 章 HDFS 技术

知识储备

- UNIX 或 Linux 基本操作命令
- Java 基础知识

学习目标

- 理解 HDFS 的主要特性
- 理解 HDFS 架构
- 熟悉 HDFS 的 Shell 操作
- 了解 HDFS 中 API 的使用
- 了解 Hadoop 的 RPC 通信机制

一个只有 500 GB 的单机节点无法一次性处理连续的 PB 级的数据，那么应如何解决这个问题呢？这就需要把大规模数据集分别存储在多个不同的节点的系统中，实现跨网络的多个节点资源的文件系统，即分布式文件系统（Distributed File System）。它与普通磁盘文件系统有很多相近的地方，但由于整个架构是在网络上，而网络编程的复杂性和网络的不可靠性势必造成分布式文件系统要比普通的磁盘系统复杂。

3.1 HDFS 的特点

HDFS 用来设计存储大数据，并且是分布式存储，所以所有特点都与大数据与分布式有关，其特点可概括如下。

1. 简单一致性

对 HDFS 的大部分应用都是一次写入多次读（只能有一个 writer，但可以有多个 reader），如搜索引擎程序，一个文件写入后就不能修改了。因此写入 HDFS 的文件不能修改或编辑，如果一定要进行这样的操作，只能在 HDFS 外修改好了再上传。

2. 故障检测和自动恢复

企业级的 HDFS 文件由数百甚至上千个节点组成，而这些节点往往是一些廉价的硬件，这样故障就成了常态。HDFS 具有容错性（fault-tolerant），能够自动检测故障并迅速恢复，因此用户察觉不到明显的中断。

3. 流式数据访问

Hadoop 的访问模式是一次写多次读，而读可以在不同的节点的冗余副本读，所以读数据的时间相应可以非常短，非常适合大数据读取。运行在 HDFS 上的程序必须是流式访问数据集，接着长时间在大数据集上进行各类分析，所以 HDFS 的设计旨在提高数据吞吐量，而不是用户交互型的小数据。HDFS 放宽了对 POSIX（可移植操作系统接口）规范的强制性要求，去掉一些没必要的语义，这样可以获得更好的吞吐量。

4. 支持超大文件

由于更高的访问吞吐量，HDFS 支持 GB 级甚至 TB 级的文件存储，但如果存储大量小文件的话对主节点的内存影响会很大。

5. 优化的读取

由于 HDFS 集群往往是建立在跨多个机架（RACK）的集群机器上的，而同一个机架节点间的网络带宽要优于不同机架上的网络带宽，所以 HDFS 集群中的读操作往往被转换成离读节点最近的一个节点的数据读取；如果 HDFS 跨越多个数据中心那么本数据中心的数据复制优先级要高于其他远程数据中心的优先级。

6. 数据完整性

从某个数据节点上获取的数据块有可能是损坏的，损坏可能是由于存储设备错误、网络错误或者软件 BUG 造成的。HDFS 客户端软件实现了对 HDFS 文件内容的校验和检查（checksum），当客户端创建一个新的 HDFS 文件时，会计算这个文件每个数据块的校验和，并将校验和作为一个单独的隐藏文件保存在同一个 HDFS 命名空间下。当客户端获取到文件内容后，会对此节点获取的数据与相应文件中的校验和进行匹配。如果不匹配，客户端可以选择从其余节点获取该数据块进行复制。

3.2 HDFS 架构

HDFS 是一个典型的主从架构，一个主节点或者说是元数据节点（MetadataNode）负责系统命名空间（NameSpace）的管理、客户端文件操作的控制和存储任务的管理分配，多个从节点或者说是数据节点（DataNode）提供真实文件数据的物理支持，系统架构如图 3-1 所示。

图 3-1 HDFS 架构图

从图 3-1 中可看出，客户端可以通过元数据节点从多个数据节点中读取数据块，而这些文件元数据信息的收集是各个数据节点自发提交给元数据节点的，它存储了文件的基本信息。当数据节点的文件信息有变更时，就会把变更的文件信息传送给元数据节点，元数据节点对数据节点的读取操作都是通过这些元数据信息来查找的。这种重要的信息一般会有备份，存储在次级元数据节点（SecondaryMetadataNode）。写文件操作也是需要知道各个节点的元数据信息、哪些块有空闲、空闲块位置、离哪个数据节点最近、备份多少次等，然后再写入。在有至少两个支架的情况下，一般除了写入本支架中的几个节点外还会写入到外部支架节点，这就是所谓的"支架感知"。如图 3-1 中的 Rack1 与 Rack2 支架。

3.2.1 数据块

在计算机中，每个磁盘都有自己的物理磁盘块，是读写文件数据的最小单位。对于单机文件系统的块一般由多个物理磁盘块组成，一般磁盘块大小为 512 B，文件系统块由几个磁盘块组成达到几千字节，并且系统还有专门的磁盘管理工具（fs 和 fsck）来管理和维护文件系统，它们直接针对文件系统块操作。

同理，在 HDFS 上也有块的概念，不过要比单机文件系统大得多，默认为 64 MB。在 HDFS 上的文件被划分成多个 64 MB 的大块（Chunk）作为独立储存单元。与单机分布式文件系统不同的是，不满一个块大小的数据不会占据整个块空间，也就是这个块空间还可以给其他数据共享。

HDFS 设置这么大的块大小是有依据的，目的是把寻址时间[①]占所有传输数据所用的时间最小化，即增大实际传输数据的时间。假如平均寻址时间为 10 ms，磁盘传输速度为 100 MB/s，那么为了使寻址时间所占比率达到 1%，那么块大小设置为 100 MB，很多企业集群设置成 128 MB 甚至更多，这和磁盘驱动器的传输性能有关。但块大小也不应该设的太大，大了后所占用的数据块数量就少很多，而通常 MapReduce 会把一个块处理成一个 Map 任务，Map 任务数太小（少于集群节点数量）体现不出并行的优势。

对分布式文件中的块抽象是很好的一种设计，这种设计带来很多好处。如可以存储一个超过集群中任一磁盘容量的大文件，也就是说集群中的节点对分布式文件系统来说是不可见的。此外，通过按块备份可以提高文件系统的容错能力和可靠性，将块冗余备份到其他几个节点上（系统默认共 3 个），当某个块损坏时就可以从其他节点中读取副本，并且重新冗余备份到其他节点上去，而这个过程是自动完成的，对用户来说是透明的。

Hadoop 的脚本命令和 UNIX 系统一样，都是命令体加命令参数。如 HDFS 的 fsck 命令可以显示块信息，检查指定目录的数据块健康状况，具体用法可以参考 3.3.4 节。

下面命令检查 HDFS 系统上 /input 目录下的块信息和文件名，结果如图 3-2 所示。

```
hdfs fsck /input -blocks -files
```

[①] 磁盘采取直接存取方式，寻址时间分为两个部分，其一是磁头寻找目标磁道的找道时间 $t(s)$，其二是找到磁道后，磁头等待欲读写的磁道区段旋转到磁头正下方所需要的等待时间 $t(w)$。由于从最外磁道找到最里圈磁道和寻找相邻磁道所需时间是不等的，而且磁头等待不同区段所花的时间也不等，因此取其平均值，称作平均寻址时间 $T(a)$，它是平均找道时间 $t(sa)$ 和平均等待时间 $t(wa)$ 之和：

$T(a)=t(sa)+t(wa)=[t(s\ max)+t(s\ min)]/2+[t(w\ max)+t(w\ min)]/2$

```
FSCK started by trucy (auth:SIMPLE) from /222.18.159.122 for path /input at Wed Jan 14 20:35:09 CST 2015
/input <dir>
/input/log4j.properties 11118 bytes, 1 block(s):  OK       input下面的文件，大小11118B，用一个数据块存放
0. BP-2052111742-222.18.159.122-1417756522949:blk_1073761941_21123 len=11118 repl=3
                                                                                    块编号

Status: HEALTHY              状态信息
 Total size:    11118 B
 Total dirs:    1
 Total files:   1
 Total symlinks:               0
 Total blocks (validated):     1 (avg. block size 11118 B)
 Minimally replicated blocks:  1 (100.0 %)
 Over-replicated blocks:       0 (0.0 %)
 Under-replicated blocks:      0 (0.0 %)
 Mis-replicated blocks:        0 (0.0 %)
 Default replication factor:   2
 Average block replication:    3.0
 Corrupt blocks:               0
 Missing replicas:             0 (0.0 %)
 Number of data-nodes:         3
 Number of racks:              1
FSCK ended at Wed Jan 14 20:35:09 CST 2015 in 0 milliseconds

The filesystem under path '/input' is HEALTHY
```

图 3-2　使用 fsck 命令检查数据块

3.2.2 元数据节点与数据节点

HDFS 集群有两种按照主（master）从（slave）模式划分的节点：元数据节点（MetadataNode）和数据节点（DataNode）。

元数据节点负责管理整个集群的命名空间，并且为所有文件和目录维护了一个树状结构的元数据信息，而元数据信息被持久化到本地硬盘上分别对应了两种文件：文件系统镜像文件（FsImage）和编辑日志文件（EditsLog）。文件系统镜像文件存储所有关于命名空间的信息，编辑日志文件存储所有事务的记录。文件系统镜像文件和编辑日志文件是 HDFS 的核心数据结构，如果这些文件损坏了，整个 HDFS 实例都将失效，所以需要复制副本，以防止损坏或者丢失。一般会配置两个目录来存储这两个文件，分别是本地磁盘和网络文件系统（NFS），防止元数据节点所在节点磁盘损坏后数据丢失。元数据节点在磁盘上的存储结构如下所示。

```
current
├──rentts_00000000000000000077-00000000000000000078
├──00000000000000000077-00000000000000000078
 ...
├──00000000000000000077-00000000000000000000000092
├──00000000000000000077-00000000000000000000000092
├──00000000000000000077-00000000000000000000000092
├──00000000000000000077-00000000000000000000
├──00000000000000000077-00000000
├──000000000000000000000000000096.md5
├──000000000000000000000000000096
├──000000000000000000000000000096.md5
├──0000000000
└──00000000
```

其中，VERSION 是一个属性文件，可以通过如下命令查看它所保存的一些版本信息。

```
[trucy@node1 current]$ more VERSION
```

```
#Wed Nov 12 21:41:43 CST 2014
namespaceID=258694405
clusterID=trucyCluster
cTime=0
storageType=NAME_NODE
blockpoolID=BP-1768070682-222.18.159.122-1415706942809
layoutVersion=-57
```

各参数含义如下。

(1) namespaceID：文件系统唯一标识，是 HDFS 初次格式化的时候生成的。

(2) clusterID：集群 ID 号，在格式化文件系统之前可以在配置文件里面添加或者在格式化命令里添加。

(3) cTime：表示 FsImage 创建时间。

(4) storageType：保存数据的类型，这里是元数据结构类型，还有一种是 DATA_NODE，表示数据结构类型。

(5) blockpoolID：一个由 BlockPoolID 标识的 blockpool 属于一个单一的命名空间，违反了这个规则将会发生错误，并且系统必须检测这个错误以及采取适当的措施。

(6) layoutVersion：是一个负整数，保存了 HDFS 的持久化在硬盘上的数据结构的格式版本号。目前，HDFS 集群中 DataNode 与 MetadataNode 都是使用统一的 LayoutVersion，所以任何 LayoutVersion 的改变都会导致 DataNode 与 MetadataNode 的升级。

NameNode 本质上是一个 Jetty 服务器[①]，提供有关命名空间的配置服务，它包含的元数据信息包括文件的所有者、文件权限、存储文件的块 ID 和这些块所在的 DataNode（DataNode 启动后会自动上报）。

当 NameNode 启动的时候，文件系统镜像文件会被加载到内存，然后对内存里的数据执行记录的操作，以确保内存所保留的数据处于最新的状态。所有对文件系统元数据的访问都是从内存中获取的，而不是文件系统镜像文件。文件系统镜像文件和编辑日志文件只是实现了元数据的持久存储功能，事实上所有基于内存的存储系统大概都是采用这种方式，这样做的好处是加快了元数据的读取和更新操作（直接在内存中进行）。

Hadoop 集群包含大量 DataNode，DataNode 响应客户机的读写请求，还响应 MetadataeNode 对文件块地创建、删除、移动、复制等命令。DataNode 把存储的文件块信息报告给 MetadataNode，而这种报文信息采用的心跳机制，每隔一定时间向 NameNode 报告块映射状态和元数据信息，如果报告在一定时间内没有送达 MetadataNode，MetadataNode 会认为该节点失联（uncommunicate），长时间没有得到心跳消息直接标识该节点死亡（dead），也就不会再继续监听这个节点，除非该节点恢复后手动联系 NameNode。DataNode 的文件结构如下：

```
-rw-rw-r-- 1 trucy trucy    5508400 Dec  5 14:30 blk_1073741825
-rw-rw-r-- 1 trucy trucy      43043 Dec  5 14:30 blk_1073741825_1001.meta
-rw-rw-r-- 1 trucy trucy        114 Dec  8 21:49 blk_1073741857
-rw-rw-r-- 1 trucy trucy         11 Dec  8 21:49 blk_1073741857_1033.meta
```

[①]Jetty 是一个开源的 servlet 容器，可以将 Jetty 容器实例化成一个对象，可以迅速为一些独立运行（stand-alone）的 Java 应用提供网络和 Web 连接。

```
-rw-rw-r--   1 trucy trucy 134217728 Dec  8 21:53 blk_1073741859
-rw-rw-r--   1 trucy trucy   1048583 Dec  8 21:53 blk_1073741859_1035.meta
-rw-rw-r--   1 trucy trucy 134217728 Dec  5 15:23 blk_1073741860
-rw-rw-r--   1 trucy trucy   1048583 Dec  5 15:23 blk_1073741860_1036.meta
...
drwxrwxr-x   2 trucy trucy      4096 Dec  6 16:25 subdir0
drwxrwxr-x   2 trucy trucy      4096 Dec  6 16:25 subdir1
drwxrwxr-x   2 trucy trucy      4096 Dec  6 16:26 subdir10
drwxrwxr-x   2 trucy trucy      4096 Dec  6 16:26 subdir11
drwxrwxr-x   2 trucy trucy      4096 Dec  6 16:27 subdir12
drwxrwxr-x  66 trucy trucy     12288 Dec  6 16:49 subdir13
...
```

Blk_refix：HDFS 中的文件数据块，存储的是原始文件内容，最大占 134217728 B 即 128 MB（本系统设置块大小为 128 MB）。

Blk_refix.meta：块的元数据文件，包括版本和类型信息的头文件，与一系列块的区域校验和组成，最大占 1048583 B，即 1 MB。

Subdir：存储的数据还是前面的两种数据。

3.2.3 辅助元数据节点

前面提到文件系统镜像文件会被加载到内存中，然后对内存里的数据执行记录的操作。编辑日志文件会随着事务操作的增加而增大，所以需要把编辑日志文件合并到文件系统镜像文件当中去，这个操作就由辅助元数据节点（Secondary MetadataNode）完成。

辅助元数据节点不是真正意义上的元数据节点，尽管名字很像，但它的主要工作是周期性地把文件系统镜像文件与编辑日志文件合并，然后清空旧的编辑日志文件。由于这种合并操作需要大量 CPU 消耗和比较多的内存占用，所以往往把其配置在一台独立的节点上。如果没有辅助元数据节点周期性的合并过程，那么每次重启元数据节点会耗费很多时间做合并操作，这种周期性合并过程一方面减少重启时间，另一方面保证了 HDFS 系统的完整性。但是辅助元数据节点保存的状态要滞后于元数据节点，所以当元数据节点失效后，难免会丢失一部分最新操作数据。辅助元数据节点合并编辑日志文件的过程如图 3-3 所示，处理流程如下。

（1）辅助元数据节点发送请求，元

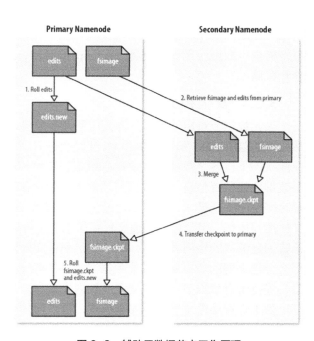

图 3-3　辅助元数据节点工作原理

数据节点停止把操作信息写进 edits 文件中，转而新建一个 edits.new 文件写入。

（2）通过 HTTP GE 从元数据节点获取旧的编辑日志文件和文件系统镜像文件。

（3）辅助元数据节点加载硬盘上的文件系统镜像文件和编辑日志文件，在内存中合并后成为新的文件系统镜像文件，然后写到磁盘上，这个过程叫作保存点（CheckPoint），合并生成的文件为 fsimage.ckpt。

（4）通过 HTTP POST 将 fsimage.ckpt 发送回元数据节点。

（5）元数据节点更新文件系统镜像文件，同时把 edits.new 改名为 edits，同时还更新 fstime 文件来记录保存点执行的时间。

下面为辅助元数据节点的文件组织结构。

```
${fs.checkpoint.dir}/
├──s.checkpo
│──s.checkpoi
│──s.checkp
│──s.checkpoi
│──s.checkpo
└──s.checkpoicheckpoint/
├──ckpoint/
├──ckpoin
├──ckpoint/
└──ckpoint
```

辅助元数据节点的目录设计和元数据节点的目录布局相同，这种设计是为了防止元数据节点发生故障，当没有备份或者 NFS 也没有的时候，可以通过辅助元数据节点恢复数据。通常采用的方法是用 -importCheckpoint 选项来重启元数据守护进程（MetadataNode Daemon），当 dfs.name.dir 没有元数据时，辅助元数据节点可以直接通过定义的 fs.checkpoint.dir 目录载入最新检查点数据。因此在配置 Hadoop 的时候，元数据节点目录和辅助元数据节点目录一般分开存储。

3.2.4 安全模式

当元数据节点启动时，会将文件系统镜像载入内存，并执行编辑日志文件中的各项操作，然后开始监听 RPC 和 HTTP 请求，此时会进入到一种特殊状态，即安全模式状态（Safe Mode）。在此状态下，各个数据节点发送心跳报告和块列表信息到元数据节点，而块列表信息保存的是数据块的位置信息，元数据节点的内存中会保留所有节点的块列表信息，当块列表信息足够时即退出安全模式，一般 30 秒钟，所以人们往往会发现刚启动 Hadoop 集群不能马上进行文件读写操作，但是可以知道文件目录信息（可以访问元数据信息）。但如果元数据节点没有检查到足够多的块列表信息，即不满足配置文件定义的"最小复制条件"（最小副本数为 1），那么会把需要的块复制到其他数据节点。实际上这种复制过程会浪费极大的资源，因为只有耐心等待所有数据节点都递交完成块列表信息。

为了查看是否系统处于安全模式，可以使用如下命令：

```
[trucy@node1 ~]$ hdfs dfsadmin -safemode get
Safe mode is OFF in node1/222.18.159.122:8020
```

如果要进入安全模式，往往在需要维护或者升级系统时候需要让文件系统处于只读状态，可用命令：

```
[trucy@node1 ~]$ hdfs dfsadmin -safemode enter
Safe mode is ON in node1/222.18.159.122:8020
```

同样离开安全模式使用命令：

```
[trucy@node1 ~]$ hdfs dfsadmin -safemode leave
Safe mode is OFF in node1/222.18.159.122:8020
```

如果要让它在执行某个脚本前先退出安全模式，执行：

```
hadoop dfsadmin -safemode wait
# command to read or write a file
```

3.2.5 负载均衡

负载均衡，是分布式系统中一个永恒的话题，要让各节点获得分配的任务均衡，发挥各节点的最大效能，不能有的节点任务太多忙不过来，而有的节点任务很少甚至没有任务，这样不但影响完成作业的时间，也极大地浪费了资源。负载均衡也是一个复杂的问题，并不是均衡就等于平均。例如，在分布式文件系统中，共一百个数据块，平均分配到集群中的 10 个节点，那就是每个节点负责 10 个数据块，这样就均衡了吗？其实还应该考虑 HDFS 的机架感知问题。一般来说同一个机架上的节点通信带宽要比不同机架要来的快，而把数据块复制到其他机架上又增加了数据的安全性。另外考虑到属于同一个文件的数据块应该尽量在一个机架上，这样可以减少跨机架的网络带宽。所以具体怎么分配是比较复杂的问题。

在 HDFS 中，ReplicationTargetChooser 类是负责实现为新分配的数据块寻找最优存储位置的。总体说，数据块的分配工作和备份的数量、申请的客户端地址、已注册的数据服务器位置密切相关。其算法基本思路是只考量静态位置信息，优先照顾写入者的速度，让多份备份分配到不同的机架去。此外，HDFS 中的 Balancer 类是为了实现动态的负载调整而存在的。Balancer 类派生于 Tool 类，这说明它是以一个独立的进程存在的，可以独立的运行和配置。它运行有 NamenodeProtocol 和 ClientProtocol 两个协议，与主节点进行通信，获取各个数据服务器的负载状况，从而进行调整。主要的调整其实就是一个操作，将一个数据块从一个服务器搬迁到另一个服务器上。Balancer 会向相关的目标数据服务器发出一个 DataTransferProtocol.OP_REPLACE_BLOCK 消息，接收到这个消息的数据服务器，会将数据块写入本地，成功后，通知主节点，删除早先的那个数据服务器上的同一块数据块。

HDFS 自带一个均衡器脚本，它启动一个 Hadoop 的守护进程，执行上述的操作。任何时刻，集群只能有一个均衡器存在，开启一次后会一直运行，直到集群变得均衡，而调整数据块的时候带宽默认为 1 Mbit/s，可以通过修改 hdfs-site.xml 文件中的 dfs.balance.bandwidthPerSec 属性指定，默认为 1048576（单位字节）。

使用负载均衡命令：hadoop balance [-threshold<threshold>]

其中"[ ]"中为可选参数，默认阈值为 10%，代表磁盘容量的百分比。

3.2.6 垃圾回收

对分布式文件系统而言，没有利用价值的数据块备份，就是垃圾。在现实生活中，提倡垃圾分类，为了更好地理解分布式文件系统的垃圾收集，实现分类也是很有必要的。基本上，所有的垃圾都可以视为两类，一类是由系统正常逻辑产生的，如某个文件被删除了，所有相关的数据块都沦为了垃圾，或某个数据块被负载均衡器移动了，原始数据块也不幸成了垃圾。此类垃圾最大的特点是主节点是生成垃圾的罪魁祸首，也就是说主节点完全了解有哪些垃圾需要处理。另外还有一类垃圾，是由于系统的一些异常症状产生的，如某个数据服务器停机了一段，重启之后发现其上的某个数据块已经在其他服务器上重新增加了此数据块的备份，它上面的备份因过期而失去了价值，就需要当作垃圾来处理。此类垃圾的特点恰恰相反，即主节点无法直接了解到垃圾状况，这就需要换种方式处理。

在 HDFS 中，第一类垃圾的判定很容易，在一些正常的逻辑中产生的垃圾，全部被塞进了 HDFS 的最近无效集（Recent Invalidate Sets）这个 Map 中，在实际工程中对应于 /user/${user}/.Trash/Current 这个目录中，如果用户想恢复这个文件，可以检索浏览这个目录并检索该文件。而第二类垃圾的判定，则放在数据服务器发送其数据块信息来的过程中，经过与本地信息的比较，可以断定，此数据服务器上有哪些数据块已经不幸沦为垃圾。同样，这些垃圾也被塞到最近无效集中去。在与数据服务器进行心跳交流的过程中，主节点将会判断哪些数据块需要删除，数据服务器对这些数据块的态度是直接物理删除。在 GFS（Google FileSystem）的论文中，对如何删除一个数据块有着不同的理解，它觉着应该先缓存起来，过几天没人想恢复它了再删除。在 HDFS 的文档中，则明确表示，在现行的应用场景中，没有需要这个需求的地方，因此，直接删除就完了。

3.3 HDFS Shell 命令

Shell 是系统的用户界面，提供了用户与内核进行交互操作的一种接口。它接收用户输入的命令并把它送入内核去执行。下面介绍 HDFS 操作分布式文件系统常用命令。

hdfs URI 格式：scheme://authority:path。其中，scheme 表示协议名，可以是 file 或 HDFS，前者是本地文件，后者是分布式文件；authority 表示集群所在的命名空间；path 表示文件或者目录的路径。

如 hdfs://localhost:9000/user/trucy/test.txt 表示在本机的 HDFS 系统上的 text 文本文件目录。假设已经在 core-site.xml 里配置了 fs.default.name=hdfs://localhost:9000，则仅使用 /user/trucy/test.txt 即可。

HDFS 默认工作目录为/user/${USER}，${USER}是当前的登录用户名。

注意：本章所用的 Hadoop 集群环境是独立的高可靠配置的 4 个节点集群，而不是在虚拟机环境下，所用的命名空间实际配置是：

```
<name>fs.defaultFS</name>
<value>hdfs://TLCluster</value>
```

如果是按照前面讲 Hadoop 的安装与配置章节所说的 fs.defaultFS 应该是 hdfs://node:9000，所以此处需要读者按照自己配置方案来解读。

3.3.1 文件处理命令

开启 Hadoop 的分布式文件系统，键入命令 hdfs dfs 将输出能够支持的命令的列表，如图 3-4 所示。

```
[trucy@node1 ~]$ hdfs dfs
Usage: hadoop fs [generic options]
        [-appendToFile <localsrc> ... <dst>]
        [-cat [-ignoreCrc] <src> ...]
        [-checksum <src> ...]
        [-chgrp [-R] GROUP PATH...]
        [-chmod [-R] <MODE[,MODE]... | OCTALMODE> PATH...]
        [-chown [-R] [OWNER][:[GROUP]] PATH...]
        [-copyFromLocal [-f] [-p] <localsrc> ... <dst>]
        [-copyToLocal [-p] [-ignoreCrc] [-crc] <src> ... <localdst>]
        [-count [-q] <path> ...]
        [-cp [-f] [-p | -p[topax]] <src> ... <dst>]
        [-createSnapshot <snapshotDir> [<snapshotName>]]
        [-deleteSnapshot <snapshotDir> <snapshotName>]
        [-df [-h] [<path> ...]]
        [-du [-s] [-h] <path> ...]
        [-expunge]
        [-get [-p] [-ignoreCrc] [-crc] <src> ... <localdst>]
        [-getfacl [-R] <path>]
        [-getfattr [-R] {-n name | -d} [-e en] <path>]
        [-getmerge [-nl] <src> <localdst>]
        [-help [cmd ...]]
        [-ls [-d] [-h] [-R] [<path> ...]]
        [-mkdir [-p] <path> ...]
        [-moveFromLocal <localsrc> ... <dst>]
        [-moveToLocal <src> <localdst>]
        [-mv <src> ... <dst>]
        [-put [-f] [-p] <localsrc> ... <dst>]
        [-renameSnapshot <snapshotDir> <oldName> <newName>]
        [-rm [-f] [-r|-R] [-skipTrash] <src> ...]
        [-rmdir [--ignore-fail-on-non-empty] <dir> ...]
        [-setfacl [-R] [{-b|-k} {-m|-x <acl_spec>} <path>]|[--set <acl_spec> <path>]]
        [-setfattr {-n name [-v value] | -x name} <path>]
        [-setrep [-R] [-w] <rep> <path> ...]
        [-stat [format] <path> ...]
        [-tail [-f] <file>]
        [-test -[defsz] <path>]
        [-text [-ignoreCrc] <src> ...]
        [-touchz <path> ...]
        [-usage [cmd ...]]
```

图 3-4　HDFS 文件系统支持的命令

上面很多命令和 Linux 命令相似，下面介绍一些常用命令。

（1）hdfs dfs –ls：命令列出指定目录文件和目录。

（2）hdfs dfs –mkdir：创建文件夹。

（3）hdfs dfs –cat/text：查看文件内容。

（4）hdfs dfs –touchz：新建文件。

（5）hdfs dfs –appendToFile <src><tar>：将 src 的内容写入 tar 中。

（6）hdfs dfs –put<src><tar>：将 src 的内容写入 tar 中。

（7）hdfs dfs –rm <src>：删除文件或目录。

（8）hdfs dfs –du <path>：显示占用磁盘空间大小。

HDFS 命令列出指定目录文件和目录。

1. hdfs dfs –ls：列出根目录文件和目录

使用方法：hdfs dfs –ls [-d][-h][-R] <paths>

其中：–d：返回 paths；–h：按照 KMG 数据大小单位显示文件大小，如果没有单位，默认为 B；–R：级联显示 paths 下文件，这里 paths 是个多级目录。

如果是文件，则按照如下格式返回文件信息。

文件名<副本数>文件大小修改日期修改时间权限用户 ID，组 ID。

如果是目录，则返回它直接子文件的一个列表，就像在 UNIX 中一样。目录返回列表的信息如下。

目录名<dir>修改日期修改时间权限用户 ID，组 ID。

示例：列出根目录下的文件或目录。

```
hdfs dfs -ls /
```
结果：
```
Found 8 items
drwxr-xr-x   - trucy supergroup          0 2014-12-18 19:22 /data
drwxr-xr-x   - trucy supergroup          0 2014-12-08 17:30 /dataguru
drwxr-xr-x   - trucy supergroup          0 2014-12-16 17:04 /hbase
drwxr-xr-x   - trucy supergroup          0 2014-12-28 10:43 /hive
drwxr-xr-x   - trucy supergroup          0 2014-12-05 16:41 /kmedians
drwxrwxrwx   - trucy supergroup          0 2015-01-08 16:29 /tmp
drwxr-xr-x   - trucy supergroup          0 2014-12-21 23:10 /user
drwxr-xr-x   - trucy supergroup          0 2014-12-24 16:12 /wangyc
```
上述命令也可以这样写：
```
hdfs dfs -ls hdfs://TLCluster/
```
列出分布式目录/usr/${USER}下的文件或目录。
```
hdfs dfs -ls /user/${USER}
```
结果：
```
Found 8 items
drwxr-xr-x   - trucy supergroup 0 2014-12-16 13:33 /user/trucy/bayes
-rw-r--r--   2 trucy supergroup 1649 2015-01-05 15:52 /user/trucy/passwd
-rw-r--r--   2 trucy supergroup 595079 2014-12-18 20:08 /user/trucy/rating
drwxr-xr-x   - trucy supergroup 0 2014-12-18 20:13 /user/trucy/ratingdiff
-rw-r--r--   2 trucy supergroup 1946023 2014-12-09 18:59 /user/trucy/result1
drwxr-xr-x   - trucy supergroup 0 2014-12-16 13:20 /user/trucy/test
drwxr-xr-x   - trucy supergroup 0 2014-12-16 13:40 /user/trucy/test-output
drwxr-xr-x   - trucy supergroup 0 2014-12-16 13:21 /user/trucy/train
```
当然也可以这样写：hdfs dfs –ls .，或者直接省略"."，hdfs dfs –ls。

结果：
```
Found 8 items
drwxr-xr-x   - trucy supergroup              0 2014-12-16 13:33 bayes
-rw-r--r--   2 trucy supergroup           1649 2015-01-05 15:52 passwd
-rw-r--r--   2 trucy supergroup         595079 2014-12-18 20:08 rating
drwxr-xr-x   - trucy supergroup              0 2014-12-18 20:13 ratingdiff
-rw-r--r--   2 trucy supergroup        1946023 2014-12-09 18:59 result1
drwxr-xr-x   - trucy supergroup              0 2014-12-16 13:20 test
drwxr-xr-x   - trucy supergroup              0 2014-12-16 13:40 test-output
drwxr-xr-x   - trucy supergroup              0 2014-12-16 13:21 train
```

2．mkdir：创建文件夹

使用方法：hdfs dfs –mkdir [–p]<paths>

接受路径指定的 URI 作为参数，创建这些目录。其行为类似于 Linux 的 mkdir 用法，加

-p 标签标识创建多级目录。

示例：在分布式主目录下（/user/${USER}）新建文件夹 dir。

```
hdfs dfs -mkdir dir
hdfs dfs -ls
```

结果：

```
drwxr-xr-x   - trucy supergroup          0 2015-01-08 18:49 dir
```

在分布式主目录下（/user/${USER}）新建文件夹 dir0/dir1/dir2/。

```
hdfs dfs -mkdir -p dir0/dir1/dir2
hdfs dfs -ls /user/${USER}/dir0/dir1
```

结果：

```
Found 1 items
drwxr-xr-x - trucy supergroup 0 2015-01-08 18:51 /user/trucy/dir0/dir1/dir2
```

3．touch：新建文件

使用方法：hdfs dfs –touchz <path>

当前时间下创建大小为 0 的空文件，若大小不为 0，返回错误信息。

示例：在/user/${USER}/dir 下新建文件 file。

```
hdfs dfs -touchz /user/${USER}/dir/file
hdfs dfs -ls  /user/${USER}/dir/
```

结果：

```
Found 1 items
-rw-r--r--    2 trucy supergroup           0 2015-01-08 19:22 /user/trucy/dir/file
```

4．cat、text、tail：查看文件内容

使用方法：hdfs dfs –cat/text [–ignoreCrc] <src>

　　　　　hdfs dfs –tail [–f] <file>

其中：–ignoreCrc 忽略循环检验失败的文件；–f 动态更新显示数据，如查看某个不断增长的日志文件。

3 个命令都是在命令行窗口查看指定文件内容。区别是 text 不仅可以查看文本文件，还可以查看压缩文件和 Avro 序列化的文件，其他两个不可以；tail 查看的是最后 1 KB 的文件（Linux 上的 tail 默认查看最后 10 行记录）。

示例：在作者的分布式目录下/data/stocks/NYSE 下有文件 NYSE_daily_prices_Y.csv，用 3 种方法查看。

```
hdfs dfs -cat /data/stocks/NYSE/NYSE_dividends_Y.csv
hdfs dfs -text /data/stocks/NYSE/NYSE_dividends_Y.csv
hdfs dfs -tail /data/stocks/NYSE/NYSE_dividends_Y.csv
```

结果：

```
...
NYSE,YPF,1997-05-23,0.22
NYSE,YPF,1997-02-24,0.2
NYSE,YPF,1996-11-25,0.2
NYSE,YPF,1996-08-23,0.2
```

```
NYSE,YPF,1996-05-24,0.2
NYSE,YPF,1996-02-23,0.2
...
```

5．appendToFile：追写文件

使用方法：hdfs dfs -appendToFile <localsrc> … <dst>

把 localsrc 指向的本地文件内容写到目标文件 dst 中，如果目标文件 dst 不存在，系统自动创建。如果 localsrc 是"-"，表示数据来自键盘中输入，按"Ctrl+c"组合键结束输入。

示例：在/user/${USER}/dir/file 文件中写入文字"hello,HDFS!"

```
hdfs dfs -appendToFile - dir/file
hdfs dfs -text dir/file
```

结果：

```
hello,HDFS!
```

第二种方法，在本地文件系统新建文件 localfile 并写入文字。

```
[trucy@node1 ~]$ echo "hello,HDFS ! ">>localfile
[trucy@node1 ~]$ hdfs dfs -appendToFile localfile dir/file
[trucy@node1 ~]$ hdfs dfs -text dir/file
hello,HDFS!
hello,HDFS !
```

6．put/get：上传/下载文件

使用方法：hdfs dfs - put [-f] [-p] <localsrc> … <dst>
　　　　　　　get [-p] [-ignoreCrc] [-crc] <src> … <localdst>

put 把文件从当前文件系统上传到分布式文件系统中，dst 为保存的文件名，如果 dst 是目录，把文件放在该目录下，名字不变。

get 把文件从分布式文件系统上复制到本地，如果有多个文件要复制,那么 localdst（local destination）即为目录，否则 localdst 就是要保存在本地的文件名。

其中：-f 如果文件在分布式系统上已经存在，则覆盖存储，若不加则会报错；-p 保持原始文件的属性（组、拥有者、创建时间、权限等）；-ignoreCrc 同上。

示例：把上例新建的文件 localfile 放到分布式文件系统主目录上，保存名为 hfile；把 hfile 下载到本地目录，名字不变。

```
[trucy@node1 ~]$ hdfs dfs -put localfile hfile
[trucy@node1 ~]$ hdfs dfs -ls .
Found 11 items
...
drwxr-xr-x   - trucy supergroup          0 2015-01-08 19:22 dir
drwxr-xr-x   - trucy supergroup          0 2015-01-08 18:51 dir0
-rw-r--r--   2 trucy supergroup         14 2015-01-08 21:30 hfile
...
[trucy@node1 ~]$ hdfs dfs -get hfile .
[trucy@node1 ~]$ ls -l
total 108
```

```
...
-rw-r--r--   1 trucy trucy    14 Jan  8 21:32 hfile
-rw-rw-r--   1 trucy trucy    14 Jan  8 20:40 localfile
...
```

除了 get 方法还可以用 copyToLocal，用法一致。

7. Rm：删除文件或目录

使用方法：hdfs dfs −rm [−f] [−r|−R] [−skipTrash] <src> ...

删除指定文件与 Linux 上的 rm 命令一致。此外和 Linux 系统的垃圾回收站一样，HDFS 会为每个用户创建一个回收站：/usr/${USER}/.Trash/，通过 Shell 删除的文件都会在这个目录下存储一个周期，这个周期可以通过配置文件指定。当配置好垃圾回收机制后，元数据节点会开启了一个后台线程 Emptier，这个线程专门管理和监控系统回收站下面的所有文件/目录，对于已经超过生命周期的文件/目录，这个线程就会自动的删除它们。当然用户想恢复删除的文件，可以直接操作垃圾回收站目录下的 Current 目录恢复。

配置垃圾回收需要修改的配置文件：core−site.xml。

```
<property>
    <name>fs.trash.interval</name>
    <value>1440</value>
</property>
```

−f 如果要删除的文件不存在，不显示提示和错误信息。

−r/R 级联删除目录下的所有文件和子目录文件。

−skipTrash 直接删除，不进入垃圾回车站。

示例：在分布式主目录下（/user/${USER}）删除 dir 目录以及 dir0 目录。

```
[trucy@node1 ~]$ hdfs dfs -rm -r dir dir0
 15/01/09 13:43:29 INFO fs.TrashPolicyDefault: Namenode trash configuration:
Deletion interval = 0 minutes, Emptier interval = 0 minutes.
  Deleted dir
 15/01/09 13:43:29 INFO fs.TrashPolicyDefault: Namenode trash configuration:
Deletion interval = 0 minutes, Emptier interval = 0 minutes.
  Deleted dir0
```

由于没有配置 fs.trash.interval，默认为 0，即直接删除。

8. du：显示占用磁盘空间大小

使用方法：−du [−s] [−h] <path> ...

默认按字节显示指定目录所占空间大小。其中：−s 显示指定目录下文件总大小；−h 按照 KMG 数据大小单位显示文件大小，如果没有单位，默认为 B。

示例：在分布式主目录下（/user/${USER}）新建文件夹 dir。

```
[trucy@node1 ~]$ hdfs dfs -du
1984582    bayes
14         hfile
1649       passwd
595079     rating
```

```
14673294  ratingdiff
1946023   result1
367265    test
231       test-output
1404022   train
[trucy@node1 ~]$ hdfs dfs -du -s
20.0 M   .
[trucy@node1 ~]$ hdfs dfs -du -h
1.9 M    bayes
14       hfile
1.6 K    passwd
581.1 K  rating
14.0 M   ratingdiff
1.9 M    result1
358.7 K  test
231      test-output
1.3 M    train
```

3.3.2 dfsadmin 命令

dfsadmin 是一个多任务客户端工具,用来显示 HDFS 运行状态和管理 HDFS,支持的命令如图 3-5 所示。

```
[trucy@node1 ~]$ hdfs dfsadmin -help
hadoop dfsadmin performs DFS administrative commands.
The full syntax is:

hadoop dfsadmin
        [-report [-live] [-dead] [-decommissioning]]
        [-safemode <enter | leave | get | wait>]
        [-saveNamespace]
        [-rollEdits]
        [-restoreFailedStorage true|false|check]
        [-refreshNodes]
        [-setQuota <quota> <dirname>...<dirname>]
        [-clrQuota <dirname>...<dirname>]
        [-setSpaceQuota <quota> <dirname>...<dirname>]
        [-clrSpaceQuota <dirname>...<dirname>]
        [-finalizeUpgrade]
        [-rollingUpgrade [<query|prepare|finalize>]]
        [-refreshServiceAcl]
        [-refreshUserToGroupsMappings]
        [-refreshSuperUserGroupsConfiguration]
        [-refreshCallQueue]
        [-refresh <host:ipc_port> <key> [arg1..argn]
        [-printTopology]
        [-refreshNamenodes datanodehost:port]
        [-deleteBlockPool datanodehost:port blockpoolId [force]]
        [-setBalancerBandwidth <bandwidth>]
        [-fetchImage <local directory>]
        [-allowSnapshot <snapshotDir>]
        [-disallowSnapshot <snapshotDir>]
        [-shutdownDatanode <datanode_host:ipc_port> [upgrade]]
        [-getDatanodeInfo <datanode_host:ipc_port>]
        [-help [cmd]]
```

图 3-5 dfsadmin 所有命令

表 3-1 所示为常用的 dfsadmin 命令。

表 3-1 dfsadmin 命令说明

命令选项	功能描述
-report	显示文件系统的基本信息和统计信息，与 HDFS 的 Web 界面一致
-safeadmin enter | leave | get | wait	安全模式命令。用法和功能前面已讲过
-saveNameSpace	可以强制创建检查点，仅仅在安全模式下面运行
-refreshNodes	重新读取允许主机和排除主机文件，以便更新的数据允许连接到元数据节点和那些应该退役或派出所的节点集
-finalizeUpgrade	完成 HDFS 的升级。数据节点删除其以前的版本工作目录，紧接着 Namenode 做同样的事。这就完成升级过程
-upgradeProgress status | details | force	请求当前分布式升级状态，详细状态或强制升级继续
-metasave filename	将元数据节点的主要数据结构保存到由 hadoop.log.dir 属性指定的目录中的文件名。如果它存在，则将覆盖文件名。<fielname>中将包含下列各项对应的内容： （1）数据节点发送给元数据节点的心跳检测信号 （2）等待被复制的块 （3）正在被复制的块 （4）等待删除的块
-setQuota <quota><dirname> …<dirname>	设置每个目录<dirname>的配额<quota>。目录配额是长整型数，强制去限制目录树下的名字个数。以下情况会报错： （1）N 不是个正整数 （2）用户不是管理员 （3）这个目录不存在或者是一个文件 （4）目录超出新设定的配额
-clrQuota <dirname> … <dirname>	清除每个目录 dirname 的配额。以下情况会报错： （1）这个目录不存在或者是一个文件 （2）用户不是管理员
-restoreFailedStorage true | false | check	此选项将关闭自动尝试恢复故障的存储副本。如果故障的存储可用，再次尝试还原检查点期间的日志编辑文件或文件系统镜像文件。"check" 选项将返回当前设置
-setBalancerBandwidth <bandwidth>	在 HDFS 执行均衡期间改变数据节点网络带宽。bandwidth 是数据节点每秒传输的最大字节数，设置的值将会覆盖配置文件参数 dfs.balance.bandwidthPerSec
-fetchImage <local directory>	把最新的文件系统镜像文件从元数据节点上下载到本地指定目录
-help [cmd]	为给定的命令显示的帮助，如果没有则显示所有

3.3.3 namenode 命令

运行 namenode 进行格式化、升级回滚等操作，支持的命令如图 3-6 所示。

```
[trucy@node1 ~]$ hdfs namenode -help
Usage: java NameNode [-backup] |
       [-checkpoint] |
       [-format [-clusterid cid ] [-force] [-nonInteractive] ] |
       [-upgrade [-clusterid cid] [-renameReserved<k-v pairs>] ] |
       [-rollback] |
       [-rollingUpgrade <downgrade|rollback> ] |
       [-finalize] |
       [-importCheckpoint] |
       [-initializeSharedEdits] |
       [-bootstrapStandby] |
       [-recover [ -force ] ] |
       [-metadataVersion ] ]
```

图 3-6 namenode 命令

表 3-2 所示为常用的 namenode 命令。

表 3-2 namenode 命令说明

命令选项	功能描述
-format	格式化元数据节点。先启动元数据节点，然后格式化，最后关闭
-upgrade	元数据节点版本更新后，应该以 upgrade 方式启动
-rollback	回滚到前一个版本。必须先停止集群，并且分发旧版本才可用
-importCheckpoint	从检查点目录加载镜像，目录由 fs.checkpoint.dir 指定
-finalize	持久化最近的升级，并把前一系统状态删除，这个时候再使用 rollback 是不成功的

3.3.4 fsck 命令

fsck 命令运行 HDFS 文件系统检查实用程序，用于和 MapReduce 作业交互。下面为其命令列表。

```
Usage: DFSck <path> [-list-corruptfileblocks | [-move | -delete | -openforwrite]
[-files [-blocks [-locations | -racks]]]]
```

表 3-3 所示为常用的 fsck 命令。

表 3-3 fsck 命令说明

命令选项	功能描述
-path	检查这个目录中的文件是否完整
-move	移动找到的已损坏的文件到 /lost+found
-rollback	回滚到前一个版本。必须先停止集群，并且分发旧版本才可用
-delete	删除已损坏的文件
-openforwrite	打印正在打开写操作的文件
-files	打印正在检查的文件名

续表

命令选项	功能描述
-blocks	打印 block 报告（需要和-files 参数一起使用）
-locations	打印每个 block 的位置信息（需要和-files 参数一起使用）
-racks	打印位置信息的网络拓扑图（需要和-files 参数一起使用）

3.3.5 pipes 命令

pipes 命令运行管道作业，图 3-7 所示为其所有命令。

```
[trucy@node1 ~]$ mapred pipes
bin/hadoop pipes
  [-input <path>] // Input directory
  [-output <path>] // Output directory
  [-jar <jar file> // jar filename
  [-inputformat <class>] // InputFormat class
  [-map <class>] // Java Map class
  [-partitioner <class>] // Java Partitioner
  [-reduce <class>] // Java Reduce class
  [-writer <class>] // Java RecordWriter
  [-program <executable>] // executable URI
  [-reduces <num>] // number of reduces
  [-lazyOutput <true/false>] // createOutputLazily
```

图 3-7 pipes 命令

表 3-4 所示为常用的 pipes 命令。

表 3-4 pipes 命令说明

命令选项	功能描述
-conf <path>	配置作业
-jobconf <key=value>, <key=value>, …	添加覆盖配置项
-input <path>	输入目录
-output <path>	输出目录
-jar jar <file>	Jar 文件名
-inputformat <class>	InputFormat 类
-map <class>	Java Map 类
-partitioner <class>	Java 的分区程序
-reduce <class>	Java Reduce 类
-writer <class>	Java RecordWriter
-program <executable>	可执行文件的 URI
-reduces <num>	分配 Reduce 任务的数量

3.3.6 job 命令

该命令与 Map Reduce 作业进行交互和命令，图 3-8 所示为其所有命令。

```
[trucy@node1 ~]$ mapred job
Usage: CLI <command> <args>
        [-submit <job-file>]
        [-status <job-id>]
        [-counter <job-id> <group-name> <counter-name>]
        [-kill <job-id>]
        [-set-priority <job-id> <priority>]. Valid values for priorities are: VERY_HIGH HIGH NORMAL LOW VE
RY_LOW
        [-events <job-id> <from-event-#> <#-of-events>]
        [-history <jobHistoryFile>]
        [-list [all]]
        [-list-active-trackers]
        [-list-blacklisted-trackers]
        [-list-attempt-ids <job-id> <task-type> <task-state>]. Valid values for <task-type> are REDUCE MAP
. Valid values for <task-state> are running, completed
        [-kill-task <task-attempt-id>]
        [-fail-task <task-attempt-id>]
        [-logs <job-id> <task-attempt-id>]
```

图 3-8 job 命令

表 3-5 所示为常用的 job 命令。

表 3-5 job 命令说明

命令选项	功能描述
-submit <job-file>	提交作业
-status <job-id>	打印 Map 和 Reduce 完成百分比和作业的所有计数器
-counter <job-id><group-name><counter-name>	打印计数器的值
-kill <job-id>	杀死指定 ID 的作业进程
-events <job-id><from-event-#><#-of-events>	打印 job-id 给定范围的接收事件细节
-history [all] <jobOutputDir>	打印作业细节,失败和被杀的原因和细节提示。通过指定[all]选项,可以查看关于成功的任务和未完成的任务等工作的更多细节
-list [all]	显示仍未完成的作业
-kill-task <task-id>	杀死任务。被杀死的任务不计失败的次数
-fail-task <task-id>	使任务失败。被失败的任务不计失败的次数
-set-priority <job-id><priority>	更改作业的优先级。允许的优先级值是 VERY_HIGH、HIGH、NORMAL、LOW 和 VERY_LOW

3.4 HDFS 中的 Java API 的使用

Hadoop 整合了众多文件系统,在其中有一个综合性的文件系统抽象,它提供了文件系统实现的各类接口,HDFS 只是这个抽象文件系统的一个实例。提供了一个高层的文件系统抽象类 org.apache.hadoop.fs.FileSystem,这个抽象类展示了一个分布式文件系统,并有几个具体实现,如表 3-6 所示。

表 3-6 Hadoop 的文件系统

文件系统	URI 方案	Java 实现	定义
Local	file	fs.LocalFileSystem	支持有客户端校验和本地文件系统。带有校验和的本地系统文件在 fs.RawLocalFileSystem 中实现
HDFS	hdfs	hdfs.DistributionFileSystem	Hadoop 的分布式文件系统
HFTP	hftp	hdfs.HftpFileSystem	支持通过 HTTP 方式以只读的方式访问 HDFS，distcp 经常用在不同的 HDFS 集群间复制数据
HSFTP	hsftp	hdfs.HsftpFileSystem	支持通过 HTTPS 方式以只读的方式访问 HDFS
HAR	har	fs.HarFileSystem	构建在 Hadoop 文件系统之上，对文件进行归档。Hadoop 归档文件主要用来减少 NameNode 的内存使用
KFS	kfs	fs.kfs.KosmosFileSystem	Cloudstore（其前身是 Kosmos 文件系统）文件系统是类似于 HDFS 和 Google 的 GFS 文件系统，使用 C++编写
FTP	ftp	fs.ftp.FtpFileSystem	由 FTP 服务器支持的文件系统
S3（本地）	s3n	fs.s3native.NativeS3FileSystem	基于 Amazon S3 的文件系统
S3（基于块）	s3	fs.s3.NativeS3FileSystem	基于 Amazon S3 的文件系统，以块格式存储解决了 S3 的 5 GB 文件大小的限制

文件在 Hadoop 中表示一个 Path 对象，通常封装成一个 URI，如 HDFS 上有个 test 文件，URI 表示成 HDFS://TLCluster/data/test。

Hadoop 中关于文件操作类基本上全部是在 "org.apache.hadoop.fs" 包中，这些 API 能够支持的操作包含打开文件、读写文件、删除文件等。

Hadoop 类库中最终面向用户提供的接口类是 FileSystem，该类是个抽象类，只能通过来类的 get 方法得到具体类。get 方法存在几个重载版本，常用的是 static FileSystem get (Configuration conf)；该类封装了几乎所有的文件操作，如 mkdir、delete 等。综上基本上可以得出操作文件的程序库框架：

```
operator()
{
    得到 Configuration 对象
    得到 FileSystem 对象
    进行文件操作
}
```

3.4.1 上传文件

通过"FileSystem.copyFromLocalFile（Path src，Patch dst）"可将本地文件上传到 HDFS 指定的位置上，其中 src 和 dst 均为文件的完整路径，具体示例如下。

```java
package org.trucy.hdfs;
import java.io.IOException;
import java.net.URI;
import java.net.URISyntaxException;
import org.apache.hadoop.conf.Configuration;
import org.apache.hadoop.fs.FileStatus;
import org.apache.hadoop.fs.FileSystem;
import org.apache.hadoop.fs.Path;
/**
 * @author: trucy
 * @Decription: 文件上传至 HDFS
 * @time: 2015 年 1 月 10 日下午 1:19:54
 */
Public class PutFile {
    Public static void main(String[] args) throws IOException, URISyntaxException {
        Configuration conf=new Configuration();
        URI uri = new URI("hdfs://node1:8020");
        FileSystem fs=FileSystem.get(uri,conf);
        //本地文件
        Path src =new Path("D:\\file");
        //HDFS 存放位置
        Path dst =new Path("/");
        fs.copyFromLocalFile(src, dst);
        System.out.println("Upload to "+conf.get("fs.defaultFS"));
        //以下相当于执行 hdfs dfs -ls /
        FileStatus files[]=fs.listStatus(dst);
        for(FileStatus file:files){
            System.out.println(file.getPath());
        }
    }
}
```

结果如图 3-9、图 3-10、图 3-11 所示。

3-9 控制台打印结果

3-10 在 eclipse 上浏览 HDFS 文件结果

Permission	Owner	Group	Size	Replication	Block Size	Name
drwxr-xr-x	trucy	supergroup	0 B	0	0 B	data
drwxr-xr-x	trucy	supergroup	0 B	0	0 B	dataguru
-rw-r--r--	trucy	supergroup	13 B	3	128 MB	file
drwxr-xr-x	trucy	supergroup	0 B	0	0 B	hbase
drwxr-xr-x	trucy	supergroup	0 B	0	0 B	hive
drwxr-xr-x	trucy	supergroup	0 B	0	0 B	input
drwxr-xr-x	trucy	supergroup	0 B	0	0 B	kmedians
drwxr-xr-x	trucy	supergroup	0 B	0	0 B	output
drwxrwxrwx	trucy	supergroup	0 B	0	0 B	tmp
drwxr-xr-x	trucy	supergroup	0 B	0	0 B	user
drwxr-xr-x	trucy	supergroup	0 B	0	0 B	wangyc

3-11 在浏览器上查看 HDFS 结果

3.4.2 新建文件

通过"FileSystem.create（Path f，Boolean b）"可在 HDFS 上创建文件，其中 f 为文件的完

整路径，b 为判断是否覆盖，具体实现如下。

```java
package org.trucy.hdfs;
import java.net.URI;
import org.apache.hadoop.conf.Configuration;
import org.apache.hadoop.fs.FSDataOutputStream;
import org.apache.hadoop.fs.FileSystem;
import org.apache.hadoop.fs.Path;
/**
 * @author: trucy
 * @Decription: 创建文件 hdfsfile
 * @time: 2015年1月10日下午1:52:12
 */
Public class CreateFile {
    Public static void main(String[] args) throws Exception {
        FileSystem fs=FileSystem.get(new URI("hdfs://node1:8020"),new Configuration());
        //定义新文件
        Path dfs =new Path("/hdfsfile");
        //创建新文件,如果有则覆盖(true)
        FSDataOutputStream create = fs.create(dfs, true);
        create.writeBytes("Hello,HDFS!");
    }
}
```

结果如图 3-12 所示。

图 3-12 新建 HDFS 文件

3.4.3 查看文件详细信息

通过"Class FileStatus"可查找指定文件在 HDFS 集群上的具体信息,包括访问时间、修改时间、文件长度、所占块大小、文件拥有者、文件用户组和文件复制数等信息,具体实现如下。

```java
package org.trucy.hdfs;

import java.net.URI;
import java.text.SimpleDateFormat;
import java.util.Date;

import org.apache.hadoop.conf.Configuration;
import org.apache.hadoop.fs.BlockLocation;
import org.apache.hadoop.fs.FileStatus;
import org.apache.hadoop.fs.FileSystem;
import org.apache.hadoop.fs.Path;

/**
 * @author: trucy
 * @Decription:查看文件详细信息
 * @time: 2015年1月10日下午 2:44:34
 */
Public class FileLocation {

    Public static void main(String[] args) throws Exception{
        FileSystem fs=FileSystem.get(new URI("hdfs://node1:8020"),new Configuration());
        Path fpath=new Path("/file");
        FileStatus filestatus = fs.getFileStatus(fpath);
        /* 获取文件在 HDFS 集群位置:
         * FileSystem.getFileBlockLocation(FileStatus file, long start, long len)"
         * 可查找指定文件在 HDFS 集群上的位置,其中 file 为文件的完整路径,start 和
len 来标识查找文件的路径
         */
        BlockLocation[] blkLocations=fs.getFileBlockLocations(filestatus, 0, filestatus.getLen());
        filestatus.getAccessTime();
        for(int i=0;i<blkLocations.length;i++){
            String[] hosts = blkLocations[i].getHosts();
            System.out.println("block_"+i+"_location:"+hosts[0]);
        }
        //格式化日期输出
        SimpleDateFormat formatter = new SimpleDateFormat("yyyy-MM-dd HH:mm:ss");
```

```java
            //获取文件访问时间，返回long
            long accessTime=filestatus.getAccessTime();
            System.out.println("access:"+formatter.format(new Date(accessTime)));
            ////获取文件修改时间，返回long
            long modificationTime = filestatus.getModificationTime();
            System.out.println("modification:"+formatter.format(new Date(modificationTime)));
            //获取块大小，单位B
            long blockSize = filestatus.getBlockSize();
            System.out.println("blockSize:"+blockSize);
            //获取文件大小，单位B
            long len = filestatus.getLen();
            System.out.println("length:"+len);
            //获取文件所在用户组
            String group = filestatus.getGroup();
            System.out.println("group:"+group);
            //获取文件拥有者
            String owner = filestatus.getOwner();
            System.out.println("owner:"+owner);
            //获取文件拷贝数
            short replication = filestatus.getReplication();
            System.out.println("replication:"+replication);
        }
    }
```

运行结果如图 3-13 所示。

```
<terminated> FileLocation [Java Application] C:\Program Files\Java\jre7\bin\javaw.exe (2015年1月10日 下午2:55:28)
block_0_location:node4
access:2015-01-10 14:49:42
modification:2015-01-10 13:28:12
blockSize:134217728
length:13
group:supergroup
owner:trucy
replication:3
```

图 3-13　FileStatus 详细文件信息

3.4.4　下载文件

从 HDFS 下载文件到本地非常简单，直接调用 FileSystem. copyToLocalFile（Path src, Path dst）即可。其中 src 为 HDFS 上的文件，dst 为要下载到本地的文件名，示例如下。

```java
package org.trucy.hdfs;

import java.net.URI;
```

```java
import org.apache.hadoop.conf.Configuration;
import org.apache.hadoop.fs.FileSystem;
import org.apache.hadoop.fs.Path;

/**
 * @author: trucy
 * @Decription: 把 hdfs 文件下载到本地
 * @time: 2015 年 1 月 10 日下午 3:01:52
 */
Public class GetFile {

Public static void main(String[] args) throws Exception{
    FileSystem fs=FileSystem.get(new URI("hdfs://node1:8020"),new Configuration());
    //hdfs 上文件
    Path src=new Path("/file");
    //下载到本地的文件名
    Path dst=new Path("D:/newfile");
    fs.copyToLocalFile(src, dst);
}
}
```

结果中会出现一个 crc 文件，里边保存对 file 文件的循环校验信息，如图 3-14 所示。

.newfile.crc	2015/1/10 15:07	CRC 文件	1 KB
file	2015/1/10 11:41	文件	1 KB
newfile	2015/1/10 15:07	文件	1 KB

图 3-14　从 HDFS 上下载文件

3.5　RPC 通信

RPC（Remote Procedure Call Protocol）即远程调用协议，是一台计算机通过跨越底层网络协议（TCP、UDP 等）调用另一台计算机的子程序或者服务所遵守的协议标准。RPC 使得分布式网络编程变得简单，程序员不必关心底层协议。如果采用面向对象的编程，那么远程过程调用亦可称作远程调用或远程方法调用，如 Hadoop 所采用的 Java 远程方法调用（Java Remote Method Invocation，Java RMI）。RPC 的主要特点如下。

（1）透明性：远程调用其他机器上的程序，对用户来说就像是调用本地方法一样。

（2）高性能：RPC server 能够并发处理多个来自 Client 的请求。

（3）可控性：JDK 中已经提供了一个 RPC 框架——RMI，但是该 PRC 框架过于重量级并且可控之处比较少，所以 Hadoop RPC 实现了自定义的 PRC 框架。

Hadoop 中的元数据节点与数据节点之间的通信、客户端与元数据节点的通信和数据节点间的通信都是基于 RPC 机制。总的来说，这种机制的实现需要以下 4 种技术。

（1）代理模式：RPC 机制在 Java 中的实现其实是遵守软件开发的一个重要设计模式。

（2）反射机制：Java 的一个重要特性。

（3）Sequence：Hadoop 的序列化技术，Hadoop 改写了 Java 基本数据类型，用于在客户端与服务端数据之间传输简单的二进制流。

（4）NIO：非阻塞 IO 技术。

Sequence 技术会在后面 Hadoop IO 章中讲到，另外简单介绍一下 NIO 技术。它是基于反应堆模式（Reactor），或者说是观察者模式（Observer）。以前对端口的访问操作往往在打开一个 I/O 通道后，read 进程将一直等待直到内容全部进来，这会影响程序做其他的事情，改进进程即是让服务端线程监听事件，如果事件发生则会通知服务端，从外界看实现了流畅的 I/O 读写，也就不阻塞了。下面主要讲解 Java 的反射机制和代理模式。

3.5.1 反射机制

根据 JDK 文档说明，Java 中的反射机制可以如此定义：Java 反射机制是在运行状态中，对于任意一个类，都能够知道这个类的所有属性和方法；对于任意一个对象，都能够调用它的任意一个方法；这种动态获取的信息以及动态调用对象的方法的功能称为 Java 语言的反射机制。

Java 程序在运行时，Java 运行时系统（java runtime system）一直对所有的对象进行所谓的运行时类型标识。这项信息记录了每个对象所属的类。虚拟机通常使用运行时类型信息来选择正确的方法执行，用来保存这些类型信息的类是 java.lang.Class 类。也就是说，类加载器（ClassLoader）找到了需要调用的类时，就会加载它，然后根据.class 文件内记载的类信息来产生一个与该类相联系的独一无二的 Class 对象。该 Class 对象记载了该类的字段，方法等信息。以后 Java 虚拟机要产生该类的实例，就是根据堆内存中存在的该 Class 类所记载的信息来进行。

Class 类中存在以下几个重要的方法。

1．getName()

一个 Class 对象描述了一个特定类的特定属性，而这个方法就是返回 String 形式的该类的简要描述。

2．newInstance()

该方法可以根据某个 Class 对象产生其对应类的实例。需要强调的是，它调用的是此类的默认构造方法。如：

```
MyObject x = new MyObject();
MyObject y = x.getClass().newInstance();
```

3．getClassLoader()

返回该 Class 对象对应的类的类加载器。

4．getComponentType()

该方法针对数组对象的 Class 对象，可以得到该数组的组成元素所对应对象的 Class 对象。如：

```
int[] ints = new int[]{1,2,3};
Class class1 = ints.getClass();
Class class2 = class1.getComponentType();
```

而这里得到的 class2 对象所对应的就应该是 int 这个基本类型的 Class 对象。

5. getSuperClass()

返回某子类所对应的直接父类所对应的 Class 对象。

6. isArray()

判定此 Class 对象所对应的是否是一个数组对象。

代码示例：

```java
interface people{
    public void study();
}
public class Student implements people{
    private String name;//名字;
    private int age;
    //构造方法1;
    public Student(){}
    //构造方法2;
    public Student(String name,int age){
        this.name=name;
        this.age=age;
    }
    //set 和 get 方法;
    public String getName() {
        return name;
    }
    public void setName(String name) {
        this.name = name;
    }
    public int getAge() {
        return age;
    }
    public void setAge(int age) {
        this.age = age;
    }
    Public void study(){
        System.out.println("正在学习");
    }
    //程序的主方法;
    Public static void main(String[] args) {
        //
        Class<? extends Student> tmp=Student.class;
        String cName=tmp.getName();
        System.out.println("类的名字是"+cName);
```

```java
try {
    //动态加载指定类名
    Class c=Class.forName(cName);
    //得到类中的方法;
    java.lang.reflect.Method[] ms=c.getMethods();
    for(java.lang.reflect.Method m:ms){
        System.out.println("方法的名字是"+m.getName());
        System.out.println("方法的返回值类型是"+
                m.getReturnType().toString());
        System.out.println("方法的参数类型是 "
                +m.getParameterTypes());
    }
    //得到属性;
    java.lang.reflect.Field[] fields=c.getFields();
    for(java.lang.reflect.Field f:fields){
        System.out.println("参数类型是"+f.getType());
    }
    //得到父接口
    Class[] is=c.getInterfaces();
    for(Class s:is){
        System.out.println("父接口的名字是"+s.getName());
    }
    //判断是否是数组
    System.out.println("数组:"+c.isArray());
    String CLName=c.getClassLoader().getClass().getName();
    System.out.println("类加载器:"+CLName);
    //实例化构造器
    java.lang.reflect.Constructor cons=c.getConstructor(String.class,int.class);
    Student stu=(Student) cons.newInstance("hadoop",23);
    System.out.println(stu.getName()+":"+stu.getAge());
} catch (Exception e) {
    e.printStackTrace();
}
```

执行结果如图 3-15 所示。

```
类的名字是org.trucy.Student
方法的名字是main
方法的返回值类型是void
方法的参数类型是[Ljava.lang.Class;@7de534cb
方法的名字是getName
方法的返回值类型是class java.lang.String
方法的参数类型是[Ljava.lang.Class;@52ed3bff
方法的名字是setName
方法的返回值类型是void
方法的参数类型是[Ljava.lang.Class;@54fe0ce1
方法的名字是getAge
方法的返回值类型是int
方法的参数类型是[Ljava.lang.Class;@72ffb35e
方法的名字是setAge
方法的返回值类型是void
方法的参数类型是[Ljava.lang.Class;@71591b4d
方法的名字是study
方法的返回值类型是void
方法的参数类型是[Ljava.lang.Class;@110f965e
方法的名字是wait
方法的返回值类型是void
方法的参数类型是[Ljava.lang.Class;@1658fe12
方法的名字是wait
方法的返回值类型是void
方法的参数类型是[Ljava.lang.Class;@2c905b34
方法的名字是wait
方法的返回值类型是void
方法的参数类型是[Ljava.lang.Class;@3953c9c7
方法的名字是equals
方法的返回值类型是boolean
方法的参数类型是[Ljava.lang.Class;@2be44538
方法的名字是toString
方法的返回值类型是class java.lang.String
方法的参数类型是[Ljava.lang.Class;@177c760b
方法的名字是hashCode
方法的返回值类型是int
方法的参数类型是[Ljava.lang.Class;@6c29d838
方法的名字是getClass
方法的返回值类型是class java.lang.Class
方法的参数类型是[Ljava.lang.Class;@2f327c02
方法的名字是notify
方法的返回值类型是void
方法的参数类型是[Ljava.lang.Class;@1b6b7f83
方法的名字是notifyAll
方法的返回值类型是void
方法的参数类型是[Ljava.lang.Class;@2e807f85
父接口的名字是org.trucy.people
数组:false
类加载器:sun.misc.Launcher$AppClassLoader
hadoop:23
```

图 3-15　Java 反射机制实验

3.5.2 代理模式与动态代理

代理模式的作用是为其他对象提供代理，让这个代理来控制对这个对象的访问。在一些情况下，一个客户不想或者不能够直接引用一个对象，而代理对象可以在客户端和目标对象之间起到中介的作用，代理模式类图如图 3-16 所示。

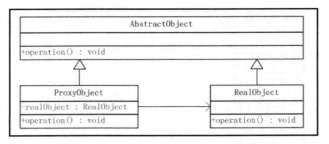

图 3-16 代理模式类图

在代理模式中的角色。

（1）抽象对象角色（AbstractObject）：声明了真实对象和代理对象的共同接口，这样一来在任何可以使用目标对象的地方都可以使用代理对象。

（2）真实对象角色（RealObject）：定义了代理对象所代表的目标对象。

（3）代理对象角色（ProxyObject）：代理对象内部含有目标对象的引用，从而可以在任何时候操作目标对象；代理对象提供一个与目标对象相同的接口，以便可以在任何时候替代目标对象。代理对象通常在客户端调用传递给目标对象之前或之后，附加其他操作，相当于对真实对象进行封装，而不是单纯地将调用传递给目标对象。

在实际使用时，一个真实对象角色必须对应一个代理对象角色，如果大量使用会导致类的急剧膨胀；此外，如果事先并不知道真实角色，该如何使用代理呢？这个问题可以通过 Java 的动态代理类来解决。所谓动态，就像 C 语言里面动态分配内存函数 malloc 一个意思，使用的时候 JVM（java virtual machine）才分配资源，即用到前面讲的反射技术。

Java 动态代理类位于 Java.lang.reflect 包下，一般主要涉及以下两个类。

（1）Interface InvocationHandler：该接口中仅定义了一个方法 Object, invoke(Object obj, Method method, Object[] args)。在实际使用时，第一个参数 obj 一般是指代理类，method 是被代理的方法，如上例中的 request()，args 为该方法的参数数组。这个抽象方法在代理类中动态实现。

（2）Proxy：该类即为动态代理类，作用类似于 Proxybbject，其中主要包含以下内容。

①Protected Proxy(InvocationHandler h)：构造函数，估计用于给内部的 h 赋值。

②Static Class getProxyClass (ClassLoader loader, Class[] interfaces)：获得一个代理类，其中 loader 是类装载器，interfaces 是真实类所拥有的全部接口的数组。

③Static Object newProxyInstance(ClassLoader loader, Class[] interfaces, Invocation Handlerh)：返回代理类的一个实例,返回后的代理类可以当作被代理类使用(可使用被代理类的在 Subject 接口中声明过的方法）。动态代理类图如图 3-17 所示。

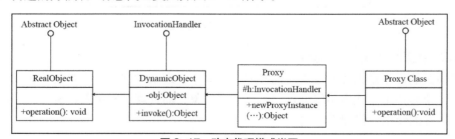

图 3-17 动态代理模式类图

示例代码：

```java
//抽象角色
Public interface AbstractObject {
Public void operation();
}
//真实对象
Public class RealObject  implements AbstractObject{
    public RealObject(){
    }
    @Override
    Public void operation() {
        System.out.println("这是个真实对象。");
    }
}
//动态代理对象角色
Public class DynamicObject implements InvocationHandler{
    private Object obj;
    public DynamicObject() {
    }
    //用真实代理对象初始化
    public DynamicObject(Object obj) {
        this.obj=obj;
    }
    @Override
    /*  InvocationHandler 接口中的唯一方法，这个方法在代理类中动态实现
     * @param proxy 代理类
     * @param mehhod 被代理的方法
     * @param args 调用的方法参数
     */
    public Object invoke(Object proxy, Method method, Object[] args)
            throws Throwable {
        System.out.println("before calling " + method);
        method.invoke(obj,args);
        System.out.println("after calling " + method);
          returnnull;
    }
}
//客户端调用
Public class Client {
    public staticvoid main(String[] args) throws Exception {
```

```
        InvocationHandler dobj=new DynamicObject(new RealObject());
        Class<RealObject> cls=RealObject.class;
    /*  以下是分解步骤
     * Class proxyClass=Proxy.getProxyClass(cls.getClassLoader(), cls.getInterfaces());
        Constructor ct=proxyClass.getConstructor(new Class[]{InvocationHandler.class});
        AbstractObject aobj=(AbstractObject) ct.newInstance(new Object[]{dobj});
    */
    //相当于如下一行
        AbstractObject aobj=(AbstractObject) Proxy.newProxyInstance(cls.getClassLoader(), cls.getInterfaces(),dobj);
        aobj.operation();
    }
}
```

图 3-18 所示为运行结果。

```
before calling public abstract void org.trucy.dproxy.AbstractObject.operation()
这是个真实对象。
after calling public abstract void org.trucy.dproxy.AbstractObject.operation()
```

图 3-18 动态代理示例运行结果

3.5.3 Hadoop RPC 机制与源码分析

RPC 源代码在 org.apache.hadoop.ipc 下，有以下几个主要类。

（1）Client：客户端，连接服务器、传递函数名和相应的参数、等待结果。

（2）Server：服务器端，主要接受 Client 的请求、执行相应的函数、返回结果。

（3）VersionedProtocol：通信双方所遵循契约的父接口。

（4）RPC：RPC 通信机制，主要是为通信的服务方提供代理。

所有涉及协议如图 3-19 所示。

图 3-19 RPC 架构层次的协议

下面介绍几个重要的协议。VersionedProtocol 是所有 RPC 协议接口的父接口，其中只有一个方法，即 getProtocolVersion()。

1．HDFS 相关

ClientDatanodeProtocol：一个客户端和 Datanode 之间的协议接口，用于数据块恢复。

ClientProtocol：client 与 Namenode 交互的接口，所有控制流的请求均在这里，如创建文件、删除文件等。

DatanodeProtocol：Datanode 与 Namenode 交互的接口，如心跳、blockreport 等。

NamenodeProtocol：SecondaryNode 与 Namenode 交互的接口。

2．Mapreduce 相关

InterDatanodeProtocol：Datanode 内部交互的接口，用来更新 block 的元数据。

InnerTrackerProtocol：TaskTracker 与 JobTracker 交互的接口，功能与 DatanodeProtocol 相似。

JobSubmissionProtocol：JobClient 与 JobTracker 交互的接口，用来提交 Job、获得 Job 等与 Job 相关的操作。

TaskUmbilicalProtocol：Task 中子进程与母进程交互的接口，子进程即 map、reduce 等操作，母进程即 TaskTracker，该接口可以回报子进程的运行状态（词汇扫盲：umbilical 脐带的，关系亲密的）。

通过对 TaskTracker 与 JobTracker 的通信来剖析其通信过程，JobTracker 的代理是通过下面的方法得到的。

```
this.jobClient = (InterTrackerProtocol)
    UserGroupInformation.getLoginUser().doAs(
new PrivilegedExceptionAction<Object>() {
public Object run() throws IOException {
return RPC.waitForProxy(InterTrackerProtocol.class,
        InterTrackerProtocol.versionID,
        jobTrackAddr, fConf);
    }
});
```

它是通过调用 RPC 类中的静态方法（waitForProxy()）而得到了 InterTrackerProtocol 的一个代理，借助于这个代理对象，TaskTracker 就可以与 JobTracker 进行通信了。

```
VersionedProtocol proxy =
        (VersionedProtocol) Proxy.newProxyInstance(
            protocol.getClassLoader(), new Class[] { protocol },
new Invoker(protocol, addr, ticket, conf, factory, rpcTimeout));
```

跟踪 Hadoop 的源代码，可以发现 PRC.waitForProxy()最终是调用的 Proxy.NewProxyInstance()来创建一个代理对象，第一个参数是类加载器（代理类在运行的过程中动态生成），第二个参数是要实现的代理类的接口，第三个参数是 InvokercationHandler 接口的子类，最终调用的也就是 InvokercationHandler 实现类的 invoker()方法。

```
Private static class Invoker implements InvocationHandler {
    private Client.ConnectionId remoteId;
    private Client client;
```

```
...
    public Object invoke(Object proxy, Method method, Object[] args)
      throws Throwable {
      finalboolean logDebug = LOG.isDebugEnabled();
      long startTime = 0;
      if (logDebug) {
        startTime = System.currentTimeMillis();
      }
      ObjectWritable value = (ObjectWritable)
        client.call(new Invocation(method, args), remoteId);
      if (logDebug) {
        long callTime = System.currentTimeMillis() - startTime;
        LOG.debug("Call: " + method.getName() + " " + callTime);
      }
      return value.get();
    }
...
  }
```

从代中可以看到,InvocationHandler的实现类Invoker中主要包含两个成员变量即remoteId（唯一标识 RPC 的服务器端）、Client（通过工厂模式得到的客户端），invoke()方法中最重要的就是下面的语句：

```
ObjectWritable value = (ObjectWritable)client.call(new Invocation(method, args), remoteId);
```

其中 call 方法的第一个参数封装调用方法和参数并实现 Writable 接口的对象，以便于在分布式环境中传输，第二个参数就用于唯一标识RPC Server，也就是与指定的Server进行通信。call 方法的核心代码如下：

```
  public Writable call(Writable param, ConnectionId remoteId)  throws InterruptedException, IOException {
      Call call = new Call(param);
      Connection connection = getConnection(remoteId, call); connection.sendParam(call); // 将参数封装成一个call对象发送给Server
      boolean interrupted = false;
      synchronized (call) {
        while (!call.done) {
          try {
            call.wait();// 等待Server发送的内容
          } catch (InterruptedException ie) {
            // save the fact that we were interrupted
            interrupted = true;
          }
```

```
            }
...
            return call.value;
    }
```

其中会出现一个 Call 对象，可看到此方法返回的结果是 call 对象的一个成员变量，也就是说 Call 封装了 Client 的请求以及 Server 的响应，synchronized 的使用会同步 Client 的请求以及 Server 的响应。通 Connection 对象的 sendParam 方法可以将请求发送给 Server，那么 Connection 又是什么呢？

```
private Connection getConnection(ConnectionId remoteId,Call call) throws IOException,
InterruptedException {
do {
synchronized (connections) {
        connection = connections.get(remoteId);
if (connection == null) {
        connection = new Connection(remoteId);
        connec
tions.put(remoteId, connection);
        }
     }
   } while (!connection.addCall(call));
...
   connection.setupIOstreams();
   return connection;
  }
```

其实 Connection 是扩展 Thread 而得到的一个线程，最终把所有的 connection 对象都放入一个 Hashtable 中，同一个 ConnectionId 的 Connection 可以复用，降低了创建线程的开销。connection.setupIOstreams()用于在真正的建立连接，并将 RPC 的 header 写入到输出流中，通过 start 方法启动线程，其核心代码如下所示：

```
public void run() {
    while (waitForWork()) {//等到可以读响应时返回true
        receiveResponse();
}
```

receiveResponse 方法主要是从输入流反序列化出 value，并将其封装在 call 对象中，这样 client 端就得到了 server 的响应，核心代码如下：

```
private void receiveResponse() {
try {
int id = in.readInt();// 读取连接 id，以便从 calls 中取出相应的 call 对象
Call call = calls.get(id);
int state = in.readInt();   // 读取输入流的状态
```

```
if (state == Status.SUCCESS.state) {
        Writable value = ReflectionUtils.newInstance(valueClass, conf);
        value.readFields(in);  // read value
        call.setValue(value);
        calls.remove(id);
    }
...
}
```

到此，Hadoop RPC 通信机制分析完毕，整个 RPC 架构如图 3-20 所示。

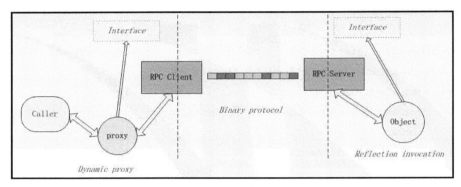

图 3-20　RPC 架构

3.6　小结

Hadoop 分布式文件系统（HDFS）是一个设计运行在普通硬件设备上的分布式文件系统，具有高容错性，提供高吞吐量，适合于具有大数据集的应用场合。HDFS 架构中 NameNode 维护文件系统命名空间，它也决定着数据块到 DataNode 的映射，客户端对文件系统的请求（读/写）由 DataNode 负责处理，在 NameNode 的指令下，DataNode 也负责数据块的创建、删除和复制。HDFS 处理文件的命令和 Linux 上的命令基本是相同的，在掌握 HDFS 命令的基础上可以更好地了解 Linux 命令。对于开发方向的人员需要熟练运用 HDFS 的 Java API 进行数据操作，并也应该理解 Hadoop 核心技术之一的 RPC 通信原理。

习题

1. HDFS 上默认的一个数据块（Block）大小是多少？
2. Windows 上检测磁盘使用命令 chkdsk，那么在 HDFS 集群上检测块信息应用什么命令？
3. 在 HDFS 上删除的文件会先放入"回车站"，并在删除的文件状态没有变更的情况下一定时效内彻底删除该文件。假如用户 trucy 删除了 HDFS 上的一个叫 test.dat 文件，但马上后悔了，应该检索什么路径找到这个文件，并取回到本地当前目录？请用 shell 命令表示。
4. 在启动集群后马上通过 Web 端口登录到 Hadoop 界面，但是单击 FileSystem 却无法进去浏览分布式文件，这是为什么？
5. 画出 HDFS 的基础架构图。

第 4 章 MapReduce 技术

知识储备

- HDFS 的基础知识
- Java 编程的面向对象知识

学习目标

- 了解 MapReduce 的基本思想
- 掌握 MapReduce 编程模型
- 重点掌握 MapRuduce 数据流，特别是 Shuffle 过程
- 掌握 MapReduce 的任务流程
- 学会使用 Eclipse 开发基本的 MapReduce 应用，并能够提交到 Hadoop 集群运行

本章介绍什么是 MapReduce、MapReduce 的编程模型以及如何在 Eclipse 中开发 MapReduce 程序。

4.1 什么是 MapReduce

简单来说，MapReduce 是一种思想，或一种编程模型，对于 Hadoop 来说，MapReduce 则是一个分布式计算框架，是它的一个基础组件，当配置好 Hadoop 集群时，MapReduce 已然包含在内。下面先举个简单的例子来帮助大家理解一下什么是 MapReduce。

如果某班级要组织一次春游活动，班主任要向大家收取春游的费用，那么班主任会告诉班长，让他把春游费用收取一下，而班长则会把任务分给各组组长，让他们把各自组员的费用收上来交给他，最后再把收上来的钱交给老师。这就是一个典型的 MapReduce 过程，这个例子里面，班长把任务分给各组组长称为 Map 过程；各组组长把费用收齐后再交给班长进行汇总就是 Reduce 过程。

简而言之，MapReduce 是一种"分而治之"的思想，即把一个大而重的任务拆解开来，分成一系列小而轻的任务并行处理，这样就使得任务可以快速解决。同时 MapReduce 模型适合于大文件的处理，对很多小文件的处理效率不是很高。

Hadoop 中的 MapReduce 发展到现在已经有两个版本，从初期的 MRv1 到现在的 MRv2，这两个版本目前都在使用，只不过它们运行在不同的 Hadoop 版本中（MRv1 运行在 Hadoop-0.20.X、0.21.0、0.22.X、1.X 版本中，MRv2 运行在 Hadoop-0.23.X、2.X 版本中），以适应不同的需求，本章所用的 Hadoop-2.2.0 里运行的是 MRv2。

MRv1 包括 3 个部分：MapReduce 编程模型（新旧 API）、数据处理引擎（MapTask 和 ReduceTask）和 MapReduce 运行时环境（JobTrack 和 TaskTrack）。MapReduce 编程模型把问题抽象成 Map 和 Reduce 过程，只需要分别实现 Map 函数和 Reduce 函数即可以编写 MapReduce 程序，和编写过程函数一样简单；数据处理引擎负责 Map 和 Reduce 任务运行时的数据处理，包括初始数据分片（split）、任务数据的输入／输出等；MapReduce 运行时环境则为 MapReduce 程序的运行提供支持，如节点之间的通信、任务的分配和调度、资源的管理等。用户不用理会这些底层的实现，但是 MRv1 有一个弊端，那就是由 JobTrack 管理所有任务的运行，如图 4-1 所示，当任务过多时，JobTrack 便会负载过重，集群运行期间可能出现调度问题。并且这种设计使得资源管理和应用程序结合在一起，导致 Hadoop 的扩展性低下，只能和最初的设计一样处理流式数据，不支持 MPI、DAG、迭代式计算，资源利用率低下。

图 4-1　MRv1 的任务管理

MRv2 重用了 MRv1 的编程模型和数据处理引擎，以使用户可以平滑地由 MRv1 向 MRv2 过度，采用旧 API 编写的 MRv1 程序包可以直接拿到 MRv2 上运行，采用新 API 编写的 MRv1 程序只需要修改少量代码重新打包，即可以拿到 MRv2 上运行；MRv2 的运行时环境则完全重写，改为由 Yarn（一个分布式集群资源管理和调度平台）提供，Yarn 将 MRv1 的 TaskTrack 拆分为两个服务：ResourceManager 和 ApplicationMaster，其中 ResourceManager 负责根据各节点的运行情况合理地分配资源，ApplicationMaster 只负责单一任务的调度以及向 ResourceManager 申请应用运行所需资源，如果集群中有多个作业，那么就会出现多个 ApplicationMaster，避免了只有一个调度进程而产生的多作业负载过重问题，如图 4-2 所示。

图 4-2　MRv2 的任务管理

Yarn 是新一代的集群资源管理和调度平台，它拆分了资源管理服务和作业调度服务，使得 Hadoop 的扩展性大大增强，Hadoop-2.x 不仅支持原来的 MapReduce 计算框架，还同时支持如 MPI、Storm、Spark 等比较流行的计算框架，使得 Hadoop 的资源利用率大大提高。

4.2　MapReduce 编程模型

4.2.1　MapReduce 编程模型简介

Hadoop MapReduce 编程模型主要有两个抽象类构成，即 Mapper 和 Reducer，Mapper 用以对切分过的原始数据进行处理，Reducer 则对 Mapper 的结果进行汇总，得到最后的输出，简单来看，其模型如图 4-3 所示。

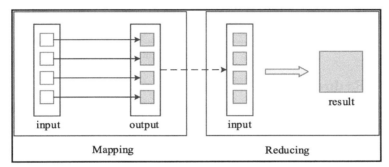

图 4-3　MapReduce 简易模型

在数据格式上，Mapper 接受<key, value>格式的数据流，并产生一系列同样是<key, value>形式的输出，这些输出经过相应处理，形成<key, {value list}>的形式的中间结果；之后，由 Mapper 产生的中间结果再传给 Reducer 作为输入，把相同 key 值的{value list}做相应处理，最终生成<key, value>形式的结果数据，再写入 HDFS 中，如图 4-4 所示。

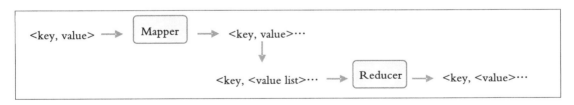

图 4-4　MapReduce 简易数据流

当然，上面说的只是 Mapper 和 Reducer 的处理过程，还有一些其他的处理流程并没有提到，例如如何把原始数据解析成 Mapper 可以处理的数据，Mapper 的中间结果如何分配给相应的 Reducer，Reducer 产生的结果数据以何种形式存储到 HDFS 中，这些过程都需要相应的实例进行处理，所以 Hadoop 还提供了其他基本 API：InputFormat（分片并格式化原始数据）、Partitioner（处理分配 Mapper 产生的结果数据）、OutputFormat（按指定格式输出），并且已经提供了很多可行的默认处理方式，可以满足大部分使用需求。所以很多时候，用户只需要实现相应的 Mapper()函数和 Reducer()函数即可实现基于 MapReduce 的分布式程序的编写，涉及这几方面（InputFormat、Partitioner、OutputFormat）的处理，直接调用即可，如后面所讲到的 WordCount 程序就是这样。

4.2.2 MapReduce 简单模型

对于某些任务来说，可能并不一定需要 Reduce 过程，如只需要对文本的每一行数据作简单的格式转换即可，那么只需要由 Mapper 处理后就可以了。所以 MapReduce 也有简单的编程模型，该模型只有 Mapper 过程，由 Mapper 产生的数据直接写入 HDFS，如图 4-5 所示。

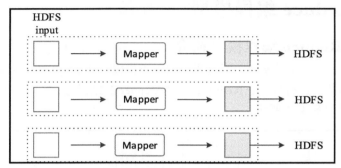

图 4-5　MapReduce 简单模型

4.2.3 MapReduce 复杂模型

对于大部分的任务来说，都是需要 Reduce 过程的，并且由于任务繁重，会启动多个 Reducer（默认为 1，根据任务量可由用户自己设定合适的 Reducer 数量）来进行汇总，如图 4-6 所示。如果只用一个 Reducer 计算所有 Mapper 的结果，会导致单个 Reducer 负载过于繁重，成为性能的瓶颈，大大增加任务的运行周期。

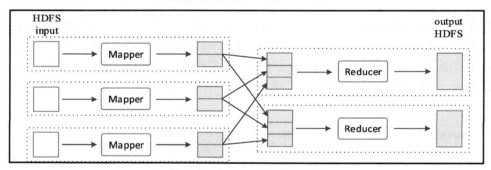

图 4-6　MapReduce 复杂模型

如果一个任务有多个 Mapper，由于输入文件的不确定性，由不同 Mapper 产生的输出会有 key 相同的情况；而 Reducer 是最后的处理过程，其结果不会进行第二次汇总，为了使 Reducer 输出结果的 key 值具有唯一性（同一个 key 只出现一次），由 Mapper 产生的所有具有相同 key 的输出都会集中到一个 Reducer 中进行处理。如图 4-7 所示，该 MapReduce 过程包含两个 Mapper 和两个 Reducer，其中两个 Mapper 所产生的结果均含有 k1 和 k2，这里把所有含有< k1, v1 list>的结果分配给上面的 Reducer 接收，所有含有< k2, v2 list>的结果分配给下面的 Reducer 接收，这样由两个 Reducer 产生的结果就不会有相同的 key 出现。值得一提的是，上面所说的只是一种分配情况，根据实际情况，所有的< k1, v1 list>和< k2, v2 list>也可能都会分配给同一个 Reducer，但是无论如何，一个 key 值只会对应一个 Reducer。

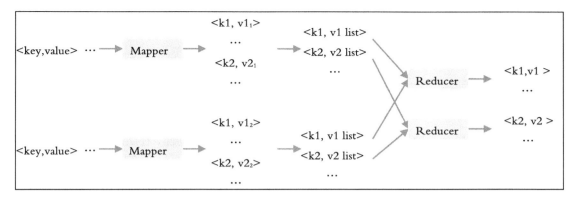

图 4-7 key 值归并模型

4.2.4 MapReduce 编程实例——WordCount

WordCount 按英文意思为"词频统计",这个程序的作用是统计文本文件中各单词出现的次数,其特点是以"空字符"为分隔符将文本内容切分成一个个单词,并不检测这些单词是不是真的单词,其输入文件可以是多个,但输出只有一个。

可以先简单地写两个小文件,内容如下所示:

```
File: text1.txt                File: text2.txt
hadoop is very good            hadoop is easy to learn
mapreduce is very good         mapreduce is easy to learn
```

然后可以把这两个文件存入 HDFS 并用 WordCount 进行处理(操作过程请参考本章第 4.7 节),最终结果会存储在指定的输出目录中,打开结果文件可以看到如下内容:

```
easy       2
good       2
hadoop     2
is         4
learn      2
mapreduce  2
to         2
very       2
```

从上述结果可以看出,每一行有两个值,之间以一个缩进相隔,第一个值就是 key,也就是 WordCount 找到的单词;第二个值为 value,为各个单词出现的次数。细心的读者可能会发现,整体结果是按 key 进行升序排列的,这其实也是 MapReduce 过程进行了排序的一种体现。

实现 WordCount 的伪代码如下:

```
mapper(String key, String value)//key: 偏移量    value:字符串内容
{
    words = SplitInTokens(value);//切分字符串
    for each word w in words      //对字符串中的每一个 word
        Emit(w, 1);               //输出 word, 1
}
reducer(string key, value_list) //key: 单词: value_list: 值列表
```

```
{
    int sum = 0;
    for each value in value_list  //对列表中的每一个值
        sum += value;//加到变量 sum 中
    Emit(key, sum);//输出 key, sum
}
```

上述伪代码显示了 WordCount 的 Mapper 和 Reducer 处理过程，在实际处理中，根据输入的具体情况，一般会有多个 Mapper 实例和 Reducer 实例，并且运行在不同的节点上。首先，各 Mapper 对自己的输入进行切词，以<word, 1>的形式输出中间结果，并把结果存储在各自节点的本地磁盘上；之后，Reducer 对这些结果进行汇总，不同的 Reducer 汇总分配给各自的部分，计算每一个单词出现的总次数，最后以<word, counts>的形式输出最终结果并写入 HDFS 中。

其实可以发现，能使用 MapReduce 编程模型处理的问题其实是有限制的，适用于大问题分解而成的小问题彼此之间没有依赖关系，就如本例中，计算 text1 中各单词出现的次数对计算 text2 而言没有任何影响，反过来也是如此。所以，使用 MapReduce 编程模型处理数据是有其适用场景的。

4.3 MapReduce 数据流

Mapper 处理的是<key, value>形式的数据，并不能直接处理文件流，那么它的数据源是怎么来的呢？由多个 Mapper 产生的数据是如何分配给多个 Reducer 的呢？这些操作都是由 Hadoop 提供的基本 API（InputFormat、Partioner、OutputFormat）实现的，这些 API 类似于 Mapper 和 Reducer，它们属于同一层次，不过完成的是不同的任务，并且它们本身已实现了很多默认的操作，这些默认的实现已经可以完成用户的大部分需求；当然，如果默认实现并不能完成用户的要求，用户也可以继承覆盖这些基本类实现特殊的处理。本节将以 4.2.4 中的 WordCount 为例详细讲解 MapReduce 的数据处理流程。

4.3.1 分片、格式化数据源（InputFormat）

InputFormat 主要有两个任务，一个是对源文件进行分片，并确定 Mapper 的数量；另一个是对各分片进行格式化，处理成<key, value>形式的数据流并传给 Mapper。

1．分片操作（Split）

分片操作是根据源文件的情况，按特定的规则划分一系列的 InputSplit，每个 InputSplit 都将由一个 Mapper 进行处理。

注意，对文件进行的分片操作，不是把文件切分开来形成新的文件分片副本，而是形成一系列 InputSplit，InputSplit 中含有各分片的数据信息，如文件块信息、起始位置、数据长度、所在节点列表等，所以，只需要根据 InputSplit 就可以找到分片的所有数据。

分片过程中最主要的任务就是确定参数 splitSize，splitSize 即分片数据大小，该值一旦确定，就依次将源文件按该值进行划分，如果文件小于该值，那么这个文件会成为一个单独的 InputSplit；如果文件大于该值，按 splitSize 进行划分后，剩下不足 splitSize 的部分成为一个单独的 InputSplit。

在 MRv2 中，splitSize 由 3 个值确定，即 minSize、maxSize 和 blockSize。

（1）minSize：splitSize 的最小值，由参数 mapred.min.split.size 确定，可在 mapred-site.xml 中进行配置，默认为 1 MB。

（2）maxSize：splitSize 的最大值，由参数 mapreduce.jobtracker.split.metainfo.maxsize 确定，可在 mapred-site.xml 中进行配置，默认值为 10 MB（10 000 000 B）。

（3）blockSize：HDFS 中文件存储的块大小，由参数 dfs.block.size 确定，可在 hdf-site.xml 中进行修改，默认为 64 MB。

确定 splitSize 值的规则如下：splitSize= max{minSize,min{maxSize,blockSize}}。可见 splitSize 的大小一般在 minSize 和 blockSize 之间，用户也可以通过设定 minSize 的值使得 splitSize 的大小在 blockSize 之上，不过，splitSize 的值不大于 blockSize 的大小是有其道理的。大家都知道，文件在 HDFS 中是按块存储的，如果一个文件的大小大于设定的 blockSize，那么它就会被分成多个块，这些块一般不会存储在一个节点上，一个足够大的文件，其分块甚至会遍布整个集群；如果 splitSize 的大小大于 blockSize，那么在切分大文件时一个 InputSplit 就会包含多个文件块，进行 Mapper 任务时就需要从其他节点上 Download 不存在于当前节点的数据块，不仅会增加网络负载，还使得 Mapper 任务不能实现完全数据源本地性。

但在有些场景中，必须使 splitSize 比 blockSize 大才会更好，如果一个文件过大，其分块不仅遍布于集群，而且在每个数据节点上都有几十个甚至上百个分块，在大数据时代的今天，这是完全有可能的。如果 splitSize 的值仍然只有 blockSize 那么大，那么最终切分的 InputSplit 将会非常多，相应的将会产生成千上万的 Mapper，给整个集群的调度、网络负载、内存等都会造成极大的压力。

2．数据格式化（Format）

这一步是将划分好的 InputSplit 格式化成<key, value>形式的数据，其中 key 为偏移量，value 为每一行的内容。在 Map 任务执行的过程中，会不停地执行上述操作，每生成一个<key, value>数据，便会调用一次 Map 函数，同时把值传递过去，所以，这部分的操作不是先把 InputSplit 全部解析成<key, value>形式的数据之后，再整体上调用 Map 函数，而是每解析出一个数据元，便交给 Mapper 处理一次，如图 4-8 所示。

图 4-8 每产生一个<k, v>，便调用一次 Map 函数

3．实例分析

在 4.2.4 的实例 WordCount 中，输入文件只是很小的两个文本文件，远远没有达到要将单个文件划分为多个 InputSplit 的程度，所以，每个文件自己本身会被划分成一个单独的 InputSplit。划分好后，InputFormat 会对 InputSplit 执行格式化操作，形成<key, value>形式的数据流，其中 key 为偏移量，从 0 开始，每读取一个字符（包括空格）增加 1；value 则为一行字符串，如图 4-9 所示。

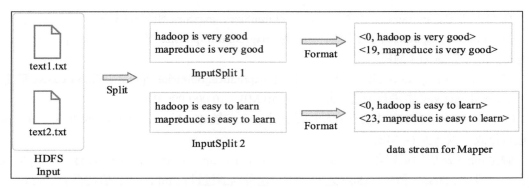

图 4-9　InputFormat 处理演示

4.3.2 Map 过程

Mapper 接受<key, value>形式的数据，并处理成<key, value>形式的数据，具体的处理过程可由用户定义。在 WordCount 中，Mapper 会解析传过来的 key 值，以"空字符"为标识符，如果碰到"空字符"，就会把之前累计的字符串作为输出的 key 值，并以 1 作为当前 key 的 value 值，形成<word, 1>的形式，如图 4-10 所示。

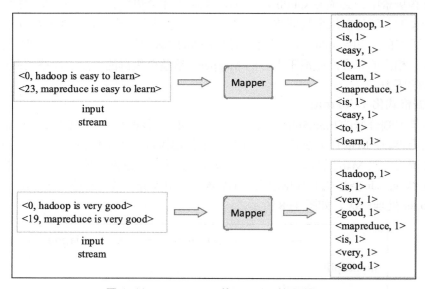

图 4-10　WordCount 的 Mapper 处理演示

4.3.3 Shuffle 过程

Shuffle 过程是指从 Mapper 产生的直接输出结果，经过一系列的处理，成为最终的 Reducer 直接输入数据为止的整个过程，如图 4-11 所示，这一过程也是 MapReduce 的核心过程。

图 4-11 shuffle 过程

整个 shuffle 过程可以分为两个阶段，Mapper 端的 shuffle 和 Reducer 端的 shuffle。由 Mapper 产生的数据并不会直接写入磁盘，而是先存储在内存中，当内存中的数据达到设定阈值时，再把数据写到本地磁盘，并同时进行 sort（排序）、combine（合并）、partition（分片）等操作。sort 操作是把 Mapper 产生的结果按 key 值进行排序；combine 操作是把 key 值相同的相邻记录进行合并；partition 操作涉及如何把数据均衡地分配给多个 Reducer，它直接关系到 Reducer 的负载均衡。其中 combine 操作不一定会有，因为在某些场景不适用，但为了使 Mapper 的输出结果更加紧凑，大部分情况下都会使用。

Mapper 和 Reducer 是运行在不同的节点上的，或者说，Mapper 和 Reducer 运行在同一个节点上的情况很少，并且，Reducer 数量总是比 Mapper 数量少的，所以 Reducer 端总是要从其他多个节点上下载 Mapper 的结果数据，这些数据也要进行相应的处理才能更好地被 Reducer 处理，这些处理过程就是 Reducer 端的 shuffle。

1. Mapper 端的 shuffle

Mapper 产生的数据不直接写入磁盘，因为这样会产生大量的磁盘 IO 操作，会直接制约 Mapper 任务的运行，所以设计将 Mapper 的数据先写入内存中，当达到一定数量，再按轮询方式写入磁盘中（位置由 mapreduce.cluster.local.dir 属性指定），这样不仅可以减少磁盘 IO，内存中的数据在写入磁盘时还能进行适当的操作。

那么，Mapper 后的数据从内存到磁盘是经何种机制处理的呢？每一个 Mapper 任务在内存中都有一个输出缓存（默认为 100 MB，可由参数 mapreduce.task.io.sort.mb 设定，单位为 MB），并且有一个写入阈值（默认为 0.8，即 80%，可由参数 mapreduce.map.sort.spill.percent 设定），当写入缓存的数据占比达到这一阈值时，Mapper 会继续向剩下的缓存中写入数据，但会在后台启动一个新线程，对前面 80% 的缓存数据进行排序（sort），然后写入到本地磁盘中，这一操作称为 spill 操作，写入磁盘的文件称为 spill 文件，或者溢写文件，如图 4-12 所示；如果剩下的 20% 缓存已被写满而前面的 spill 操作还没完成，Map 任务就会阻塞，直到 spill 操作完成再继续向缓存中写数据。Mapper 在向缓存中写入数据是循环写入的，循环写入是指当已写到缓存的尾位置时，继续写入会从缓存头开始，这里必须等待 spill 操作完成，以使前面占用的缓存空闲出来，这也是 Map 任务阻塞的原因。在 spill 操作时，如果定义了 combine 函数，那么在 sort 操作之后，再进行 combine 操作，然后再写入磁盘。

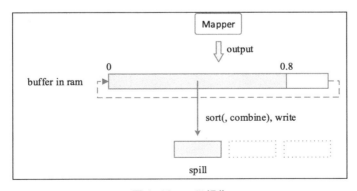

图 4-12　spill 操作

sort 过程是根据数据源按 key 进行二次快速排序，排序之后，含有相同 key 的数据被有序地集中到一起，这样，不管是对于后面的 combine 操作还是 merge sort 操作，都具有非常大的意义；combine 操作是将具有相同 key 的数据合并成一行数据，它必须在 sort 操作完成之后进行，如图 4-13 所示。combiner 其实是 Reducer 的一个实现，不过它在 Mapper 端运行，对要交给 Reducer 处理的数据进行一次预处理，使 Map 之后的数据更加紧凑，更少的数据被写入磁盘和传送到 Reducer 端，不仅降低了 Reducer 的任务量，还减少了网络负载。

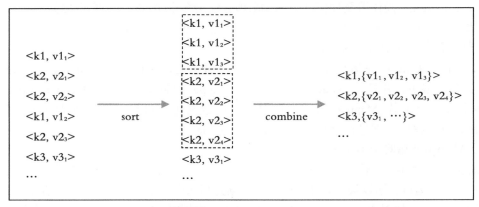

图 4-13　sort and combine

当某个 Map 任务完成后，一般会有多个 spill 文件，很明显，每个 spill 本身的数据是有序的，但它们并不是整体全局有序，那么如何把这些数据尽量均衡地分配给多个 Reducer 呢？这里会采用归并排序（merge sort）的方式将所有的 spill 文件合并成一个文件，并在合并的过程中提供一种基于区间的分片方法（partition），该方法将合并后的文件按大小进行分区，保证后一分区的数据在 key 值上均大于前一分区，每一个分区会分配给一个 Reducer。所以最后除了得到一个很大的数据文件外，还会得一个 index 索引文件，里面存储了各分区数据位置偏移量，如图 4-14 所示。注意，这里数据均是存储在本地磁盘中。

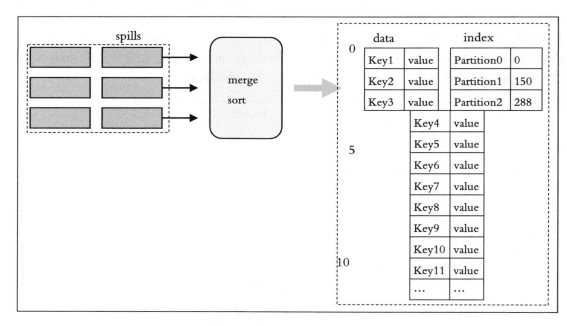

图 4-14　spill 文件的归并过程

merge sort 是一个多路归并过程,其同时打开文件的个数由参数 mapreduce.task.io.sort.factor 控制,默认是 10 个,图 4-14 所示的是 3 路归并。并不是同时打开文件越多,归并的速度就越快,用户要根据实际情况自己判断。

各 spill 是基于自身有序的,那么不同 spill 很大程度上会有相同的 key 值,所以如果用户设定了 combiner,那么在此处也会运行,用以压缩数据,其条件是归并路数必须大于某一个值(默认为 3,由参数 min.num.spills.for.combine 设定)。

其实为了使 map 后写入磁盘的数据更小,一般会采用压缩(并不是 combine)这一步骤,该步骤需要用户手动配置才能打开,覆盖参数 mapreduce.map.output.compress 的值为 true 即可。

归并过程完成后,Mapper 端的任务就告一段落,这时 Mapper 会删除临时的 spill 文件,并通知 TaskTrack 任务已完成。这时,Reducer 就可以通过 HTTP 协议从 Mapper 端获取对应的数据。一般来说,一个 MapReduce 任务会有多个 Mapper,并且分配在不同的节点上,它们往往不会同时完成,但是只要有一个 Mapper 任务先完成,Reducer 端就会开始复制数据。

2.Reducer 端的 shuffle

从 Mapper 端的归并任务完成开始,到 Reducer 端从各节点上 copy 数据并完成 copy 任务,均是由 MRApplicationMaster 调度完成。在 Reducer 取走所有数据之后,Mapper 端的输出数据并不会立即删除,因为 Reducer 任务可能会失败,并且推测执行(当某一个 Reducer 执行过慢影响整体进度时,会启动另一个相同的 Reducer)时也会利用这些数据。下面根据图 4-15 详细讲解 Reducer 端的 shuffle 流程。

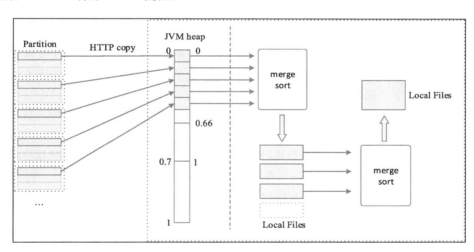

图 4-15 Reduce 端的 shuffle

首先,Reducer 端会启用多个线程通过 HTTP 协议从 Mapper 端复制数据,线程数可由参数 mapreduce.reduce.shuffle.parallelcopies 设定,默认为 5。该值还是很重要的,因为如果 Mapper 产生的数据量很大,有时候会发现 map 任务早就 100% 了,而 reduce 还一直在 1%、2%…。这时就要考虑适当增加复制的线程数,但过多增加线程数不推荐,容易造成网络拥堵,用户需要根据情况自己权衡。

Reducer 通过线程复制过来的数据不会直接写入磁盘,而是会存储在 JVM 的堆内存(JVMheap)中,当堆内存的最大值确定以后,会通过一个阈值来决定 Reducer 占用的大小,该阈值由变量 mapreduce.reduce.shuffle.input.buffer.percent 决定,默认为 0.7,即 70%,通常情况下，该比例可以满足需要，不过考虑到大数据的情况，最好还是适当增加到 0.8 或 0.9。

内存中当然是无法无限写入数据的，所以当接收的数据达到一定指标时，则会对内存中的数据进行排序并写入本地磁盘，其处理方式和 Mapper 端的 spill 过程类似，只不过 Mapper 的 spill 进行的是简单二次排序，Reducer 端由于内存中是多个已排好序的数据源，所以采用的是归并排序（merge sort）。这里，涉及两个阈值，一个是 mapred.job.shuffle.merge.percent，默认值是 0.66，当接收的 Mapper 端的数据在 Reduce 缓存中的占比达到这一阈值时，启用后台线程进行 merge sort；另一个是 mapreduce.reduce.merge.inmem.threshold，默认值为 1000 个，当从 Mapper 端接收的文件个数达到这一个值时也进行 merge sort。从实际经验来看，第一个值明显小了，完全可以设置为 0.8~0.9；而第二个值则需根据 Mapper 的输出文件大小而定，如果 Mapper 输出的文件分区很大，缓存中基本存不了多少个，那 1000 显然是太大了，应当调小一些，如果 Mapper 输出的文件分区很小，对应轻量级的小文件，如 10 KB~100 KB 大小，这时可以把该值设置大一些。

因为 Mapper 端的输出数据可能是经过压缩的，那么 Reducer 端接收该数据写入内存时会自动解压，方便后面的 merge sort 操作；并且如果用户设置了 combiner，在进行 merge sort 操作的时候也会调用。

内存总是有限的，如果 Mapper 产生的输出文件整体很大，每个 Reducer 端也被分配了足够大的数据，那么可能需要对内存经过很多次的 merge sort 之后才能接收完所有的 Mapper 数据，这时就会产生多个溢写的本地文件，如果这些本地文件的数量超过一定阈值（由 mapreduce.task.io.sort.factor 确定，默认为 10，该值也确定 Mapper 端对 spill 文件的归并路数，以后称归并因子），就需要把这些本地文件进行 merge sort（磁盘到磁盘模式），以减少文件的数量，有时候这项工作会重复多次。该操作并不是要把所有的数据归并为一个文件，而是当归并后的文件数量减少到归并因子以下或相同时就停止了，因为这时候剩下的所有文件可以在一起进行归并排序，输出结果直接传给 Reducer 处理，其效果和把所有文件归并为一个文件之后再传给 Reducer 处理的效果一样，但是减少了文件合并及再读取的过程，具有更高的效率。

有时候，数据接收完毕时，从内存进行 merge sort 得到的文件并不多，这时候会把这些文件和内存中的数据一起进行 merge sort，直接传给 Reducer 处理。

所以，从宏观来看，Reducer 的直接输入数据其实是 merge sort 的输出流，实际处理中，merge sort 对于每一个排序好的 key 值都调用一次 Reduce 函数，以此来实现数据的传递。

3．实例分析

在 4.2.4 中，由 Mapper 产生的数据会先整体写入内存中（数据比较小），然后按 key 进行排序，之后把含有相同 key 的数据合并，如图 4-16 所示，最后每个 map 输出形成一个单独的 partition。因为本实例的数据较小，数据可能并不会 spill 到本地磁盘，而是直接在内存中完成所有操作。

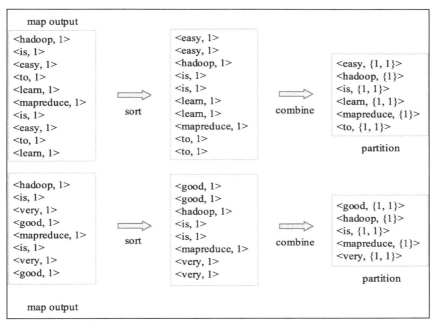

图 4-16 Map 端的 shuffle

Mapper 端的操作完成，Reducer 端通过 HTTP 协议将 Mapper 端的输出 partition 复制到缓存中，待复制完成，则进行 merge sort，将相同 key 的数据排序并集中到一起，如图 4-17 所示，注意这里的输出会以流（stream）的形式传递给 Reducer。

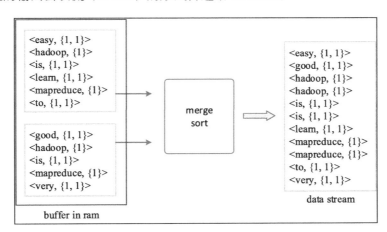

图 4-17 Reduce 端的 shuffle

4.3.4 Reduce 过程

Reducer 接收<key, {value list}>形式的数据流，形成<key, value>形式的数据输出，输出数据直接写入 HDFS，具体的处理过程可由用户定义。在 WordCount 中，Reducer 会将相同 key 的 value list 进行累加，得到这个单词出现的总次数，然后输出，其处理过程如图 4-18 所示。

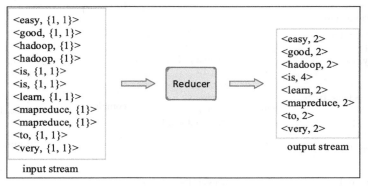

图 4-18　Reduce 过程

4.3.5 文件写入（OutputFormat）

OutputFormat 描述数据的输出形式，并且会生成相应的类对象，调用相应 write()方法将数据写入到 HDFS 中，用户也可以修改这些方法实现想要的输出格式。在 Task 执行时，MapReduce 框架自动把 Reducer 生成的<key, value>传入 write 方法，write 方法实现文件的写入。在 WordCount 中，调用的是默认的文本写入方法，该方法把 Reducer 的输出数据按 [key\tvalue]地形式写入文件，如图 4-19 所示。

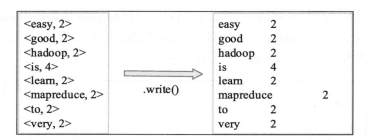

图 4-19　OutputFormat 处理

4.4　MapReduce 任务流程

MapReduce 任务流程是从客户端提交任务开始，直到任务运行结束的一系列流程，在 MRv2 中，MapReduce 运行时环境由 Yarn 提供，所以需要 MapReduce 相关服务和 Yarn 相关服务进行协同工作，下面先讲述 MRv2 和 Yarn 的基本组成，再简述 MapReduce 任务的执行流程。

4.4.1 MRv2 基本组成

MRv2 舍弃了 MRv1 中的 JobTrack 和 TaskTrack，而采用一种新的 MRAppMaster 进行单一任务管理，并与 Yarn 中的 Resource Manager 和 NodeManage 协同调度与控制任务，避免了由单一服务（MRv1 中的 JobTrack）管理和调度所有任务而产生的负载过重的问题。MRv2 基本组成如下。

1．客户端（client）

客户端用于向 Yarn 集群提交任务，是 MapReduce 用户和 Yarn 集群通信的唯一途径，它通过 ApplicationClientProtocol 协议（RPC 协议的一个实现）与 Yarn 的 ResourceManager 通信，通过客户端，还可以对任务状态进行查询或杀死任务等。客户端还可以通过 MRClientProtocol 协议（RPC 协议的一个实现）与 MRAppMaster（请看下一条）进行通信，从而直接监控和控制作业，以减轻 ResourceManager 的负担。

2．MRAppMaster

MRAppMaster 为 ApplicationMaster 的一个实现，它监控和调度一整套 MR 任务流程，每个 MR 任务只产生一个 MRAppMaster。MRAppMaster 只负责任务管理，并不负责资源的调配。

3．Map Task 和 Reduce Task

用户定义的 Map 函数和 Reduce 函数的实例化，在 MRv2 中，它们只能运行在 Yarn 给定的资源限制下，由 MRAppMaster 和 NodeManage 协同管理和调度。

4.4.2 Yarn 基本组成

Yarn 是一个新的资源管理平台，它监控和调度整个集群资源，并负责管理集群所有任务的运行和任务资源的分配，它的基本组成如下。

（1）Resource Manager（RM）

运行于 namenode，为整个集群的资源调度器，它主要包括两个组件：Applications Manager（应用程序管理器）和 Resource Schedule（资源调度器）。

①Resource Schedule：当有应用程序已经注册需要运行时，ApplicationMaster 会向它申请资源，而它会根据当时的资源和限制进行资源分配，它会产生一个 container 资源描述（详见第 4 点）。

②Applications Manager：它负责管理整个集群运行的所有任务，包括应用程序的提交、与 Resource Schedule 协商启动和监控 ApplicationMaster，并在 ApplicationMaster 任务失败时在其他节点重启它。

（2）NodeManage

运行于 datanode，监控并管理单个节点的计算资源，并定时向 RM 汇报节点的资源使用情况，当节点上有任务时，还负责对 container 进行创建、运行状态的监控及最终销毁。

（3）ApplicationMaster（AM）

负责对一个任务流程的调度、管理，包括任务注册、资源申请以及和 NodeManage 通信以开启和杀死任务等。

（4）container

Yarn 架构下对运算资源的一种描述，它封装了某个节点的多维度资源，包括 cpu、ram、disk、network 等。当 AM 向 RM 申请资源时，RM 分配的资源就是以 container 表示的，Map task 和 Reduce Task 只能在所分配的 container 描述限制中运行。

4.4.3 任务流程

Yarn 架构中的 MapReduce 任务运行流程主要可以分为两个部分：一个是客户端向 ResourceManager 提交任务，ResourceManager 通知相应的 NodeManager 启动 MRAppMaster；二是 MRAppMaster 启动成功后，则由它调度整个任务的运行，直到任务完成，其详细步骤如下，如图 4-20 所示。

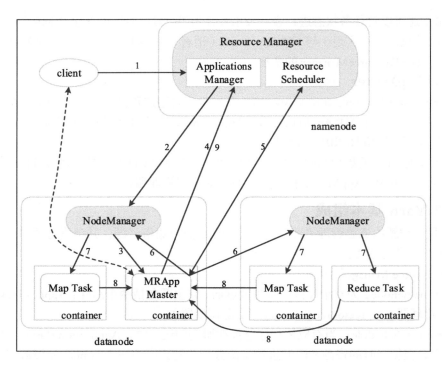

图 4-20 MapReduce 任务运行流程

（1）client 向 ResourceManager 提交任务。

（2）ResourceManager 分配该任务的第一个 container，并通知相应的 NodeManager 启动 MRAppMaster。

（3）NodeManager 接受命令后，开辟一个 container 资源空间，并在 container 中启动相应的 MRAppMaster。

（4）MRAppMaster 启动之后，第一步会向 ResourceManager 注册，这样用户可以直接通过 MRAppMaster 监控任务的运行状态；之后则直接由 MRAppMaster 调度任务运行，重复 5~8，直到任务结束。

（5）MRAppMaster 以轮询的方式向 ResourceManager 申请任务运行所需的资源。

（6）一旦 ResourceManager 配给了资源，MRAppMaster 便会与相应的 NodeManager 通信，让它划分 Container 并启动相应的任务（MapTask 或 ReduceTask）。

（7）NodeManager 准备好运行环境，启动任务。

（8）各任务运行，并定时通过 RPC 协议向 MRAppMaster 汇报自己的运行状态和进度。MRAppMaster 也会实时地监控任务的运行，当发现某个 Task 假死或失败时，便杀死它重新启动任务。

（9）任务完成，MRAppMaster 向 ResourceManager 通信，注销并关闭自己。

4.5 MapReduce 的 Streaming 和 Pipe

Streaming 和 Pipe 是 Hadoop 提供的两种工具，可以让不熟悉 Java 语言的用户使用其他语言开发 MapReduce 程序。

4.5.1 Hadoop Streaming

Hadoop Streaming 可以将任何可执行的脚本或二进制文件封装成 Mapper 或 Reducer，可以大大提高 MapReduce 程序的开发效率。Streaming 启动的 MR 作业使用标准输入输出与用户的 Map/Reduce 进行数据传递，所以要求用户编写的程序必须以标准输入作为数据入口，标准输出作为数据出口。

使用 Streaming 时，用户需要提供两个可执行文件，一个用于 Mappper，一个用于 Reducer，当一个可执行文件被用于 Mapper 或 Reducer 时，在初始化时，它们会作为一个单独的进程启动，而 Mappper 和 Reducer 则充当封装传递角色，把输入切分成行，传给相应的可执行文件处理，同时收集由可执行文件的标准输出，并转化为<key, value>的形式作为相应的 Mappper 和 Reducer 输出，Reducer 的输出会直接写入 HDFS。

注意，使用 Streaming 运行的 MapReduce 程序必须在所有 Mapper 执行完之后才会启动 Reducer，所以在实际运行中会感觉使用 Streaming 运行的 MR 任务比使用 Java 编写运行的 MR 任务慢一些。

下面使用一个 WordCount 实例演示如何使用 Hadoop 的 Streaming。使用 Linux 下的 Shell 脚本分别实现 Mapper 和 Reducer（只是最简单的实现，并没有考虑异常情况）。

~/streaming/Mapper.sh：

```
#! /bin/bash
while read LINE; do
for word in $LINE
do
echo "$word 1"
done
done
```

~/streaming/Reducer.sh：

```
#! /bin/bash
count=0
started=0
word=""
while read LINE;do
newword=`echo $LINE | cut -d ' ' -f 1`
if [ "$word" != "$newword" ];then
[ $started -ne 0 ] && echo -e "$word\t$count"
word=$newword
count=1
started=1
else
count=$(( $count + 1 ))
fi
done
echo -e "$word\t$count"
```

因为 Streaming 的数据传输模式类似 Linux 下的管道 "|"，所以可以使用 Linux 的管道先对上述脚本进行测试。

```
echo "[测试内容]" | sh mapper.sh | sort | sh reducer.sh
```

测试结果如图 4-21 所示。

```
[trucy@node1 streaming]$ echo "
> hadoop is very good
> mapreduce is very good
> hadoop is easy to learn
> mapreduce is easy to learn
> " | sh mapper.sh | sort | sh reducer.sh
easy      2
good      2
hadoop    2
is        4
learn     2
mapreduce           2
to        2
very      2
```

图 4-21　测试结果

下面就可以通过相应的命令，使用 Streaming 工具提交 MapReduce 作业，Streaming 工具存储于 $HADOOP_HOME/share/hadoop/tools/lib/ hadoop-streaming-2.2.0.jar 下，为了使命令更加简单，先把相应的 jar 包先复制到测试文件夹 ~/streaming/ 下，再使用下面命令提交任务：

```
$HADOOP_HOME/bin/hadoop jar ./hadoop-streaming-2.2.0.jar \
-files mapper.sh,reducer.sh \
-input [指定 HDFS 中的输入文件夹]\
-output[指定 HDFS 中的输出文件夹] \
-mapper mapper.sh \
-reducer reducer.sh
```

4.5.2　Hadoop Pipe

Pipe 是专为 C/C++用户设计的 MapReduce 编程工具，它的设计思想是把相关 C/C++代码（包括 Map 和 Reduce）封装在一个单独的进程中，运行时通过套接字（Socket）与 Java 端进行数据传递。

下面是 Pipe 的 C++WordCount 实例：

```cpp
#include "/home/trucy/hadoop/include/Pipes.hh"
#include "/home/trucy/hadoop/include/TemplateFactory.hh"
#include "/home/trucy/hadoop/include/StringUtils.hh"


const std::string WORDCOUNT = "WORDCOUNT";
const std::string INPUT_WORDS = "INPUT_WORDS";
const std::string OUTPUT_WORDS = "OUTPUT_WORDS";
//重写 Mapper
class WordCountMap: public HadoopPipes::Mapper{
```

```cpp
    public:
        HadoopPipes::TaskContext::Counter* inputWords;

        WordCountMap(HadoopPipes::TaskContext& context){
            inputWords = context.getCounter(WORDCOUNT, INPUT_WORDS);
        }

    void map(HadoopPipes::MapContext& context){
        std::vector<std::string> words =
            HadoopUtils::splitString(context.getInputValue(), " ");
        for(unsigned int i=0; i < words.size(); ++i){
            context.emit(words[i], "1");
        }
        context.incrementCounter(inputWords, words.size());
    }
};
//重写 Reducer
class WordCountReduce: public HadoopPipes::Reducer {
    public:
        HadoopPipes::TaskContext::Counter* outputWords;

        WordCountReduce(HadoopPipes::TaskContext& context) {
            outputWords = context.getCounter(WORDCOUNT, OUTPUT_WORDS);
        }

        void reduce(HadoopPipes::ReduceContext& context) {
            int sum = 0;
            while (context.nextValue()) {
                sum += HadoopUtils::toInt(context.getInputValue());
            }
            context.emit(context.getInputKey(), HadoopUtils::toString(sum));
            context.incrementCounter(outputWords, 1);
        }
};

int main(int argc, char *argv[]) {
    returnHadoopPipes::runTask(
        HadoopPipes::TemplateFactory<WordCountMap, WordCountReduce>());
}
```

使用 C++开发和使用 Java 开发的代码在结构上很相似，都是重写相应的 Map/Reduce 函数，Hadoop 提供了相应的 C++接口头文件（$HADOOP_HOME/include/Pipes.h），在使用时需要重写 HadoopPipes 名字空间下的 Mapper 和 Reducer 函数（代码中黑体部分），使用 context.getCounter()获取 key、value，context.emit()进行 key、value 的输出。程序入口为 main 函数，因为由代码生成的可执行文件会成为一个单独的进程启动，所以必须有程序入口，main 函数调用 HadoopPipes::runTask()方法运行 Map 和 Reduce 作业，Map 和 Reduce 作业则由 TemplateFactory（实例工厂）进行创建。

之后需要对上述代码进行编译，得到了相应的可执行文件，因为 Hadoop 在创建 MapReduce 任务时需要将上述文件分发到相应的运算节点，该执行文件还必须上传到 HDFS 中，之后可以使用下面命令在 Hadoop 中提交 Pipe 任务：

```
$HADOOP_HOME/bin/hadoop pipes \
-D hadoop.pipes.java.recordreader=true \
-D hadoop.pipes.java.recordwriter=true \
-input [指定 HDFS 中的输入文件夹] \
-output [指定 HDFS 中的输入文件夹] \
-program [指定 HDFS 中的 WordCount 可执行文件]
```

4.6 MapReduce 性能调优

在执行 MapReduce 任务时，由于数据的差异性，使用默认的配置往往并不能完全发挥集群的运算性能，所以需要对参数进行相应的调整或者适当预处理，以优化任务的运行效率。但是不当的调整反而会影响任务的执行，所以用户必须对自己的集群和要处理的数据比较熟悉，这样进行的配置才会有价值。但大部分情况，进行某一项优化之后，往往会影响另一项执行流程，如何在尽量不影响其他执行流程的情况下优化某一配置，这是用户需要慎重考虑的问题，所以这是一个权衡与妥协的过程，并没有所谓的最优解。

1．合并小文件和合理设置 Mapper 数量

MapReduce 并不适合处理大量小文件，数量少的大文件往往更具有优势，所以往往在提交 MapReduce 任务之前，先对源数据进行预处理，将小文件合并成大文件，这样将具有更高的处理效率。

如果对上述方式有疑虑，可以通过 maptask 的执行时间进行考虑，如果发现一个 map task 从启动到完成只需要几秒钟时间，那么就应该增加单个 maptask 要处理的数据量（InputSplit），反之，则减少数据量，通常而言，一个 maptask 执行任务的时间为 1 分钟左右比较合适。

在任务对源数据进行分片时，FileInputFormat 一般会将一个 block 划分成一个单独的 InputSplit，所以合理设置 block 的大小也是一个重要的设置方式。

2．推测执行

执行 MapReduce 作业时，会有多个 tasks 分配到不同的节点中运行，由于节点性能差异（硬件老化、配置差异）、资源分配不均和网络拥堵（远程调用数据）等因素的影响，在某些节点上的任务运行效率可能会非常低，会直接影响整个任务的执行进度。

推测执行即在运行某一个 MapReduce 任务时，监控所有的子任务执行进度，当发现某一个子任务严重拖后腿时，那么就会在其他节点上再运行一个相同的备份任务，先执行完的会杀死另一个。

在 MRv2 中，并不会立即启动备份任务，而是会先做一个预判，经过某种规则计算备份任务所要花费的时间，如果发现备份任务并不能在原任务之前完成，则不启动备份任务。

推测执行可以用下面变量设置为 true（默认为 false）：

mapreduce.map.speculative 是否启用 Map 任务的推测执行；

mapreduce.reduce.speculative 是否启动 Reduce 任务的推测执行。

注意，如果某一任务进度延后是代码造成的问题，那么启用推测执行并不会解决问题，反而会加重集群负担。

3．优化每个节点同时运行的任务数

设置每个节点上能同时运行的任务数，是让节点上的所有任务都能够并行执行，因为当节点中同时运行的任务个数超过节点 CPU 核心数时，多出来的任务并没有实时执行，而会和其他正在运行的任务抢占资源，并不能提高任务的执行效率，反而有一定的负面影响。这里推荐设置同时运行任务数为节点的 CPU 核心数。

mapreduce.tasktracker.map.tasks.maximum 表示同时运行的 map 任务上限，默认为 2。

mapreduce.tasktracker.reduce.tasks.maximum 表示同时运行的 reduce 任务上限，默认为 2。

这里其实还涉及一个概念，Map 和 Reduce 的任务槽数，当上述两个变量设定之后，任务槽数也就确定了，如有 100 个 datanode，设置每台机器最多可以同时运行 10 个 Map 任务，6 个 Reduce 任务，那么这个集群的 Map 任务槽数就是 1000，Reduce 任务槽数就是 600。

4．合理设置 Reducer 数量

MapReduce 任务的默认 Reduce 数量为 1，在数据量过大时，一个 Reduce 并不能很好地完成任务，因为所有的数据都要汇总到一个 Reducer 中处理，会使 Reducer 负载过重，成为运行的性能瓶颈。这时，就需要增加 Reducer 的数量（由变量 mapreduce.job.reduces 设置），用户需要根据具体情况进行设置。如果一个任务复杂到需要使用整个集群的运算资源，则有以下两个推荐值：

0.95*Reduce 任务槽数；

1.75*Reduce 任务槽数。

这里主要基于两种考虑：若设置 Reducer 数量为 0.95*Reduce 任务槽数，那么即使所有 Reducer 都已运行，也还有空闲的任务槽未使用，当某一个 Reducer 失败，就可以很快地找到一台空闲机器重启这个 Reducer，并且在使用 reduce 任务的推测执行时也可能会用到；若设置 Reducer 数量为 1.75*Reduce 任务槽数，那么在分配任务时，性能较高的节点就能分配到更多的 Reducer，使得集群的负载更加均衡。

5．压缩 Map 输出

将 Map 任务的输出采用压缩的方式写入本地磁盘，这样不仅能减少磁盘的 IO 操作，还能在 Reducer 接收 Mapper 的结果数据时，减少网络压力。这样虽然会消耗更多的 CPU 资源，但是在复杂的集群环境中，以减缓网络传输压力为优先考虑。

用户可以设置变量 mapreduce.map.output.compress 为 true 启用 Map 压缩，还可以配合 mapreduce.map.output.compress.codec 使用，根据需求选择合适的压缩方式，默认的压缩方式为 org.apache.hadoop.io.compress.DefaultCodec。

6．JVM 重用

所有的 MapReduce 作业都是运行在 JVM（Java 虚拟机）中的，每当有 MapTask 或 ReduceTask 需要运行，NodeManager 会先启动相应的 JVM，任务运行完毕时再关闭它。但是

JVM 的启用和关闭是需要时间的，如果有一个 MapReduce 的 tasks 的数目非常多且又是轻量级的任务（很短时间内便可完成），那么在执行任务时就会频繁地启动和关闭 JVM，不仅占用了大量的时间，并且还会对系统造成极大地不必要开销，有时候花费在 JVM 启动/关闭上的时间会比执行所有 tasks 任务花费的时间还多。

JVM 重用指的是，当碰到上述的任务情况时，某一 task 运行完毕之后 JVM 并不立即关闭，而是直接把还未执行的相似 task（同一个 job 的）放到 JVM 中执行，达到 JVM 重用的目的。这种处理方式不仅可以减少启动/关闭 JVM 所花费的时间和开销，而且还能实现前后的 tasks 之间的静态数据共享，使得处理速度加快。当然，JVM 重用也会带来一个问题，那就是同一个 JVM 执行多个 task 之后，内存碎片会大大增加，在某种程度上给任务运行带来一定影响。

变量 mapred.job.reuse.jvm.num.tasks 的值即为 JVM 重用的次数，默认为 1，即 JVM 运行一个 task 后便关闭，当值设置为 -1 时，表示无限复用 JVM。

7. JVM 内存

MapReduce 的 tasks 任务均是运行在 JVM 中，而 shuffle 过程尤其消耗内存，在默认配置中，JVM 的内存设置为 200 MB，在机器性能大幅度提升的今天，动辄 8 GB、16 GB 的情况下，这个值确实有点小了，所以应适当提升 JVM 的运行内存，用户可以通过变量进行设置 mapred.child.java.opts，推荐值为 0.9*（内存大小/CPU 核心数），因为前面已经说过，设置节点的同时运行任务数为 CPU 核心数，所以把 JVM 重用按核心数分配即可，因为考虑到节点中还会有其他服务运行，所以乘以一个系数 0.9。

4.7 MapReduce 实战

本节依然以前面的 WordCount 为例，编写相应的 MapReduce 程序（Java），并部署到 Hadoop 集群中运行，让读者对 MapReduce 程序的开发流程有一个直观的认识。

在 Linux 和 Windows 中均能进行 MapReduce 程序开发，开发流程相差也不大，因为大部分用户对 Windows 的界面和操作比较熟悉，所以本文的测试选择在 Windows 中进行。本节基于 Windows 8_x64，在 Windows XP 和 Windows 7 一样可以完成相应的操作。

4.7.1 快速入门

1. 相关文件准备

（1）java JDK for windows，本节选择的版本是 jdk-7u71-windows-x64.exe，下载地址：http://www.oracle.com/technetwork/java/javase/downloads/index.html。

（2）hadoop-2.2.0 源文件，这里的源文件并不是源码文件，而是编译后的安装文件 hadoop-2.2.0-x64.tar.gz，使用前面配置 Hadoop 集群时使用的安装源即可。

（3）Eclipse JEE 版本，如图 4-22 所示，Eclipse 为 Java 项目的最常用的集成开发环境，这里选择最新的 Eclipse 版本即可，下载地址：http://www.eclipse.org/downloads/。

图 4-22　Eclipse 版本的选择

2．环境准备

（1）安装 Java 并配置环境

将下载下来的安装包双击即可进行安装，建议直接使用默认的设置进行安装，安装之后的 Java 文件位置为 C:\Program Files\Java\jdk1.7.0_71。

相应的 bin 目录为 C:\Program Files\Java\jdk1.7.0_71\bin。bin 目录中存储了常用的 Java 命令工具，需要添加到环境变量中才能使用。可依次按下面操作进行环境变量的添加：我的电脑（右键）→属性→高级系统设置→高级（选项卡）→环境变量→系统变量→找到 Path 并双击，在变量值的最前面添加上述 bin 目录并使用 ";" 加以分隔，这里的 ";" 为英文符号标点，如图 4-23 所示。

图 4-23　添加 Java 的 bin 目录到 Path

一般按上述方法即可配置好 Java 环境，如需要完整配置，可按表 4-1 所示方式设置环境变量（Path 中的内容仍然是要添加的内容，不要将 Path 原变量值覆盖）。

表 4-1　完整 Java 环境变量配置

JAVA_HOME	C:\Program Files\Java\ jdk1.7.0_71
Path	%JAVA_HOME%\bin;%JAVA_HOME%\jre\bin;
CLASSPATH	.;%JAVA_HOME%\lib;%JAVA_HOME%\lib\tools.jar

（2）测试 Java

执行上述操作后，Java 环境配置就完成了，但是为了以防万一，还需要测试一下。可以在 cmd 控制台输入 java –version，如果能够打印正确的 Java 版本，表示配置成功，如图 4-24 所示。

图 4-24　Java 测试

（3）解压 Hadoop-2.2.0 源文件

Hadoop 源文件在整个开发过程中都会用到，因为很多依赖包都出自里面，用户可按自己的喜好选择位置，但路径层次最好不要太多，本文为解压到 E 盘根目录下。这一位置要记住，因为在后续使用 Eclipse 插件时还会用到的。

（4）安装 Eclipse

Eclipse 的安装非常简单，只需要把 Eclipse 源文件解压即可使用，之后双击 Eclipse 文件夹下的 eclipse.exe 即可运行 Eclipse 集成开发环境，每次运行时，都会让用户设置 workspace（工作目录，所有用户建立的工程文件都会默认在这个目录中创建），之后便会进入 Eclipse 工作界面。

3．使用 Eclipse 创建一个 Java 工程

这里将演示使用 Eclipse 创建一个 wordcount 的 java 工程。首先，打开 Eclipse 集成开发环境，进入软件界面后，依次点击 File（文件）→New（新建）→Project（项目），即可进入工程创建向导，步骤如图 4-25 所示。随后会弹出工程类型选择框，如图 4-26 所示，选择所创工程的类型，这里选择 Java Project，然后单击 Next。

图 4-25　新建工程　　　　　　　　　　图 4-26　工程类型选择框

现在进入了工程创建对话框，如图 4-27 所示，配置工程的各项属性，主要有以下几项。

图 4-27　工程创建对话框

（1）Project name：所要创建的工程名称，这里填上 WordCount。

（2）Use default location：所建工程即将存储的位置，默认为选中状态，意为将工程文件存储在默认的工作空间下（启动 Eclipse 时可以设置），工程文件夹将以前面填写的工程名称命名；用户也可以存储在自己想要的位置。这里使用默认的即可。

（3）JRE：指定新建工程要使用的 JRE（Java 运行环境）版本，选定后，将使用最适合选定版本的编译器进行编译，这里有 3 个选项（选择默认的第一个）。

①Use an execution environment JRE：使用操作系统中配置的 jre，也是启动 Eclipse 所用到的 jre，这里的版本为 JavaSE-1.7，即前面所配置的。

②Use a project specific JRE：在新建的工程中明确指定所使用 jre。

③Use default JRE：使用 Eclipse 工具自带的 jre，如果系统中没有安装 JDK，也可以选择这个应急。

（4）Project layout：项目规划选项，即如何组织项目文件，Eclipse 提供了两个选项（选择默认的第二个）。

①Use project folder as root for sources and class files：该选项意为将工程目录作为所有源码文件（.java）和可执行文件（.class）的存储目录，不单独进行归类整理。

②Creat separate folders for sources and class files：为源码文件（.java）和可执行文件（.class）创建单独文件夹进行存储，若使用该选项，创建工程时，会自动在工程文件夹下创建一个 src 文件夹作为源码的存储目录；编译时，会在工程目录下建立 bin 文件夹作为.class 文件的存储目录，并且会根据 package 的层次自动建立相应的文件夹。

用户在选择了两选项之中的任意一个后，单击 Finish，相应的 WordCount 工程便创建好了；最后在 Eclipse 的包浏览器即会出现 wordcoun 工程，如图 4-28 所示。

4．导入 Hadoop 的相关 jar 包

在编写 MapReduce 代码时，需要用到 Hadoop 源文件中的部分 jar 包，就像再编写纯 Java

代码时需要使用 Java 自带的依赖包一样，所以这里需要把相应的 Hadoop 依赖包导入工程。

先在工程 wordcount 上右键，在弹出的菜单中选择第一个 New（新建），再选择 Folder（文件夹），名称填上 lib；然后在把下面目录下的 jar 包复制到 lib 文件夹下（之前是把 Hadoop 源文件解压到 E 盘根目录下），如图 4-29 所示。

E:\hadoop-2.2.0\share\hadoop\common

E:\hadoop-2.2.0\share\hadoop\common\lib

E:\hadoop-2.2.0\share\hadoop\mapreduce

E:\hadoop-2.2.0\share\hadoop\hdfs\hadoop-hdfs-2.2.0.jar

E:\hadoop-2.2.0\share\hadoop\yarn\hadoop-yarn-*.jar

图 4-28　WordCount 工程

图 4-29　导入依赖的 Hadoop Jar 包

导入 jar 包后，还需要把这些 jar 包添加到工程的构建路径，否则工程并不能识别。按下面操作，选择所有的 jar 包文件然后单击右键，选择 Build Path→Add to Build Path，如图 4-30 所示。

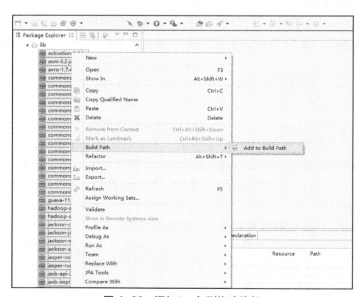
图 4-30　添加 jar 包到构建路径

5. MapReduce 代码的实现

MapReduce 代码的实现并不难,这里要编写 3 个类,分别是 WordMapper 类、WordReducer 类和 WordMain 驱动类,前面两个类分别实现相应的 Map 和 Reduce 方法,后面一个则是对任务的创建进行部分配置。

(1) 新建 WordMapper 类

在工程 WordCount 上右击,选择 New(新建)→Class(类),在弹出的窗口中找到 Name,在相应的文本框中输入 WordMapper,单击 Finish 即可,如图 4-31 所示,结果如图 4-32 所示。

图 4-31　创建 Mapper 类　　　　图 4-32　WordMapper 源码文件

双击 WordMapper 即可进行代码编辑,可以插入以下代码:

```java
package wordcount;

import java.io.IOException;
import java.util.StringTokenizer;
import org.apache.hadoop.io.IntWritable;
import org.apache.hadoop.io.Text;
import org.apache.hadoop.mapreduce.Mapper;

//创建一个 WordMapper 类继承于 Mapper 抽象类
public class WordMapper extends Mapper<Object, Text, Text, IntWritable>
{
    Private final static IntWritable one = new IntWritable(1);
    private Text word = new Text();
```

```java
        // Mapper 抽象类的核心方法，三个参数
    public void map( Object key,           // 首字符偏移量
                     Text value,           // 文件的一行内容
                     Context context) // Mapper 端的上下文，与 OutputCollector
        和 Reporter 的功能类似
                     throws IOException, InterruptedException
{
        StringTokenizer itr = new StringTokenizer(value.toString() );
        while ( itr.hasMoreTokens() )
          {
                word.set(itr.nextToken());
                context.write(word, one);
          }
    }
}
```

在上述代码中，首先创建了一个 WordMapper 类，继承于 Mapper<Object, Text, Text, IntWritable>抽象类，并在其中实现如下方法：

```
public void map( Object key, Text value, Context context )
throws IOException, InterruptedException{}
```

该方法中有 3 个参数，Object key、Text value、Context context，代码中已作了相应注释，前面两个很好理解，这里着重说一下第三个参数。在旧 API（Hadoop-0.19 以前）里，map 函数的形式如下：

```
void map(K1 key, V1 key, OutputCollector<K2,V2> output, Reporter reporter)
throws IOException{}
```

可以看出，旧的 API 中有 4 个参数，前面两个参数和新 API 其实是一样的，关键是后两个，OutputCollector 用以输出结果，Reporter 用以修改 Counter 值，在新的 API 里，仍然要完成相应的功能，所以新 API 其实是把 OutputCollector 和 Reporter 集成到了 Context 里面，当然 Context 还提供了一些其他的功能。

map 函数中实现了对传入值的解析，将 value 解析成<key, value>的形式，然后使用 context.write(word, one)进行输出。

（2）新建 WordReducer 类

操作方式和新建 WordMapper 类时一样，可以插入以下代码：

```java
package wordcount;

import java.io.IOException;
import org.apache.hadoop.io.IntWritable;
import org.apache.hadoop.io.Text;
import org.apache.hadoop.mapreduce.Reducer;
```

```java
//创建一个 WordReducer 类继承于 Reducer 抽象类
Public class WordReducer extends Reducer<Text, IntWritable, Text, IntWritable>
{
    private IntWritable result = new IntWritable(); //记录词频
    // Reducer 抽象类的核心方法，3个参数
    Public void reduce( Text key,                    // Map 端输出的 key 值
                       Iterable<IntWritable>values, // Map 端输出的 Value 集合
                       Context context)
                       throws IOException, InterruptedException
    {
        int sum = 0;
        for (IntWritable val : values) //遍历 values 集合，并把值相加
        {
            sum += val.get();
        }
        result.set(sum);                    //得到最终词频数
        context.write(key, result);         //写入结果
    }
}
```

在上述代码中，首先创建 WordReducer 类，继承于 Reducer<Text, IntWritable, Text, IntWritable>抽象，并在其中实现 reduce 方法：

```
public void reduce( Text key, Iterable<IntWritable> values, Context context) throws IOException, InterruptedException{}
```

reduce 方法中，将获取的 values 进行遍历累加，得到相应 key 出现的次数，最后将结果写入 HDFS。

（3）新建 WordMain 驱动类

WordMain 驱动类主要是在 Job 中设定相应的 Mapper 类和 Reducer 类（用户编写的类），这样任务在运行时才知道使用相应类进行处理；WordMain 驱动类还可以对 MapReduce 程序进行相应配置，让任务在 Hadoop 集群运行时按所定义的配置进行。其代码如下：

```java
package wordcount;

import org.apache.hadoop.conf.Configuration;
import org.apache.hadoop.fs.Path;
import org.apache.hadoop.io.IntWritable;
import org.apache.hadoop.io.Text;
import org.apache.hadoop.mapreduce.Job;
import org.apache.hadoop.mapreduce.lib.input.FileInputFormat;
import org.apache.hadoop.mapreduce.lib.output.FileOutputFormat;
import org.apache.hadoop.util.GenericOptionsParser;
```

```java
public class WordMain
{
    Public static void main(String[] args) throws Exception
    {
        // Configuration 类：读取 Hadoop 的配置文件，如 site-core.xml...;
        // 也可用set 方法重新设置（会覆盖）：conf.set("fs.default.name", //"hdfs://xxxx:9000")
        Configuration conf = new Configuration();

        //将命令行中参数自动设置到变量 conf 中
        String[] otherArgs = new GenericOptionsParser(conf, args).getRemainingArgs();

        if(otherArgs.length != 2)
        {
            System.err.println("Usage: wordcount <in><out>");
            System.exit(2);
        }

        Job job = new Job(conf, "word count");// 新建一个 job，传入配置信息
        job.setJarByClass(WordMain.class); // 设置主类
        job.setMapperClass(WordMapper.class); // 设置 Mapper 类
        job.setCombinerClass(WordReducer.class); // 设置作业合成类
        job.setReducerClass(WordReducer.class); // 设置 Reducer 类
        job.setOutputKeyClass(Text.class);// 设置输出数据的关键类
        job.setOutputValueClass(IntWritable.class); // 设置输出值类
        FileInputFormat.addInputPath(job, new Path(otherArgs[0]));// 文件输入
        FileOutputFormat.setOutputPath(job, new Path(otherArgs[1]));// 文件输出
        System.exit(job.waitForCompletion(true) ? 0 : 1 ); // 等待完成退出
    }
}
```

该类中的 main 方法就是 MapReduce 程序的入口，在 main 方法中，首先创建一个 Configuration 类对象 conf 用于保存所有的配置信息，该对象在创建时会读取所需要的配置文件如 site-core.xml、hdfs-site.xml 等，根据配置文件中的变量信息进行初始化，当然，配置文件中的配置有时候并不是人们想要的，这时候可以调用 Configuration 类中的 set 方法进行覆盖，如想要修改 Reducer 的数量，可以使用如下方式：

```
conf.set("mapreduce.job.reduces", "2");
```

也不是所有的变量都可以修改，有时候集群管理员并不希望用户在应用程序中修改某变量的值，这时候会在相应变量后面添加 final 属性，如下面粗体所示：

```
<property>
    <name>mapreduce.task.io.sort.factor</name>
```

```
<value>10</value>
<final>true</final>
</property>
```

这时候，Configuration 类中的 set 方法将不再起作用。

之后，main 函数使用 otherArgs 获取命令行参数，并对参数进行判断，检查命令中是否正确指定了输入／输出位置。

最后，main 方法创建一个 Job 类对象 job，并传入配置信息 conf 和作业名称，之后对 job 对象进行相关设置，如 Mapper 类、Reducer 类以及 Combiner 类等。job 对象就是最终的作业对象，它里面包含一个作业所需要的所有信息。

至此，一个 MapReduce 程序便开发完成了。

6．打包工程为 jar 包

WordCount 代码完成后，并不能直接在 Hadoop 中运行，还需要将其打包成 jvm 所能执行的二进制文件，即打包成.jar 文件，才能被 Hadoop 所用。

在 WordCount 项目上右击，选择 Export（导出），在弹出的对话框中选择 JAR file，如图 4-33 所示，然后单击 Next。之后会进入 JAR 依赖包过滤对话框，这里只选择 src 即可，把 lib 文件夹前的勾选去掉，因为 lib 中的依赖包本来就是复制的 Hadoop 的源文件，集群中已经包含了。之后选择一个保存位置，单击 Finish 即可，本文是保存到桌面上，如图 4-34 所示。

图 4-33 选择 JAR file　　　　　　　　图 4-34 jar 依赖包过滤

7．部署并运行

部署其实就是把前面生成的 wordcount.jar 包放入集群中运行。Hadoop 一般会有多个节点，一个 namenode 节点和多个 datanode 节点，这里只需要把 jar 包放入 namenode 中，并使用相应的 hadoop 命令即可，Hadoop 集群会自己把任务传送给需要运行任务的节点。wordcount.jar 运行时需要有输入文件，依然使用前面所使用的两个简单测试文本，读者自己可以选择使用其他复杂一些的测试文本。

（1）创建测试文本并上传相关文件到 namenode 中

为了方便，在桌面上创建测试文本 file1.txt、file2.txt。内容分别为

```
File: file1.txt                    File: file2.txt
hadoop is very good                hadoop is very good
mapreduce is very good             mapreduce is very good
```

然后使用 WinSCP 工具把上述 txt 文件和 wordcount.jar 文件一起上传到 namenode 节点的 Hadoop 用户目录下，Hadoop 用户指的是安装运行 Hadoop 集群的用户，本节的用户名就为 Hadoop。

上传完毕后，使用 ll 命令查看是否上传成功，如图 4-35 所示：

图 4-35　jar 依赖包过滤

（2）上传测试文件到 HDFS 中

为了使集群中的文件有较好的规划，在 HDFS 中建立单独的文件夹对测试文件进行存储。在 HDFS 中建立文件夹的命令如下：

```
hadoop fs -mkdir [文件夹名称]
```

从本地上传文件到 HDFS 的命令如下：

```
hadoop fs -put [本地文件] [HDFS 目标位置]
```

注意，Hadoop 脚本命令位于 $HADOOP_INSALL/bin/ 目录下，如要直接使用，必须把 $HADOOP_INSTALL/bin 目录添加到环境变量 PATH 路径中，或者也可以临时使用如下命令：export PATH=$PATH:[Hadoop 安装位置]/bin，具体的操作如图 4-36 所示。

图 4-36　上传文件到 HDFS 中并测试

上述操作中，先在 HDFS 根目录下建立了 user 文件夹；然后在 user 文件夹下建立 Hadoop；再在 Hadoop 文件夹下建立 input 文件夹；之后上传两个 txt 文件到 HDFS 中，命令中的 file* 为正则表达式，表示一切以 file 开头的文件；最后的命令是列出 HDFS 中 /user/hadoop/input/ 文件夹下文件。

（3）在 Hadoop 集群中运行 WordCount

测试文件已经准备完毕，现在要做的就是把任务提交到 Hadoop 集群中。在 Hadoop 中运行 jar 任务需要使用命令：hadoop jar [jar 文件位置] [jar 主类] [HDFS 输入位置] [HDFS 输出位置]。

① hadoop：hadoop 脚本命令，和前面一样，如要直接使用，必须添加相应 bin 路径到环境变量 PATH 中，也可直接使用$HADOOP_INSALL/bin/hadoop 代替。

② jar：表示要运行的是一个基于 Java 的任务。

③ jar 文件位置：提供所要运行任务的 jar 文件位置，如果在当前操作目录下，可直接使用文件名。

④ jar 主类：提供入口函数所在的类，格式为[包名.]类名。

⑤ HDFS 输入位置：指定输入文件在 HDFS 中的位置。

⑥ HDFS 输出位置：指定输出文件在 HDFS 中的存储位置，该位置必须不存在，否则任务不会运行，该机制是为了防止文件被覆盖出现意外丢失。

本例的操作命令如图 4-37 所示。

```
[hadoop@namenode ~]$ hadoop jar wordcount.jar wordcount.WordMain /user/hadoop/input/file*
/user/hadoop/output/
```

图 4-37　提交任务到 Hadoop 集群

提交任务后，Hadoop 集群便会开始执行任务，在任务的运行过程中，会出现一系列任务提示或进度信息，如下所示（由于篇幅所限，这里只粘贴了一部分）。

```
    ...
    14/12/10 23:08:03 INFO mapreduce.Job: Running job: job_1418225098731_0001
    14/12/10 23:08:10 INFO mapreduce.Job: Job job_1418225098731_0001 running in uber mode : false
    14/12/10 23:08:10 INFO mapreduce.Job:  map 0% reduce 0%
    14/12/10 23:08:38 INFO mapreduce.Job:  map 100% reduce 0%
    14/12/10 23:08:50 INFO mapreduce.Job:  map 100% reduce 100%
    14/12/10 23:08:52 INFO mapreduce.Job: Job job_1418225098731_0001 completed successfully
    14/12/10 23:08:52 INFO mapreduce.Job: Counters: 43
    File System Counters
        FILE: Number of bytes read=134
        FILE: Number of bytes written=237724
        FILE: Number of read operations=0
        FILE: Number of large read operations=0
        FILE: Number of write operations=0
        HDFS: Number of bytes read=311
        HDFS: Number of bytes written=51
        HDFS: Number of read operations=9
        HDFS: Number of large read operations=0
        HDFS: Number of write operations=2
    Job Counters
        Launched map tasks=2
        Launched reduce tasks=1
```

```
        Data-local map tasks=2
        Total time spent by all maps in occupied slots (ms)=55674
        Total time spent by all reduces in occupied slots (ms)=6515
    Map-Reduce Framework
        Map input records=4
        Map output records=18
        Map output bytes=162
        Map output materialized bytes=140
        Input split bytes=221
        Combine input records=18
        Combine output records=11
        Reduce input groups=7
        Reduce shuffle bytes=140
        Reduce input records=11
        Reduce output records=7
        Spilled Records=22
        Shuffled Maps =2
        Failed Shuffles=0
        Merged Map outputs=2
        GC time elapsed (ms)=3593
        CPU time spent (ms)=4200
        Physical memory (bytes) snapshot=377335808
        Virtual memory (bytes) snapshot=2532024320
        Total committed heap usage (bytes)=243884032
    Shuffle Errors
        BAD_ID=0
        CONNECTION=0
        IO_ERROR=0
        WRONG_LENGTH=0
        WRONG_MAP=0
        WRONG_REDUCE=0
    File Input Format Counters
        Bytes Read=90
    File Output Format Counters
        Bytes Written=51
```

如果出现上面的结果,说明任务运行成功。

(4)查看运行结果

任务结果保存在设定的输出目录中,如图4-38所示。任务结果中一般有两类文件组成。

① _SUCCESS:该文件中并无任何内容,生成它主要是为了使 Hadoop 集群检测并停止任务。

② part-r-00000：由 Reducer 生成的结果文件，一般来说一个 Reducer 生成一个，本例中只有一个 Reducer 运行，所以结果文件只有一个。可以使用 hadoop fs 中的 -text 命令直接打印结果内容。

```
[hadoop@namenode ~]$ hadoop fs -ls /user/hadoop/output
Found 2 items
-rw-r--r--   3 hadoop supergroup          0 2014-12-09 13:25 /user/hadoop/output/_SUCCESS
-rw-r--r--   3 hadoop supergroup         51 2014-12-09 13:25 /user/hadoop/output/part-r-00000
[hadoop@namenode ~]$ hadoop fs -text /user/hadoop/output/part-r-00000
good    4
hadoop  2
is      4
mapreduce       2
not     2
so      2
very    2
[hadoop@namenode ~]$
```

图 4-38　提交任务到 Hadoop 集群

至此，一个 MapReduce 程序的开发过程就结束了。

4.7.2　简单使用 Eclipse 插件

在 4.7.1 节中，开发完成的 jar 包需要上传到集群并使用相应命令才能执行，这对不熟悉 Linux 的用户仍具有一定困难，而使用 HadoopEclipse 插件能很好地解决这一问题。Hadoop Eclipse 插件不仅能让用户直接在本地（Windows 下）提交任务到 Hadoop 集群上，还能调试代码、查看出错信息和结果、使用图形化的方式管理 HDFS 文件。

Eclipse 插件需要单独从网上获取，获取后，可以自己重编译，也可以直接使用编译好的 release 版本，经过测试，笔者发现从网上获取的插件可以直接使用，下面介绍如何获取和简单使用 Eclipse 插件。

1．获取 Eclipse 插件

获取 Hadoop Eclipse 插件的地址是 https://github.com/winghc/hadoop2x-eclipse-plugin。进入该页面后，单击 Download ZIP 即可下载插件包集合 hadoop2x-eclipse-plugin-master.zip，如图 4-39 所示。

图 4-39　获取 Hadoop Eclipse 插件

插件包下载完毕后，可在如下位置找到基于 3 种版本的 Hadoop Eclipse 插件。

`hadoop2x-eclipse-plugin-master.zip\hadoop2x-eclipse-plugin-master\release`

本文用的是 Hadoop-2.2.0，所以使用的插件包版本为 hadoop-eclipse-kepler-plugin-2.2.0.jar。

2. 使用 Hadoop Eclipse 插件

在 Eclipse 中使用插件非常简单，对于本文所使用的 Eclipse 版本，只需要关闭 Eclipse，把上述插件包解压复制到 Eclipse\plugins 目录下，再重新打开 Eclipse 即可。对于其他的 Eclipse 版本，可能需要复制到 Eclipse\dropins 才能使用。

（1）查找 Eclipse 插件

启动 Eclipse 后，依次单击 Window→Show View→Other，如图 4-40 所示。在新弹出的选择框找到 Map/Reduce Locations，选中后单击 OK 按钮，如图 4-41 所示。

图 4-40　查找 Eclipse 插件

图 4-41　选择 Map/Reduce Locations

单击 OK 后，在 Eclipse 下面的视窗中会多出一栏 Map/Reduce Locations，如图 4-42 所示；然后单击 Window→Show View→Project Explore，在 Eclipse 左侧视窗中会显示项目浏览器，项目浏览器中最上面会出现 DFS Locations，如图 4-43 所示。

图 4-42　Map/Reduce Locations

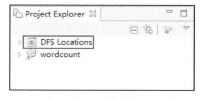

图 4-43　DFS Locations

Map/Reduce Locations 用于建立连接到 Hadoop 集群，当连接到 Hadoop 集群后，DFS Locations 则会显示相应集群 HDFS 中的文件。Map/Reduce Locations 可以一次连接到多个 Hadoop 集群。

在 Map/Reduce Locations 下侧的空白处右击，在弹出的选项中选择 New Hadoop location 新建一个 Hadoop 连接，如图 4-44 所示。之后会弹出 Hadoop location 的详细设置窗口，如图 4-45 所示，各项解释如下。

图 4-44　新建一个 Hadoop location　　　　图 4-45　Hadoop location 配置对话框

①Location name：为当前建立的 Hadoop location 命名；

②Map/Reduce Host：为集群 namenode 的 IP 地址；

③Map/Reduce Port：MapReducer 任务运行的通信端口号，对应 mapred.site.xml 中定义的 mapreduce.jobtracker.address 参数中的端口值，一般为 9001；

④DFS Master Use M/R Master host：选中表示采用和 Map/Reduce Host 一样的主机；

⑤DFS Master Host：为集群 namenode 的 IP 地址；

⑥DFS Master Port：HDFS 的端口号，对应 core-site.xml 中定义的 fs.defaultFS 参数中的的端口值，一般为 9000；

⑦User Name：设置集群的用户名，这里可以任意填写。

配置完成后，单击 Finish 即完成了 Hadoop location 的配置。在 Advanced parameters 选项卡中还可以配置更多细节，但是在实际使用中非常烦琐，相应的设置在代码中也可以进行，这里只需要配置 General 选项卡的内容即可。这时，右侧 Project Explore 中的 DFS Locations 会多出一个子栏，如图 4-46 所示，名字为上面设置的 Hadoop location 名称。

图 4-46　DFS locations

（2）使用 Eclipse 插件管理 HDFS

如果前面的配置参数没有问题，Hadoop 集群也已启动，那么 Eclipse 插件会自动连接 Hadoop 集群的 HDFS，并获取 HDFS 的文件信息。单击栏目前的▷即可向下展开，查看目录树，如图 4-47 所示。

图 4-47　查看 HDFS 文件目录树

在图 4-46 中可以看到之前创建的测试文件以及 WordCount 的运行结果，直接双击 part-r-00000 即可在 Eclipse 中查看结果内容，如图 4-48 所示。

图 4-48　双击打开文件

在文件夹或者文件上右击，会弹出操作菜单，选择相应的选项即可进行相应的操作，如图 4-49 所示。

图 4-49　操作菜单

需要注意的是上面操作中的 Refresh 只对选中的项目有效，如果是文件，那么只刷新该文件的相关信息；如果是文件夹，则只刷新该文件夹下的内容。

还值得一提的是，为了安全，HDFS 的权限检测机制默认是打开的，关闭之后，才能使用 Eclipse 插件上传文件到 DFS 或从 DFS 中删除文件（夹）。如要关闭 HDFS 的权限检测，可在 hdfs-site.xml 中添加如下变量，重启 Hadoop 集群即可。

```
<property>
    <name>dfs.permissions</name>
```

```
<value>false</value>
</property>
```

3. 在 Eclipse 中提交任务到 Hadoop

使用 Eclipse 插件可以直接在 Eclipse 环境下采用图形操作的方式提交任务，可以极大地简化开发人员提交任务的操作步骤。前面的 4.7.1 节已经建立了一个 WordCount 工程，这里直接拿来演示，不过在提交任务前，还需要进行适当的配置。

（1）配置本地 Hadoop 目录和输入输出目录

首先需要在 Eclipse 中设置本地 Hadoop 目录，在 Eclipse 界面单击 Window→Preference 弹出设置界面，在设置界面中找到 Hadoop Map/Reduce，如图 4-50 所示，在 Hadoop installation directory 后填上 Hadoop 源文件所在的位置。

图 4-50　设置 Hadoop 本地目录

在向 Hadoop 集群提交任务时，还需要指定输入/输出目录，在 Eclipse 中，可按如下操作进行设置：双击打开工程的某代码文件，在代码编辑区右键→Run As→Run Configurations，如图 4-51 所示。

在弹出的窗口中找到 Java Application→WordMain，单击 WordMain 进入设置界面，单击 Arguments 切换选项卡，在 Program arguments 下的文本框中指定输入/输出目录，如图 4-52 所示，第 1 行为输入目录，第 2 行为输出目录，格式为 hdfs://[namenode_ip]:[端口号][路径]。

因为输出目录不能存在，所以这里把输出目录改为/user/hadoop/output2。

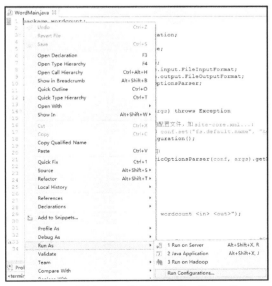

图 4-51　选择 Run Configurations

图 4-52　设置输入/输出目录

（2）修改 WordCount 驱动类

修改 WordCount 驱动类主要是为了添加配置信息，这是因为前面配置的 Hadoop Location 并没有完全起作用，Eclipse 获取不到集群环境下的配置信息，导致提交任务时加载的配置信息为默认值。

当然，不修改 WordCount 驱动类也能提交任务，只不过任务不会提交到集群中，而是尝试在本地（Windows）下建立文件，运行任务，任务运行完之后再把结果文件上传到 HDFS 中，本地运行时的残留文件可在下面位置查看：

```
eclipse_wokspace\wordcount\build\test\mapred\local\localRunner\username
```

修改的 WordCount 驱动类代码如下，添加部分已用粗体标识：

```java
Public class WordMain
{
    Public static void main(String[] args) throws Exception
    {
        Configuration conf = new Configuration();
        String[] otherArgs = new GenericOptionsParser(conf,
        args).getRemainingArgs();
        conf.set("fs.defaultFS", "hdfs://192.168.237.130:9000");
        conf.set("hadoop.job.user","hadoop");
        conf.set("mapreduce.framework.name","yarn");
        conf.set("mapreduce.jobtracker.address","192.168.237.130:9001");
        conf.set("yarn.resourcemanager.hostname", "192.168.237.130");
        conf.set("yarn.resourcemanager.admin.address", "192.168.237.130:8033");
        conf.set("yarn.resourcemanager.address", "192.168.237.130:8032");
        conf.set("yarn.resourcemanager.resource-tracker.address",
        "192.168.237.130:8036");
        conf.set("yarn.resourcemanager.scheduler.address",
        "192.168.237.130:8030");

        if(otherArgs.length != 2)
        {
            System.err.println("Usage: wordcount <in><out>");
            System.exit(2);
        }

        Job job = new Job(conf, "word count");
        job.setJar("wordcount.jar");                    // 设置运行的 jar 文件
        job.setJarByClass(WordMain.class);
        job.setMapperClass(WordMapper.class);
        job.setCombinerClass(WordReducer.class);
        job.setReducerClass(WordReducer.class);
```

```
        job.setOutputKeyClass(Text.class);
        job.setOutputValueClass(IntWritable.class);
        FileInputFormat.addInputPath(job, new Path(otherArgs[0]) );
        FileOutputFormat.setOutputPath(job, new Path(otherArgs[1]) );
        System.exit(job.waitForCompletion(true) ? 0 : 1 );
    }
}
```

注意，在建立 Job 类对象后也新增了一行代码：

```
job.setJar("wordcount.jar");
```

用于告诉 Hadoop 集群所要运行的 jar 文件，所以需要先导出 WordCount 项目为 jar 文件，位置为项目根目录下，因为上面代码 job.setJar("wordcount.jar")查找目标的相对路径为 WordCount 项目根目录。

（3）提交任务

提交任务非常简单，直接代码编辑区右键→Run As→Run on Hadoop 即可，可参照图 4-51 完成。任务运行时，会在控制台打印运行状况信息，如图 4-53 所示。运行完毕后，在 DFS Locations 中刷新 Hadoop 文件夹，会发现多出一个 output2 文件夹，展开后双击 part-r-00000 即可直接查看，如图 4-54 所示。

图 4-53 输出日志

图 4-54 查看结果文件

4. 建立 Map/Reduce 项目

在应用 HadoopEclipse 插件之后，可以直接在 Eclipse 中建立 Map/Reduce 项目，该项目会自动引用相应的 jar 包，路径为设置的本地 Hadoop 目录，如图 4-55 所示，所以在项目中不用再进行建立 lib 文件夹，复制 jar 包等操作。

图 4-55 本地 Hadoop 目录

和前面建立 Java 项目类似，在 Eclipse 中依次单击 File（文件）→New（新建）→Project（项目），弹出项目类型选择对话框，选择 Map/Reduce Project，单击 Next，如图 4-56 所示。

图 4-56　选择 Map/Reduce Project　　　　图 4-57　填写项目名称

在新弹出的对话框中填写项目名称，单击 Finish 即可，如图 4-57 所示。之后在项目中建立一个 WordCount2 类，插入如下代码：

```java
package wordcount2;

import java.io.IOException;
import java.util.StringTokenizer;

import org.apache.hadoop.conf.Configuration;
import org.apache.hadoop.fs.Path;
import org.apache.hadoop.io.IntWritable;
import org.apache.hadoop.io.Text;
import org.apache.hadoop.mapreduce.Job;
import org.apache.hadoop.mapreduce.Mapper;
import org.apache.hadoop.mapreduce.Reducer;
import org.apache.hadoop.mapreduce.lib.input.FileInputFormat;
import org.apache.hadoop.mapreduce.lib.output.FileOutputFormat;
import org.apache.hadoop.util.GenericOptionsParser;

public class WordCount2
{
    publicstaticclass TokenizerMapper extends Mapper<Object, Text, Text, IntWritable>
    {
        privatefinalstatic IntWritable one = new IntWritable(1);
        private Text word = new Text();
        publicvoid map(Object key, Text value, Context context) throws IO
```

```java
            Exception, InterruptedException
        {
            StringTokenizer itr = new StringTokenizer(value.toString());
            while (itr.hasMoreTokens())
            {
                word.set(itr.nextToken());
                context.write(word, one);
            }
        }
    }

    public static class IntSumReducer extends Reducer<Text, IntWritable, Text, IntWritable>
    {
        private IntWritable result = new IntWritable();
        public void reduce(Text key, Iterable<IntWritable>values, Context context) throws IOException, InterruptedException
        {
            int sum = 0;
            for (IntWritable val : values)
            {
                sum += val.get();
            }
            result.set(sum);
            context.write(key, result);
        }
    }
    public static void main(String[] args) throws Exception
    {
        Configuration conf = new Configuration();
        conf.set("fs.defaultFS", "hdfs://192.168.237.130:9000");
        conf.set("hadoop.job.user","hadoop");
        conf.set("mapreduce.framework.name","yarn");
        conf.set("mapreduce.jobtracker.address","192.168.237.130:9001");
        conf.set("yarn.resourcemanager.hostname", "192.168.237.130");
        conf.set("yarn.resourcemanager.admin.address", "192.168.237.130:8033");
        conf.set("yarn.resourcemanager.address", "192.168.237.130:8032");
        conf.set("yarn.resourcemanager.resource-tracker.address", "192.168.237.130:8036");
        conf.set("yarn.resourcemanager.scheduler.address", "192.168.237.130:8030");

        String[] otherArgs = new GenericOptionsParser(conf, args).getRemainingArgs();
```

```java
            if (otherArgs.length != 2)
            {
                System.err.println("Usage: wordcount <in><out>");
                System.exit(2);
            }

            Job job = new Job(conf, "word count2");
            job.setJar("wordcount2.jar");
            job.setJarByClass(WordCount2.class);
            job.setMapperClass(TokenizerMapper.class);
            job.setCombinerClass(IntSumReducer.class);
            job.setReducerClass(IntSumReducer.class);
            job.setOutputKeyClass(Text.class);
            job.setOutputValueClass(IntWritable.class);
            FileInputFormat.addInputPath(job, new Path(otherArgs[0]));
            FileOutputFormat.setOutputPath(job, new Path(otherArgs[1]));
            boolean flag = job.waitForCompletion(true);
            System.out.print("SUCCEED!" + flag);   // 任务完成提示
            System.exit(flag ? 0 : 1);
            System.out.println();
        }
    }
```

之后在 Eclipse 设置输入/输出目录，导出项目到 jar 包，存储到工程根目录下，即可提交任务 Run on Hadoop。

注意，使用 Map/Reduce 插件建立的项目在运行时控制台并没有日志输出，所以在上面的代码中最后添加了一行输出 System.out.print("SUCCEED!" + flag)；当控制台最后输出"SUCCEED!true"时，表明任务运行成功，这时候可以刷新 DFS Locations，会看到输出结果已经出来了。

可以看出，使用插件直接建立 Map/Reduce 项目使得 MapReduce 程序的开发变得更加方便和容易，不需要另外导入依赖包等相关操作，任务的提交也更加快捷。

4.8 小结

本章首先介绍了 MapReduce 的编程思想，即采用分而治之的方法将大型任务分解成小任务分别执行完成，从而达到减少处理时间的目的。之后介绍了 MapReduce 的编程模型和数据流，MapReduce 的编程模型可简单分为简单编程模型和复杂编程模型，它们最大区别在于是否使用 Reducer 进行归约处理；MapReduce 的数据流中详细说明了 MapReduce 处理数据的细节，其中 Shuffle 过程为核心流程。之后介绍了 MapReduce 的任务流程，它和 Yarn 资源管理平台息息相关。再之后介绍了 Streaming 和 Pipe，通过这两个工具可以让不熟悉 Java 的用户使用其他语言编写 MapReduce 程序。最后是 MapReduce 实战，讲解了基本的 MapReduce 程序开发流程。

通过学习本章，读者可以掌握 MapReduce 的基本理论知识、MapReduce 的任务流程和数据处理过程，并能够开发简单的 MapReduce 应用。

习题

1. 简述 MapReduce 基本思想，想想在生活中有没有相似的例子。
2. MapReduce 有哪些编程模型？
3. MapReduce 如何保证结果文件中 key 的唯一性？
4. MapReduce 的 Partition 操作是怎样实现的？
5. 用自己熟悉的语言编写两个可执行脚本或文件，即 Mapper 和 Reducer，然后使用 Hadoop 的 Streaming 提交任务到集群运行。

第 5 章 Hadoop I/O 操作

知识储备

- Java 基础知识
- HDFS 基础知识

学习目标

- 了解什么是数据完整性
- 掌握基本的基于文件的数据结构
- 了解常用的压缩算法
- 理解序列化基本原理
- 了解几种常见的序列化数据结构

在介绍 Hadoop 的 MapReduce 编程之前，首先了解下 Hadoop 的 I/O 知识，因在后面学习 MapReduce 编程中会遇到 IntWritable、LongWritable、Text 和 NullWritable 等概念知识。有些人看到和普通的 Java 程序类似的 MapReduce 程序就觉得很难，如果这时候知道 IntWritable 就是其他语言如 Java、C++ 里的 int 类型，LongWritable 就是其他语言里的 long，Text 类似 String，NullWritable 就是 Null，这样就会很轻易明白 Hadoop 的 MapReduce 程序。就像在学习其他编程语言之前必须先学习数据类型一样，在学习 Hadoop 的 MapReduce 编程之前，最好先学习下 Hadoop 的 I/O 知识。

Hadoop 自带一套用于 I/O 的原子操作，所谓原子操作是指不会被线程调度机制打断的操作；这种操作一旦开始，就一直运行到结束，中间不会有任何 context switch（切换到另一个线程）。它的特点都是基于如何保障海量数据集的完整性和压缩性展开的。Hadoop 还提供了一些用于开发分布式系统的 API，如一些序列化操作和基于磁盘的底层数据结构。

5.1 HDFS 数据完整性

Hadoop 用户希望系统在存储和处理数据的时候，数据不会有任何损失或损坏。Hadoop

提供给用户两种校验数据的方式：第一种称之为校验和（checksum），如常用的循环冗余校验 CRC-32（cyclic redundancy check）；第二种是运行一个后台进程来检测数据块。

5.1.1 校验和

当文件第一次被引入系统时计算校验和，它是针对每个由 io.bytes.per.checksum（默认值为 512 B）指定字节的数据计算校验和，而 CRC-32 校验和是 4 个字节，也就是说存储校验和的额外开销对 Hadoop 来说是相当低的。当这个文件通过不可靠的信道传输时再次校验，如果与原来的校验和不匹配，则认为数据损坏。当然，校验和在传输过程中也可能损坏，但由于只占 4 个字节，所以出错概率相对于原数据来说非常低。

1．写入数据节点验证

HDFS 会对写入的所有数据计算校验和，并在读取数据时验证校验和。元数据节点负责在验证收到的数据后，存储数据及其校验和。它在收到客户端的数据或复制期间其他 Datanode 的数据时执行这个操作。正在写数据的客户端将数据及其校验和发送到一系列数据节点组成的管线，管线的最后一个数据节点负责验证校验和。

2．读取数据节点验证

客户端从数据节点读取数据时，也会验证校验和，将它们与数据节点中存储的校验和进行比较。每个数据节点都持久化一个用于验证的校验和日志，所以它知道每个数据块的最后一次验证时间。客户端成功验证一个数据块后，会告诉这个数据节点，数据节点由此更新日志。

3．恢复数据

由于 HDFS 存储着每个数据块的备份，因此它可以通过复制完好的数据备份来修复损坏的数据块，从而恢复数据。基本思路如下。

（1）客户读取数据块时，检测到错误，向元数据节点报告已损坏的数据块以及正在尝试读取操作的数据节点，最后才抛出 CheckSumException 异常。

（2）元数据节点将这个已损坏的数据块的备份标记为损坏，这里不需要客户端直接和数据节点联系，或尝试将这个备份复制到另一个数据节点。

（3）元数据节点安排这个数据块的一个数据节点备份复制到另一个数据节点，如此一来，数据块的备份因子又回到期望水平。此后，已损坏的数据块副本便被恢复。

4．LocalFileSystem 类

Hadoop 的 LocalFileSystem 类是用来执行客户端的校验和验证。当写入一个名为 filename 的文件时，文件系统客户端会在包含每个文件块校验和的同一个目录内建立一个名为.Filename.crc 的隐藏文件。

5．ChecksumFileSystem 类

LocalFileSystem 类通过 ChecksumFileSystem 类来完成自己的任务，有了这个类，向其他文件系统加入校验和就变得非常简单，因为 ChecksumFileSystem 继承于 FileSystem。一般的用法如下：

```
FileSystem rawFs =…;
FileSystem checksummedFs = new ChecksumFileSystem(rawFs);
```

还可以通过 CheckFileSystem 实例的 getRawFileSystem()方法获取源文件系统。此外，当检测到错误，CheckFileSystem 类会调用自己的 reportCheckSumFailure()方法报告错误（方法默认

为空，需用户自己实现），然后 LocalFileSystem 类将这个出错的文件和校验和移动到一个名为 bad_files 的文件夹内，管理员可以定期检查这个文件夹。

5.1.2 DataBlockScanner

数据节点后台有一个进程 DataBlockScanner，定期验证存储在这个数据节点上的所有数据项，该项措施是为解决物理存储媒介上的损坏。DataBlockScanner 是作为数据节点的一个后台线程工作的，跟着数据节点同时启动，它的工作流程如图 5-1 所示。

图 5-1　DataBlockScanner 工作流程

由于对数据节点上的每一个数据块扫描一遍要消耗较多系统资源，因此扫描周期的值一般比较大，这就可能带来另外一个问题，就是在一个扫描周期内可能会出现数据节点重启的情况，所以为了提高系统性能，避免数据节点在启动之后对还没有过期的数据块又扫描一遍，DataBlockScanner 在其内部使用了日志记录器来持久化保存每一个数据块上一次扫描的时间，这样的话，数据节点可以在启动之后通过日志文件来恢复之前所有数据块的有效时间。

5.2　基于文件的数据结构

Hadoop 的 HDFS 和 MapReduce 子框架主要是针对大数据文件来设计的，在小文件的处理上不但效率低下，而且十分消耗内存资源。解决办法通常是选择一个容器，将这些小文件包装起来，将整个文件作为一条记录，可以获得更高效率的存储和处理，避免了多次打开关闭流耗费计算资源。HDFS 提供了两种类型的容器，分别是 SequenceFile 和 MapFile。

5.2.1 SequenceFile 存储

SequenceFile 的存储类似于日志文件，所不同的是日志文件的每条记录都是纯文本数据，而 SequenceFile 的每条记录是可序列化、可持久化的键值数据结构。SequenceFile 提供相应的读写器和排序器,写操作根据压缩的类型分为 3 种。

(1) Writer:无压缩写数据。

(2) RecordCompressWriter:记录级压缩文件,只压缩值。

(3) BlockCompressWrite:块级压缩文件,键值采用独立压缩方式。

读取操作实际上可以读取上述 3 种类型。

在存储结构上,SequenceFile 主要由一个 Header 后跟多条 Record 组成,如图 5-2 所示。

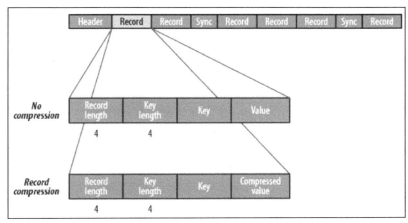

图 5-2 SequenceFile 文件结构

当保存的记录有很多的时候,可以把一连串的记录组织到一起,统一压缩成一个块。如图 5-3 所示,块信息主要包括记录总数、记录长度集合、记录的键长度集合、记录的值集合。

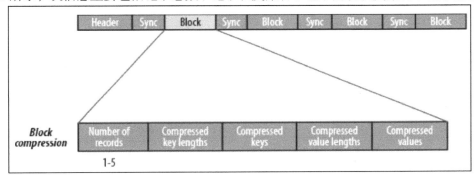

图 5-3 块级压缩文件结构

注:每个块的大小是可以通过 io.seqfile.compress.blocksize 属性来指定的。

1. SequenceFile 写操作

通过 createWriter() 静态方法可以创建 SequenceFile 对象,返回 SequenceFile.Writer 实例,并指定待写入的数据流,如 FSDataOutputStream 或 FileSystem 对象和 Path 对象。此外还需指定 Configuration 对象和键值类型,这些键值类型只要是继承 Serialization 接口都可以使用。

SequenceFile 可通过 API 来完成新记录的添加操作,即 fileWriter.append(key,value)。

可以看到,每条记录以键值对的方式进行组织,但前提是 Key 和 Value 需具备序列化和反序列化的功能。Hadoop 预定义了一些 Key Class 和 Value Class,它们直接或间接实现了 Writable 接口,满足了该功能,包括 Text 等同于 Java 中的 String;IntWritable 等同于 Java 中的 Int;BooleanWritable 等同于 Java 中的 Boolean。

下面例子介绍通过 append 方法完成的写入操作。

```java
package org.trucy.hadoopIO;

import java.net.URI;
import org.apache.hadoop.conf.Configuration;
import org.apache.hadoop.fs.FileSystem;
import org.apache.hadoop.fs.Path;
import org.apache.hadoop.io.IOUtils;
import org.apache.hadoop.io.IntWritable;
import org.apache.hadoop.io.SequenceFile;
import org.apache.hadoop.io.Text;

public class SequenceFileWrite {
    private static final String[] DATA = {
        "One, two, buckle my shoe",
        "Three, four, shut the door",
        "Five, six, pick up sticks",
        "Seven, eight, lay them straight",
        "Nine, ten, a big fat hen"
    };
    @SuppressWarnings("deprecation")
    Public static void main(String[] args) throws Exception {
        Configuration conf=new Configuration();
        URI uri = new URI("hdfs://node1:8020/number.seq");
        FileSystem fs=FileSystem.get(uri,conf);
        Path path = new Path(uri);
        IntWritable key = new IntWritable();
        Text value = new Text();
        SequenceFile.Writer writer = null;
        try {
            writer = SequenceFile.createWriter(fs, conf, path,key.getClass(),
                for (int i = 0; i < 100; i++) {
                    key.set(100 - i);
                    value.set(DATA[i % DATA.length]);
                    System.out.printf("[%s]\t%s\t%s\n", writer.getLength(),key,value);
                    writer.append(key, value);
                }
            }
            finally {
```

```
                    IOUtils.closeStream(writer);
            }
        }
    }
```

运行结果：

```
[128] 100  One, two, buckle my shoe
[173] 99   Three, four, shut the door
...
[1976] 60  One, two, buckle my shoe
[2021] 59  Three, four, shut the door
[2088] 58  Five, six, pick up sticks
[2132] 57  Seven, eight, lay them straight
[2182] 56  Nine, ten, a big fat hen
...
[4693] 2   Seven, eight, lay them straight
[4743] 1   Nine, ten, a big fat hen
```

在命令窗口显示一个 SequenceFile 的内容不能用-cat，而要用-text（表示要用文本的形式显示二进制文件），如下所示：

```
[trucy@node1 ~]$ hdfs dfs -text /number.seq
15/01/11 16:25:34 INFO zlib.ZlibFactory: Successfully loaded & initialized native-zlib library
15/01/11 16:25:34 INFO compress.CodecPool: Got brand-new decompressor [.deflate]
100     One, two, buckle my shoe
99      Three, four, shut the door
...
2       Seven, eight, lay them straight
1       Nine, ten, a big fat hen
```

2. 读取 SequenceFile

读取 SequenceFile 和写类似，创建 SequenceFile.Reader 的一个实例。并通过迭代调用方法 next 来读取全部记录。当然具体方法因序列化框架而已，对于 Hadoop 直接调用 next() 方法即可，对于非 writable 类型的序列化框架，如 Apach 的 Thrift，还需要加一个 getCurrentValue 方法。

下面代码详细展示了如何读取 writable 类型的序列化类型文件。其中 ReflectionUtils 类是用来反射出 key 和 value 的实例，通过 getKeyClass() 和 getValueClass() 可以获得键值的类型。

```java
package org.trucy.hadoopIO;

import java.net.URI;
import org.apache.hadoop.conf.Configuration;
import org.apache.hadoop.fs.FileSystem;
import org.apache.hadoop.fs.Path;
```

```java
import org.apache.hadoop.io.IOUtils;
import org.apache.hadoop.io.SequenceFile;
import org.apache.hadoop.io.Writable;
import org.apache.hadoop.util.ReflectionUtils;
public class SequenceFileRead {
    public static void main(String[] args) throws Exception {
        Configuration conf=new Configuration();
        URI uri = new URI("hdfs://node1:8020/number.seq");
        FileSystem fs=FileSystem.get(uri,conf);
        Path path = new Path(uri);
        SequenceFile.Reader reader = null;
        try {
            reader = new SequenceFile.Reader(fs, path, conf);
            Writable key = (Writable)ReflectionUtils.newInstance(reader.get
            KeyClass(), conf);
            Writable value = (Writable)ReflectionUtils.newInstance(reader.g
            etValueClass(), conf);
            long position = reader.getPosition();
            while (reader.next(key, value)) {
            String syncSeen = reader.syncSeen() ? "*" : "";
            System.out.printf("[%s%s]\t%s\t%s\n", position, syncSeen, key,
            value);
            position = reader.getPosition();
            }
        }
        finally {
            IOUtils.closeStream(reader);
        }
    }
}
```

运行结果：

```
[128]     100  One, two, buckle my shoe
[173]     99   Three, four, shut the door
...

[1976]    60   One, two, buckle my shoe
[2021*]   59   Three, four, shut the door
[2088]    58   Five, six, pick up sticks
...

[4030]    16   Nine, ten, a big fat hen
[4075*]   15   One, two, buckle my shoe
```

```
[4140]   14  Three, four, shut the door
...
[4693]   2   Seven, eight, lay them straight
[4743]   1   Nine, ten, a big fat hen
```

注意，代码中 reader.syncSeen()是判断当前记录是否为同步点。同步点是指当读取数据的实例出错后能够再一次与记录边界保持同步的数据流中的一个位置，用于在读取文件时能在任意位置识别记录边界，在前面 SequenceFile 结构图中用 Sync 标签来标识，同步点的存储开销要比存储记录开销的 1%还小，同步点始终位于记录边界。在前面的结果中第一个同步点在 2021 处，第二个在 4075 处。

5.2.2 MapFile

MapFile 是排序后的 SequenceFile，并且它会额外生成一个索引文件提供按键的查找。读写 MapFile 与读写 SequenceFile 非常类似，只需要换成 MapFie.Reader 和 MapFile.Writer 就可以了。在命令行显示 MapFile 的文件内容同样要用−text。

1．MapFile 写操作

与 SequenceFile 不同，由于 MapFile 需要按 key 排序，所以它的 key 必须是 WritableComparable 类型的。下面展示了新建一个 MapFile 对象并写入的操作：

```java
package org.trucy.hadoopIO;

import java.net.URI;
import org.apache.hadoop.conf.Configuration;
import org.apache.hadoop.fs.FileSystem;
import org.apache.hadoop.io.IOUtils;
import org.apache.hadoop.io.IntWritable;
import org.apache.hadoop.io.MapFile;
import org.apache.hadoop.io.Text;

public class MapFileWrite {
private static final String[] DATA = {
    "One, two, buckle my shoe",
    "Three, four, shut the door",
    "Five, six, pick up sticks",
    "Seven, eight, lay them straight",
    "Nine, ten, a big fat hen"
    };
Public static void main(String[] args) throws Exception {
    Configuration conf=new Configuration();
    URI uri = new URI("hdfs://node1:8020/number.map");
    FileSystem fs=FileSystem.get(uri,conf);
    IntWritable key = new IntWritable();
```

```
        Text value = new Text();
        MapFile.Writer writer = null;
        try {
            writer = new MapFile.Writer(conf, fs, uri.toString(),key.getClass(),
            value.getClass());
            for (int i = 0; i < 1024; i++) {
                key.set(i + 1);
                value.set(DATA[i % DATA.length]);
                writer.append(key, value);
            }
        } finally {
            IOUtils.closeStream(writer);
        }
    }
}
```

MapFile 会生成两个文件，一个名为 data，一个名为 index。HDFS 新生成的文件如图 5-4 所示。

图 5-4　MapFile 文件组织结构

查看前 10 条 data 和所有 index 的内容：

```
[trucy@node1 ~]$ hdfs dfs -text  /number.map/data | head
15/01/11 17:00:20 INFO zlib.ZlibFactory: Successfully loaded & initialized
native-zlib library
15/01/11 17:00:20 INFO compress.CodecPool: Got brand-new decompressor [.deflate]
1       One, two, buckle my shoe
2       Three, four, shut the door
3       Five, six, pick up sticks
4       Seven, eight, lay them straight
5       Nine, ten, a big fat hen
6       One, two, buckle my shoe
7       Three, four, shut the door
8       Five, six, pick up sticks
9       Seven, eight, lay them straight
10      Nine, ten, a big fat hen
[trucy@node1 ~]$ hdfs dfs -text  /number.map/index
15/01/11 17:01:25 INFO zlib.ZlibFactory: Successfully loaded & initialized
```

```
native-zlib library
15/01/11 17:01:25 INFO compress.CodecPool: Got brand-new decompressor [.deflate]
1        128
129      6079
257      12054
385      18030
513      24002
641      29976
769      35947
897      41922
```

data 中的内容就是按 key 排序后的 SequenceFile 中的内容；index 作为文件的数据索引，主要记录了每个记录的 key 值以及该记录在文件中的偏移位置（与操作系统中的段表结构类似）。在 MapFile 被访问的时候，索引文件会被加载到内存中，通过索引映射关系可迅速定位到指定记录所在文件位置，因此，相对 SequenceFile 而言，MapFile 的检索效率是高效的，缺点是会消耗一部分内存来存储 index 数据。

第 1 列是 data 文件中的 key 值，第 2 列是 key 在 data 文件中的 offset。从中可以看到并不是所有的 key 都记录在了 index 文件中，而是隔 128 个才记录一个，这个间隔可以在 io.map.index.interval 属性中设置，或直接在代码中通过 MapFile.Writer 实例的 setIndexInterval 方法来设置。增加间隔可以减少 MapFile 中用于存储索引的内存。相反，减少间隔可以降低随机访问时间。

2．读取 MapFile

读取 MapFile 类似于读取 SequenceFile 文件。next()方法访问下一条记录，如果已经遍历到文件末尾，返回 false。get()方法可以随机访问文件中的数据，如果返回 null，表示没有该记录。getclose()方法与之类似，只不过当没有相关记录时返回最靠近的记录，详细用法如下所示。

```java
package org.trucy.hadoopIO;

import Java.net.URI;

import org.apache.hadoop.conf.Configuration;
import org.apache.hadoop.fs.FileSystem;
import org.apache.hadoop.io.IOUtils;
import org.apache.hadoop.io.IntWritable;
import org.apache.hadoop.io.MapFile;
import org.apache.hadoop.io.Writable;
import org.apache.hadoop.util.ReflectionUtils;

public class MapFileRead {

    public static void main(String[] args) throws Exception {
```

```java
        Configuration conf=new Configuration();
        URI uri = new URI("hdfs://node1:8020/number.map");
        FileSystem fs=FileSystem.get(uri,conf);
        MapFile.Reader reader=null;
        try {
            reader=new MapFile.Reader( fs, uri.toString(), conf);
            Writable value = (Writable)ReflectionUtils.newInstance(reader.getVa
            lueClass(), conf);

            reader.get(new IntWritable(1000), value);
            System.out.println("key=1000,value="+value.toString());

            reader.getClosest(new IntWritable(1025), value,true);
            System.out.println("key=1025,value="+value.toString());
        } finally {
            IOUtils.closeStream(reader);
        }
    }
}
```

结果如图 5-5 所示。

```
key=1000,value=Nine, ten, a big fat hen
key=1025,value=Seven, eight, lay them straight
```

图 5-5　读取 MapFile

通过查看 date 数据可以看到 key=1000 时候 value="Nine, ten, a big fat hen", key=1024 时候 value="Seven, eight, lay them straight", 并没有 key=1025 的 value。getClosest()方法最后一个参数 true 代表查看 key 值向上最接近 1025 的有效 value, false 即为向下, 如果向下没有查找到会接着返回向上查找的结果。

对于上面的读取操作, 加入要检索的键为 1000。实际上 MapFile.Reader 先把索引文件读取到内存中（如果缓存中已经有就不用读了）。在索引文件中进行二分查找, 找到小于等于 1000 的键值对, 在这里即"89741922"; 41922 为在 data 文件中的偏移量, 随后在 data 文件中的 41922 位置开始顺序查找键, 直到读取到 1000 为止, 读取 1000 所对应的值。可见整个查找的过程需要在内存中做一次二分查找, 然后做一次文件扫描, 如果 io.map.index.interval 属性值为 128 的话, 扫描文件的行数不会超过 128 行。对于随机访问, 这是非常高效的。

当访问大型 MapFile 文件时索引文件也会很大, 全部读到内存中会不现实。当然可以调大 io.map.index.interval 的值, 但那样的话需要重新生成 MapFile。在索引文件已经生成的情况下可以设置 io.map.index.skip 的值，设为 1 就表示索引文件每隔 1 行读入到内存，设为 2 表示索引文件每隔两行读入到内存，也就是说只读取索引的 1/3。这样可以节约内存，但会增加一定的顺序搜索时间。

5.2.3 SequenceFile 转换为 MapFile

MapFIle 既然是排序和索引后的 SequenceFile，那么自然可以把 SequenceFile 转换为 MapFile。可以使用使 MapFile.fix()方法把一个 SequenceFile 转换成 MapFile。

```java
package org.trucy.hadoopIO;

import java.net.URI;

import org.apache.hadoop.conf.Configuration;
import org.apache.hadoop.fs.FileSystem;
import org.apache.hadoop.fs.Path;
import org.apache.hadoop.io.MapFile;
import org.apache.hadoop.io.SequenceFile;

public class MapFileFixer {
@SuppressWarnings("deprecation")
Public static void main(String[] args) throws Exception {
    Configuration conf=new Configuration();
    //uri 表示想要转换成 map 的目录，目录下必须是有一个名字叫 data 的文件，即要转换的 sequence 文件
    URI uri = new URI("hdfs://node1:8020/number.map");
    FileSystem fs=FileSystem.get(uri,conf);
    Path map = new Path(uri.toString());
    Path mapData = new Path(map, MapFile.DATA_FILE_NAME);
    // 通过 SequenceFile.Reader 来获取 SequenceFile 的 key 和 value 类型
    SequenceFile.Reader reader = newSequenceFile.Reader(fs, mapData, conf);
    Class keyClass = reader.getKeyClass();
    Class valueClass = reader.getValueClass();
    reader.close();
    //使用 MapFile.fix 把一个 SequenceFile 转换成 MapFile
    long entries = MapFile.fix(fs, map, keyClass, valueClass, false, conf);
    System.out.printf("Created MapFile %s with %d entries\n", map, entries);
    }
}
```

运行前先把 HDFS 上的 number.map 中的索引文件删除，执行 shell 命令。

```
hdfs dfs -rm /convert.seq /number.map/index
```

结果如图 5-6 所示。

```
<terminated> MapFileFixer [Java Application] C:\Program Files\Java\jre7\bin\javaw.exe (2
Created MapFile hdfs://node1:8020/number.map with 1024 entries
```

图 5-6 SequenceFile 转换成 MapFile 结果

注意：使用 MapFile 或 SequenceFile 虽然可以解决 HDFS 中小文件的存储问题，但也有一定局限性，如文件不支持复写操作，不能向已存在的 SequenceFile(MapFile)追加存储记录。并且当 write 流不关闭的时候，没有办法构造 read 流，也就是在执行文件写操作的时候，该文件是不可读取的。

5.3 压缩

文件压缩不但可以减少存储文件所需空间，还可以降低其在网络上传输的时间。在处理大数据时，应根据实际需求考虑是否需要压缩，采用哪种压缩，表 5-1 所示为各种压缩算法对比，可以根据情况选择。

表 5-1 Hadoop 下各种压缩算法的压缩比

压缩算法	原始文件大小	压缩后的文件大小	压缩速度	解压缩速度
gzip	8.3 GB	1.8 GB	17.5 MB/s	58 MB/s
bzip2	8.3 GB	1.1 GB	2.4 MB/s	9.5 MB/s
LZO-bset	8.3 GB	2 GB	4 MB/s	60.6 MB/s
LZO	8.3 GB	2.9 GB	49.3 MB/S	74.6 MB/s

通过比较分析上表的压缩比，可以知道压缩算法都是需要权衡时间空间的，要么牺牲时间换取空间，要么牺牲空间换取时间。所有压缩工具都提供 1~9 不同选项来控制压缩权衡，如-1 是最大压缩速度，-9 是最大压缩比。

此外，上述压缩算法只有 bzip2 是支持切分的(splitting)。如 HDFS 上有个文件大小为 1 GB，如果按照 HDFS 默认块大小设置 64 MB，那么这个文件被分为 16 个块。如果把这个块放到 MapReduce 任务中去，将有 16 个 map 任务输入。现在把这个文件压缩，假如压缩后文件大小为 0.5 GB，使用 8 个块存储。如果这种压缩算法不支持切分，那么也就无法从压缩数据流的任意位置读取数据，因为压缩数据块之间相互关联，而读任意数据都需要知道所有数据块。这样带来的后果是：MapReduce 识别这是不可切分的压缩数据块，并不对这个文件进行分片，而是把这个压缩文件作为一个单独的 Map 输入。这样 Map 任务少了，作业粒度大大提升，同时就降低了数据的本地性。

5.3.1 Codec

Codec 是 coder 与 decoder 的缩略词，实现了一种压缩-解压算法。Hadoop 中的压缩与解压的类实现 CompressionCodec 接口，如表 5-2 所示。

表 5-2 Hadoop 的编码器与解码器

压缩格式	对应类
DEFLATE	org.apache.hadoop.io.compress.DefaultCodec

续表

压缩格式	对应类
gzip	org.apache.hadoop.io.compress.GzipCodec
bzip2	org.apache.hadoop.io.compress.BZip2Codec
LZO	com.hadoop.compression.lzo.LzopCodec
LZ4	org.apache.hadoop.io.compress.Lz4Codec
Snappy	org.apache.hadoop.io.compress.SnappyCodec

其中 LZO 代码库拥有 GPL 许可，不在 Apache 的发行版中，可以在 http://github.com/kevinweil/Hadoop-lzo 下载。

CompressionCodec 提供两个方法，分别用来压缩和解压缩。createOutputStream()方法用来创建一个 CompressionOutputStream，将其以压缩格式写入底层的流。相反，解压缩调用 createInputStream()方法，获得一个 CompressionInputStream，进而从底层的流读取未压缩的数据。CompressionOutputStream 和 CompressionInputStream 很类似于 Java.util.zip.DeflaterOutputStream 和 Java.util.zip.DeflaterInputStream，前者还提供可以自定义其底层压缩和解压的功能。

用 CompressionCodecFactory 类可以根据文件扩展名来推断 CompressionCodec 的压缩格式，如以 gz 结尾的文件可以用 GzipCodec 来读。CompressionCodecFactory 提供 getCodec()方法，用来把扩展名映射到相应的 CompressionCodec。

下面代码演示了把 HDFS 上的一个以 bzip2 算法压缩的文件 1.bz2 解压，然后把解压文件压缩成 2.gz。

```java
package org.trucy.hadoopCompression;

import Java.io.IOException;
import Java.io.InputStream;
import Java.io.OutputStream;
import Java.net.URI;

import org.apache.hadoop.conf.Configuration;
import org.apache.hadoop.fs.FileSystem;
import org.apache.hadoop.fs.Path;
import org.apache.hadoop.io.IOUtils;
import org.apache.hadoop.io.compress.CompressionCodec;
import org.apache.hadoop.io.compress.CompressionCodecFactory;
import org.apache.hadoop.io.compress.CompressionOutputStream;
import org.apache.hadoop.io.compress.GzipCodec;

public class FileCompress {

    public static void main(String[] args) throws IOException{
```

```java
//解压示例 codec.createInputStream
    String uri="hdfs://node1:8020/1.bz2";
    Configuration conf=new Configuration();
    FileSystem fs=FileSystem.get(URI.create(uri),conf);
    Path inputPath=new Path(uri);
    CompressionCodecFactory factory=new CompressionCodecFactory(conf);
    CompressionCodec codec=factory.getCodec(inputPath);        //根据文件名
的后缀来选择生成哪种类型的 CompressionCodec
    if(codec==null){
        System.err.println("No codec found for "+uri);
        System.exit(1);
    }
//解压后的路径名
    String outputUri=CompressionCodecFactory.removeSuffix(uri, codec.get
    DefaultExtension());
    InputStream in=null;
    OutputStream out=null;
    try{
        in=codec.createInputStream(fs.open(inputPath));        //对输入流进
        行解压
        out=fs.create(new Path(outputUri));
        IOUtils.copyBytes(in, out, conf);
    }finally{
        IOUtils.closeStream(in);
        IOUtils.closeStream(out);
    }
//压缩示例 codec.createOutputStream
    CompressionOutputStream outStream=null;
//重新将上面解压出来的文件压缩成 2.gz
    Path op2=new Path("hdfs://node1:8020/2.gz");
    try{
        in=fs.open(new Path(outputUri));         //打开原始文件
        GzipCodec gzipCodec=new GzipCodec();     //创建 gzip 压缩实例
        gzipCodec.setConf(conf);                 //给 CompressionCodec 设置 Con
        figuration
        outStream=gzipCodec.createOutputStream(fs.create(op2));       //打
        开输出文件（最终的压缩文件）
        IOUtils.copyBytes(in, outStream, 4096,false);        //从输入流向输
        出流复制，GzipCodec 负责对输出流进行压缩
        outStream.finish();
```

```
        }finally{
            IOUtils.closeStream(in);
            IOUtils.closeStream(out);
        }
    }
```
运行结果如图 5-7 所示。

图 5-7　不同类型的压缩与解压缩

5.3.2　本地库

Hadoop 是使用 Java 语言开发的，但是有一些需求和操作并不适合使用 Java，所以就引入了本地库（Native Libraries）的概念，通过本地库，Hadoop 可以更加高效地执行某些操作。如在使用 gzip 压缩和解压缩时，使用本地库比使用 Java 内置接口压缩时间要缩短大约 10%，解压时间更达到 50%。Hadoop 本身含有 32 位/64 位的基于 Linux（代表基于 UNIX 内核的操作系统）的构建压缩代码库，在$HADOOP_HOME/lib/native 下，其他平台如 MAC，需要根据需求重新编译代码库，如何编译可以查看 http://wiki.apache.org/hadoop/NativeHadoop。表 5-3 所示给出每种压缩算法的本地库实现和 Java 接口实现。

表 5-3　压缩代码库实现

压缩格式	Java 是否实现	本地库是否实现
DEFLATE	Yes	Yes
gzip	Yes	Yes
bzip2	Yes	No
LZO	No	Yes
LZ4	No	Yes
Snappy	No	Yes

在 Hadoop 的配置文件 core-site.xml 中可以设置是否使用本地库。

```
<property>
    <name>hadoop.native.lib</name>
    <value>true</value>
    <description>Should native hadoop libraries, if present, be used.</description>
</property>
```

Hadoop 默认的配置为启用本地库。另外，可以在环境变量中设置使用本地库的位置：export JAVA_LIBRARY_PATH=%Hadoop_Native_Libs%。

如果频繁使用原生库做压缩和解压任务，可以用 CodecPool，有点类似连接池，可以节省创建 Codec 对象的开销，允许反复使用压缩和解压。使用方法很简单，只要通过 CodecPool 的 getCompressor 方法获得 Compressor 对象，该方法需要传入一个 Codec，然后 Compressor 对象在 createOutputStream 中使用，使用完毕后再通过 return Compressor 放回去。

5.3.3 如何选择压缩格式

1. gzip 压缩

优点是压缩率比较高，而且压缩/解压速度也比较快，Hadoop 本身支持；在应用中处理 gzip 格式的文件与直接处理文本一样；有 hadoop native 库；大部分 Linux 系统都自带 gzip 命令，使用方便。缺点是不支持 split。

应用场景：当每个文件压缩之后在 128 MB 以内的（1 个块大小内），都可以考虑用 gzip 压缩格式。例如一天或者一个小时的日志压缩成一个 gzip 文件，运行 MapReduce 程序的时候通过多个 gzip 文件达到并发。Hive 程序、streaming 程序和 Java 写的 MapReduce 程序完全和文本处理一样，对于压缩之后的数据，原来的程序不需要做任何修改。

2. lzo 压缩

优点是压缩/解压速度比较快，合理的压缩率；支持 split，是 Hadoop 中最流行的压缩格式；支持 hadoop native 库；可以在 Linux 系统下安装 lzo 命令，使用方便。缺点是压缩率比 gzip 要低一些；Hadoop 本身不支持，需要安装；在应用中对 lzo 格式的文件需要做一些特殊处理（为了支持 split 需要建索引，还需要指定 inputformat 为 lzo 格式）。

应用场景：一个很大的文本文件，压缩之后还大于 200 MB 以上的可以考虑，而且单个文件越大，lzo 的优点越明显。

3. snappy 压缩

优点是高速压缩速度和合理的压缩率；支持 hadoop native 库。缺点是不支持 split；压缩率比 gzip 要低；Hadoop 本身不支持，需要安装；Linux 系统下没有对应的命令。

应用场景：当 MapReduce 作业的 Map 输出的数据比较大的时候，作为 Map 到 Reduce 的中间数据的压缩格式；或者作为一个 MapReduce 作业的输出和另外一个 MapReduce 作业的输入。

4. bzip2 压缩

优点是支持 split；具有很高的压缩率，比 gzip 压缩率都高；Hadoop 本身支持，但不支持 native；在 Linux 系统下自带 bzip2 命令，使用方便。缺点是压缩/解压速度慢；不支持 native。

应用场景：适合对速度要求不高，但需要较高的压缩率的时候，可以作为 MapReduce 作业的输出格式；或者输出之后的数据比较大，处理之后的数据需要压缩存档减少磁盘空间并且以后数据用得比较少的情况；或者对单个很大的文本文件想压缩减少存储空间，同时又需要支持 split，而且兼容之前的应用程序（即应用程序不需要修改）的情况。

使用哪种压缩格式与具体应用相关。是希望运行速度最快，还是更关注降低存储开销？通常，需要为应用尝试不同的策略，并且为应用构建一套测试标准，从而找到最理想的压缩格式。对于巨大、没有存储边界的文件，如日志文件，可以考虑如下选项。

（1）存储未经压缩的文件。

（2）使用支持切分的存储格式，如 bzip2。

（3）在应用中切分文件成块，然后压缩。这种情况，需要合理选择数据块的大小，以确保压缩后数据近似 HDFS 块的大小。

（4）使用顺序文件（Sequence File），它支持压缩和切分。

（5）使用一个 Avro 数据文件，该文件支持压缩和切分，就像顺序文件一样，但增加了许多编程语言都可读写的优势。

对于大文件，不应该使用不支持切分整个文件的压缩格式，否则将失去数据的本地特性，进而造成 MapReduce 应用效率低下。

最后总结对 4 种压缩格式进行比较，如表 5-4 所示。

表 5-4 4 种压缩格式比较

压缩格式	split	native	压缩率	速度	是否 Hadoop 自带	Linux 命令	换成压缩格式后，原来的应用程序是否要修改
gzip	否	是	很高	较快	是，直接使用	有	和文本处理一样，不需要修改
lzo	是	是	较高	很快	否，需要安装	有	需要建索引，还需要指定输入格式
snappy	否	是	较高	很快	否，需要安装	没有	和文本处理一样，不需要修改
bzip2	是	否	最高	慢	是，直接使用	有	和文本处理一样，不需要修改

5.4 序列化

在 C 语言等面向过程的语言里可能没听过序列化（serialization）这个词，但它在面向对象编程语言里经常出现，那什么是序列化呢？

以 Java 为例，Java 中的类是个很重要的概念，是对外部世界的抽象，而对象就是对这种抽象进行实例化。就好比根据一张图纸盖出一幢大楼，类就是图纸，大楼是对图纸的实例化。刚开始，类的定义是明确的，而对象只有在运行时才会存储于内存中，并且受外部事件影响，所以对象有些地方是不明确的；后来 Java 引入了泛型概念，类也不明确了，直接影响到创建的对象的不明确性。

对象很复杂，跟时序有关，存储在内存中断电即消失，只能给本地计算机使用。那么如何把这不明确的对象通过网络发送到另一台计算机呢？序列化就完成了这个事，即把这种不明确的对象转化成一串字节流，可以存储到某个文件上，也可以通过网络发送到远程计算机上。前者称之为"持久化（persistent）"，后者称之为"数据通信（data Communication）"。反之把这串字节流转回结构化对象的过程叫作反序列化（deserialization）。

Java 对序列化提供很方便的支持，只要在相关类名后面加上"implements Serializable"即可实现序列化，然后 Java 自动处理序列化的一系列复杂操作。可以发现 Java 的基本类型都支持序列化操作，那为什么 Hadoop 的基本类型还要重新定义序列化呢？

Hadoop 在集群之间进行通信或者 RPC 调用时需要序列化，而且要求序列化要快，且体积要小，占用带宽要小。而 Java 的序列化机制占用大量计算开销，且序列化结果体积过大；它的引用（reference）机制也导致大文件不能被切分，浪费空间；此外，很难对其他语言进行扩展使用；更重要的是 Java 的反序列化过程每次都会构造新的对象，不能复用对象。

Hadoop 定义了两个序列化相关接口，即 Writable 和 Comparable。而 WritableComparable 接口相当于继承上述两个接口的新接口，如下所示。

```
@InterfaceAudience.Public
@InterfaceStability.Stable
public interface WritableComparable<T>
extends Writable, Comparable<T>
```

5.4.1 Writable 接口

Writable 接口是基于 DataInput 与 DataOutput 的简单、高效可序列化接口，也就是 org.apache.hadoop.io.Writable 接口，几乎所有 Hadoop 的可序列化对象都必须实现这个接口（Hadoop 的序列化框架还提供基于 Java 基本类型的序列化实现）。Writable 接口有两种方法。

（1）void write(DataOutput out) throws IOException，该方法用于将对象转化为字节流并写入到输出流 out 中。

（2）void readFields(DataInput in) throws IOException，该方法用于从输入流 in 中读取字节流并反序列化对象。

```
package org.apache.hadoop.io;

import Java.io.*;
import org.apache.hadoop.classification.InterfaceAudience;
import org.apache.hadoop.classification.InterfaceStability;

public inter face Writable
{

    Public abstract void write(DataOutput dataoutput)
        throws IOException;

    publicabstractvoid readFields(DataInput datainput)
        throws IOException;
}
```

以 IntWritable 为例，它把 Java 的 int 类型封装成了 Writable 序列化格式，可以通过 set() 方法来设置它的值。

```
IntWritable writable = new IntWritable();
    writable.set(100);
```

当然也可以直接通过构造函数来初始化：

```
IntWritable writable = new IntWritable(100);
```

IntWritable 中这样实现那两个方法：
```
Public class IntWritable implements WritableComparable {
  Private int value;
   ...
  public void readFields(DataInput in) throws IOException {
      value = in.readInt();
  }
  public void write(DataOutput out) throws IOException {
      out.writeInt(value);
   ...
  }
```

5.4.2 WritableComparable

类似 Java 的 Comparable 接口，Hadoop 的 WritableComparable 主要用于类型的比较。类型之间的比较对于 MapReduce 尤为重要，其中有一个阶段叫作排序，默认根据键来排序。Hadoop 提供了一个优化接口 RawComarator，这个接口是对 Java Comparator 的扩展。

```
package org.apache.hadoop.io;
import java.util.Comparator;
import org.apache.hadoop.io.serializer.DeserializerComparator;
public int erface RawComparator<T> extends Comparator<T> {
publicint compare(byte[] b1, int s1, int l1, byte[] b2, int s2, int l2);
}
```

上面 compare 方法是比较两个字节数组 b1 段和 b2 段，可以看到，RawComarator 接口允许执行者直接比较数据流记录，而无须先把数据流反序列化成对象，这样可以避免新建对象的开销。

WritableComprator 继承自 WritableComparable，是 RawComarator 接口的一个通用实现，主要提供两种功能：一是对原始 compare() 方法的实现，该方法先把比较的对象数据流反序列化，然后直接调用对象的 compare() 方法比较。二是充当 RawComparator 实例化的一个工厂方法。如要获得 IntWritable 的一个 Comparator，只要通过 WritableComparator.get(IntWritable.class) 即可得到。

下面代码应用了上述两种方法：

```
package org.trucy.serializable;

import java.io.ByteArrayOutputStream;
import java.io.DataOutputStream;
import java.io.IOException;

import org.apache.hadoop.io.IntWritable;
import org.apache.hadoop.io.Writable;
import org.apache.hadoop.io.WritableComparator;

public class Compare {
```

```java
//捕获序列化字节
Public static byte[] serialize(Writable writable) throws IOException {
    ByteArrayOutputStream out = new ByteArrayOutputStream();
    DataOutputStream dataOut = new DataOutputStream(out);
    writable.write(dataOut);
    dataOut.close();
    return out.toByteArray();
}
Public static void main(String args[]) throws Exception{
    //1.比较i1,i2大小
    IntWritable i1=new IntWritable(10);
    IntWritable i2=new IntWritable(20);
    WritableComparator comparator = WritableComparator.get(IntWritable.class);
    if(comparator.compare(i1, i2)<0)
        System.out.println("i1<i2");
    //2.比较两个序列化b1,b2
    byte[] b1=serialize(i1);
    byte[] b2=serialize(i2);
    if(comparator.compare(b1, 0, b1.length, b2, 0, b2.length)<0)
        System.out.println("i1<i2");
}
}
```

输出结果如图 5-8 所示。

```
Problems  Tasks  @ Javadoc  Map/Reduce Locations  Console
<terminated> Compare [Java Application] C:\Program Files\Java\jre7\bin\ja
i1<i2
i1<i2
```

图 5-8 compare 的使用

5.4.3 Hadoop writable 基本类型

Hadoop 虽然是使用 Java 开发的，但基本类型是在 org.apache.hadoop.io 中自己定义的，包括 IntWritable、FloatWritable 等，其实是对相应 Java 基本类型的重新封装，如表 5-5 所示。

表 5-5 Java 基本类型和 writable 的对应关系

Java 基本类型	writable 实现	字节数
boolean	BooleanWritable	1
byte	ByteWritable	1
short	ShortWritable	2
Int,short	IntWritable	4

续表

Java 基本类型	writable 实现	字节数
	VIntWritable	1~5
float	FloatWritable	4
long	LongWritable	8
	VLongWritable	1~9
double	DoubleWritable	8

其中 IntWritable 和 VlongWritable 只有在 Hadoop 中定义，前面的 V 代表 variable，即可变的。如 Java 中存储一个 long 类型的数据占 8 字节，但 VlongWritable 可以根据实际长度分配字节数。如精心设计的散列函数生成的值长度大部分是不均匀的，这个时候就可以用变长编码来存储。此外，变长编码还可以在 VintWritable 和 VlongWritable 之间转换，因为两者的编码格式一致。所有的封装包含 get() 和 set() 方法用于读取或设置封装的值。如图 5-9 所示，显示了 Writable 类的层次结构。

图 5-9 writable 类层次结构图

1．Text 类型

Text 类存储的数据严格按照标准 UTF-8 编码，类似于 Java.lang.String，它提供了序列化、反序列化和字节级别比较的方法。Text 替换了 UTF8 类，这种类其实因为只支持最大 32767 字节而过时了，所以实际上 Text 使用的是 Java 修改版的 UTF-8。

（1）修改版的 UTF-8

世界上存在着多种编码方式，同一个二进制数字可以被解释成不同的符号。因此，要想打开一个文本文件，就必须知道它的编码方式，否则用错误的编码方式解读，就会出现乱码。Unicode 当然是一个很大的集合，现在的规模可以容纳 100 多万个符号。每个符号的编码都不一样，如 U+0639 表示阿拉伯字母 Ain，U+0041 表示英语的大写字母 A，U+4E25 表示汉字"严"，具体的符号对应表可以查询 unicode.org。但 Unicode 只是个符号集合，它只规定了符号的二进制代码，却没有规定这个二进制代码应该如何存储，而 UTF-8 就是 Unicode 的实现之一，其他还有 UTF-16、UTF-32 等，只是都没有 UTF-8 普遍。

Java 里的修改版的 UTF-8 编码规则很简单，主要有以下两种方法。

①对于单字节的符号，字节的第一位设为 0，后面 7 位为这个符号的 Unicode 码。因此对于英语字母，UTF-8 编码和 ASCII 码是相同的。

②对于 n 字节的符号（$n>1$），第一个字节的前 n 位都设为 1，第 $n+1$ 位设为 0，后面字节的前两位一律设为 10。剩下的没有提及的二进制位，全部为这个符号的 Unicode 码。

如所有编码范围在 '\u0001' to '\u007F' 的 Unicode 就会以单字节存储，如图 5-10 所示。

	Bit Values		
Byte 1	0	bits 6~0	

图 5-10　单字节存储 Unicode 图

NULL 字符以 '\u0000' 存储，所有编码范围在 '\u0080' to '\u07FF' 的 Unicode 会以双字节存储，如图 5-11 所示。

	Bit Values			
Byte 1	1	1	0	bits 10~6
Byte 2	1	0	bits 5~0	

图 5-11　双字节存储 Unicode 图

最后所有编码范围在 '\u0800' to '\uFFFF' 的 Unicode 会以 3 个字节存储，如图 5-12 所示。

	Bit Values				
Byte 1	1	1	1	0	bits 15~12
Byte 2	1	0	bits 11~6		
Byte 3	1	0	bits 5~0		

图 5-12　3 个字节存储 Unicode 图

（2）索引

由于 Text 是针对修正版的 UTF-8 编码，而 String 是基于 Java char 的编码单元，也就是说 char 类型是用两个字节的 Unicode 表示的，只有当表示 ASCII 码的时候即 0~127 两者的表示才一样，所以索引位置概念一致；但当表示多字节的时候由于 UTF-8 编码字节前缀的影响，两者索引会不一致。

下面测试案例代码介绍了 Text 的几个方法。charAt()用于返回表示 Unicode 编码位置的整数类型值，越界返回-1，注意，String 返回的是字符类型值，且越界抛出 StringIndexOutOfBoundsException 异常。Text()方法类似于 String 的 indexOf()方法，用于查找子串位置。以下代码用 Junit 测试通过。

```java
package org.trucy.hadoopBaseType;

import org.apache.hadoop.io.Text;
import org.junit.Assert;
import org.junit.Test;

public class HadoopText extends Assert{
    private Text t;
    private String s;
    @Test
    public void testText(){
        t=new Text("hadoop");
        s="hadoop";
        assertEquals(t.getLength(), 6);
        assertEquals(t.getBytes().length, 6);
        assertEquals(s.length(), 6);
        assertEquals(s.getBytes().length, 6);

        assertEquals(t.charAt(2), (int) 'd');
        assertEquals("越界", t.charAt(100), -1);
        assertEquals(s.charAt(2), 'd');
        try{
            s.charAt(100);
        }
        catch(Exception ex){
            assertTrue(ex instanceof StringIndexOutOfBoundsException);
        }

        assertEquals("查找子串", t.find("do"), 2);
        assertEquals("查找第一个 'o'", t.find("o"), 3);
        assertEquals("从第4个字符开始查找'o'", t.find("o", 4), 4);
        assertEquals("未匹配", t.find("pig"), -1);
        assertEquals("查找子串", s.indexOf("do"), 2);
        assertEquals("查找第一个 'o'", s.indexOf("o"), 3);
        assertEquals("从第4个字符开始查找'o'", s.indexOf("o", 4), 4);
        assertEquals("未匹配", s.indexOf("pig"), -1);
```

```
    }
}
```

一旦开始使用多字节编码，Text 和 String 区别就明显了，代码如下。

```
@Test
public void testtext1() throws UnsupportedEncodingException{
    t=new Text("你好世界");
    s="你好世界";
    assertEquals(t.getLength(), 12);
    assertEquals(s.getBytes("UTF-8").length,12);
    assertEquals(s.length(),4);

    assertEquals(t.find("你"),0);
    assertEquals(t.find("好"),3);
    assertEquals(t.find("世"),6);
    assertEquals(s.indexOf("你"),0);
    assertEquals(s.indexOf("好"),1);
    assertEquals(s.indexOf("世"),2);

    assertEquals(t.charAt(0),0x4f60);//你的utf-8码
    assertEquals(t.charAt(3),0x597d);//好的utf-8码
    assertEquals(t.charAt(6),0x4e16);//世的utf-8码
    assertEquals(s.charAt(0),'\u4f60');//你的utf-8码
    assertEquals(s.charAt(1),'\u597d');//好的utf-8码
    assertEquals(s.charAt(2),'\u4e16');//世的utf-8码
    assertEquals(s.codePointAt(0),0x4f60);//你的utf-8码
    assertEquals(s.codePointAt(1),0x597d);//好的utf-8码
    assertEquals(s.codePointAt(2),0x4e16);//世的utf-8码
}
```

这里 Java 表示汉字用 utf-8 编码占 3 字节，Text.find()方法返回的是字节偏移量，String.indexOf()返回单个编码字符的索引位置，另外 String.codepintAt()方法和 Text.charAt()方法类似，唯一区别是前者通过字节偏移量来索引。

（3）易变性

Text 与 String 的另一个区别在于可以通过 Text 的 set()方法重用 Text 实例，如：

```
@Test
public void setText(){
    t=new Text("hadoop");
    t.set("pig");
    assertEquals(t.getBytes().length, 3);
}
```

（4）Text 转化成 String 类型

Text 类对字符串操作的 API 没有像 String 那么丰富，所以大多数情况下 Text 通过 toString() 方法转换成 String 来操作。

2．BytesWritable

ByteWritable 相当于是对二进制数据数组的包装。以字节数组{1,2,3,4}为例，它的序列化格式是 4 字节表示字节数，每两字节表示一个数据，即"000000040102 0304"，代码如下。

```
    @Test
public void testBytesWritable() throws IOException{
    BytesWritable b = new BytesWritable(newbyte[] {1,2,3,4});
    byte[] bytes = serialize(b);
    assertEquals(StringUtils.byteToHexString(bytes), "000000040102 0304");
}
```

和 Text 一样 ByteWritable 也是可变的，可以通过 set() 来修改。常用设置方法如 void set(byte[] newData, int offset, int length) 用来设置为 newData 字节数组从 offset 开始的 length 长度的数据段，后面两个参数没有默认取整个字节数组。public void setCapacity(int new_cap) 用来改变后台存储空间的容量大小。

```
BytesWritable b = new BytesWritable(newbyte[] {1,2,3,4});
    b.setCapacity(10);
    assertEquals(b.getCapacity(), 10);
    assertEquals(b.getLength(), 4);
```

3．NullWritable

NullWritable 是 Writable 的特殊类型，序列化长度为 0，它充当占位符但不真的在数据流中读写。在 MapReduce 中，可以将键或值设置为 NullWritable，在 SequenceFile 中的键或值也可设置为 NullWritable，结果存储常量空值。NullWritable 是单实例类型，通过 NullWritable.get() 方法获取。

4．ObjectWritable 和 GenericWritable

ObjectWritable 是对 Java 基本类型或这些类型组成的数组的通用封装，它使用 RPC 来封送（marshal）和反封送（unmarshal）。

如果 SequenceFile 中的值包含多个类型，就可以将值类型设置成 ObjectWritable，并将每个类型的对象封装在 ObjectWritable 中，使用方法 ObjectWritable(Class declaredClass, Object instance)，第一个参数为欲封装的类型，第二个参数为这个类型的对象。

GenericWritable 与 ObjectWritable 相比更有效，如封装一个多类型的 SequenceFile 文件的值，用 ObjectWritable 来做需要通过对每个值对加类型字符串来封装，它是极为烦琐的。GenericWritable 可以针对多记录多类型的文件封装。它实现了 Configurable 接口，在反序列化的时候相关配置可以传递到实现 Configurable 接口类型的对象中去。它可以这样来实现：

```
public class GenericObject extends GenericWritable {
  private static Class[] CLASSES = {
            ClassType1.class,
            ClassType2.class,
            ClassType3.class,
            };
```

```
    protected Class[] getTypes() {
        return CLASSES;
    }
}
```

5.4.4 自定义 writable 类型

Hadoop 本身的一套基本类型满足大部分需求，但有些情况下可以根据业务需要构造新的实现，这样做的目的是为了提高 MapReduce 作业的性能，因为 writable 是 MapReduce 的核心。

假如要处理一组姓名字段，不能单独处理姓和名，需要连在一起处理。下面代码表示一对字符串 TextPair 的基本实现。

```
package org.trucy.serializable;
import Java.io.DataInput;
import Java.io.DataOutput;
import Java.io.IOException;
import org.apache.hadoop.io.*;
public class TextPair implements WritableComparable<TextPair> {
    private Text first;
    private Text second;
    public TextPair() {
        set(new Text(), new Text());
    }
    public TextPair(String first, String second) {
        set(new Text(first), new Text(second));
    }
    public TextPair(Text first, Text second) {
        set(first, second);
    }
    publicvoid set(Text first, Text second) {
        this.first = first;
        this.second = second;
    }
    public Text getFirst() {
        returnfirst;
    }
    public Text getSecond() {
        returnsecond;
    }
    @Override
    publicvoid readFields(DataInput in) throws IOException {
        first.readFields(in);
```

```java
        second.readFields(in);
    }
    @Override
    public void write(DataOutput out) throws IOException {
        first.write(out);
        second.write(out);
    }
    @Override
    public int compareTo(TextPair tp) {
        int cmp = first.compareTo(tp.first);
        if (cmp != 0) {
        return cmp;
        }
        return second.compareTo(tp.second);
    }
    @Override
    public int hashCode() {
        return first.hashCode() * 163 + second.hashCode();
    }
    @Override
    public boolean equals(Object o) {
        if (o instanceof TextPair) {
            TextPair tp = (TextPair) o;
            return first.equals(tp.first) && second.equals(tp.second);
            }
            return false;
    }
    @Override
    public String toString() {
        return first + "\t" + second;
    }
}
```

TextPair 类的 write() 方法将 first 和 second 两个字段序列化到输出流中，反之，readFile() 方法对来自输入流的字节进行反序列化处理。DataOutput 和 DataInput 接口提供了很多底层的序列化和反序列化方法，所以可以完全控制 Writable 对象的数据传输格式。

此外，同构造任意 Java 值对象一样，必须重写 Java.lang.Object 中的 hashCode()、equal() 和 toString() 方法。其中 hashCode() 方法是给后面 MapReduce 程序进行 reduce 分区使用（Hashpartitioner 是 MapReduce 的默认分区类）。

最后，这个类还是继承了 WritableComparable 接口，所以必须提供 compareTo() 方法的实现。该实现方法先按 first 排序，如果 first 相同再按 second 排序。

5.5 小结

HDFS 以 CRC 校验来检测数据是否为完整的,并在默认设置下,会在读取数据时验证校验和,保证了其数据的完整性,其所有序列化数据结构都是为针对大数据处理的。Hadoop 对大数据的压缩和解压机制,可以减少存储空间和加速在数据在网络上的传输。在 Hadoop 中通过序列化将消息编码为二进制流发送到远程节点,此后在接收端接收的二进制流被反序列化为消息。Hadoop 并没有采用 Java 的序列化(因为 Java 序列化比较复杂,且不能深度控制),而是引入了它自己的序列化系统,实现了 Writable 接口。本章包含了以下内容。

第一,数据完整性,Hadoop 采用 CRC 来检测数据是否为完整的,在写入文件时,HDFS 为每个数据块都生成一个 crc 文件。客户端读取数据时生成一个 crc 与数据节点存储的 crc 做比对,如果不匹配则说明数据已经损坏了。数据节点在后台运行一个程序定期检测数据,防止物理存储介质中位衰减而造成的数据损坏。

第二,压缩和解压,在 MapReduce 中使用压缩可以减少存储空间和加速数据网络上的传输。

第三,序列化,Hadoop 使用自己的序列化机制,实现 Writable 接口

第四,基本文件类型,SequenceFile 和 MapFile 的读写。

习题

1. SequenceFile 类型文件可以用记事本打开吗?
2. MapFile 与 SequenceFile 有什么区别?
3. Hadoop 常用压缩算法对比。
4. Java 的基本类型都支持序列化操作,那为什么 Hadoop 的基本类型还要重新定义序列化呢?
5. 比较 Java 基本类型和 writable。

第 6 章
海量数据库 HBase 技术

知识储备

- 了解基本的数据库知识
- 了解 HDFS 和 MapReduce 的基本原理

学习目标

- 掌握 HBase 的逻辑视图和物理视图
- 掌握 HBase 的物理存储结构
- 学会 HBase 的安装及基本使用

Hbase 其实就是 Hadoop 的 database,它是一种分布式的,面向列的开源数据库,其技术来源于 Chang Et Al 所撰写的 Google 论文 "BigTable: A Distributed Storage System for Structured Data",因此 HBase 提供的功能类似于 Google 的 BigTable,目前是 Apache 的顶级项目,它不同于一般的关系型数据库,适合存储半结构化的数据。

6.1 初识 HBase

HBase 是一个高可靠、高性能、面向列、可伸缩、实时读写的分布式数据库系统,具有接近硬盘极限的写入性能及出色的读取表现,适合数据量大但操作简单的任务场景。

HBase 可以用 HDFS 作为其文件存储系统,并支持使用 MapReduce 分布式模型处理 HBase 中的海量数据,利用 Zookeeper 进行协同管理数据。

HBase 一般具有如下特点。

（1）线性扩展：当存储空间不足时，可通过简单地增加节点的方式进行扩展。

（2）面向列：面向列族进行存储，即同一个列族里的数据在逻辑上（HBase 底层为 HDFS，所以实际上会有多个文件块）存储在一个文件中。

（3）大表：表可以非常大，百万级甚至亿级的行和列。

（4）稀疏：列族中的列可以动态增加，由于数据的多样性，整体上会有非常多的列，但每一行数据可能只对应少数的列，一般情况下，一行数据中，只有少数的列有值，而对于空值，HBase 并不存储，因此，表可以设计得非常稀疏，而不带来额外的开销。

（5）非结构化：HBase 不是关系型数据库，适合存储非结构化的数据。

（6）面向海量数据：HBase 适合处理大数量级的数据，TB 级甚至是 PB 级。

（7）HQL：HBase 不支持 SQL 查询语言，而是使用自己的 HQL（HBaseQuery Language）查询语言，HBase 是 NoSQL（Not-Only SQL）的典型代表产品。

（8）高读写场景：HBase 适合于批量大数据高速写入数据库，同时也有不少读操作（key-value 查询）的场景。

6.2 HBase 表视图

6.2.1 概念视图

HBase 不同于一般的关系型数据库，在一般的关系型数据库里，采用二维表进行数据存储，一般只有行和列，其中列的属性必须在使用前就定义好，而行可以动态扩展。而 HBase 中的表，一般由行键、时间戳、列族、行组成，如图 6-1 所示，就列族来说，必须在使用前预先定义；和二维表中的列类似，但是列族中的列，时间戳和行都能在使用时进行动态扩展，以此来说，HBase 和一般的关系型数据库有很大的区别。

行键	时间戳	列族 contents	列族 anchor	列族 mime
"com.cnn.www"	t9		anchor:cnnsi.com="CNN"	
	t8		anchor:my.look.ca="CNN.com"	
	t5	contents:html="…"		mine:type="text/html"
	t4	contents:html="…"		
	t2	contents:html="…"		

图 6-1 HBase 表逻辑视图

1．行（Row）

HBase 表中的行一般由一个行键和一个或多个具有关联值的列组成，存储时根据行键按字典序进行排列。考虑到排序特性，为了使相似的数据存储在相近的位置，在设计行键时就应该特别注意，如当行键为网站域名时，应该使用倒叙法存储 org.apache.www、org.apache.mail、org.apache.jira，这样，所有 Apache 相关的网页在一个表中的存储位置就是临近的，而不会由于域名首单词（www、mail、jira）差异太大而分散在不同的地方。

2．行键（Row Key）

行键是用来检索的主键，在 HBase 中，每一行只能有一个行键，也就是说，HBase 中的表只能用行键进行索引。在图 6-1 中，com.cnn.www 就是一个行键。

行键可以是任意的字符串，最大长度为 64 KB，在 HBase 中，行键以字节数组进行存放，即没有特定的类型，所以在存储排序时也不会考虑数据类型。应该注意的是，数值的存储并不会按照人们的理解进行排序，如 1~20 排序如下：1,10,11…19,2,20,3,4,5…9，所以在设计含数值的行键时，应用 0 进行左填充，如：01,02,03…19,20。

3．列族（Column Family）

列族是由某些列构成的集合，一般一类数据被设计在一个列族里面，由不同的列进行存储。在 HBase 中，可以有多个列族，但列族在使用前必须事先定义。从列族层面看，HBase 是结构化的，列族就如同关系型数据库中的列一样，属于表的一部分。列族不能随意修改和删除，必须使所属表离线才能进行相应操作。

存储上，HBase 以列族作为一个存储单元，即每个列族都会单独存储，HBase 是面向列的数据库也是由此而来。

4．列（Column）

列并不是真实存在的，而是由列族名、冒号、限定符组合成的虚拟列，在图 6-1 中的 anchor:cnnsi.com、mine:type 均是相应列族中的一个列；在同一个列族中，由于修饰符的不同，则可以看成是列族中含有多个列，在图 6-1 中的 anchor:cnnsi.com、anchor:my.look.ca 就是列族 anchor 中的两个列。所以列在使用时不需要预先定义，在插入数据时直接指定修饰符即可。从列的层面看，HBase 是非结构化的，因为列如同行一样，可以随意动态扩展。

5．表格单元（Cell）

Cell 是由行键、列限定的唯一表格单元，包含一个值及能反应该值版本的时间戳（版本），Cell 的内容是不可分割的字节数组，Cell 是 HBase 表中的最小操作单元。在图 6-1 中，列族下面的每一个格子和相应的时间戳的组合都可以看成是一个单元，可以发现，表格中有很多空单元，这些空单元并不占用存储空间，因为在实际存储中，空单元并不会当成一个数据进行存储，这也造成 HBase 表在逻辑上具有稀疏的特性。

6．时间戳（Timestamp）

时间戳为数据添加的时间标记，该标记可以反映数据的新旧或版本，每一个由行键和列限定的数据在添加时都会指定一个时间戳。时间戳主要是为了标识同一数据的不同版本，在图 6-1 中由行键 com.cnn.www 和列 contents:html 限定的数据有 3 个版本，分别在 t5、t4、t2 时刻插入。为了让新版本的数据能更快地被找到，各版本的数据在存储时会根据时间戳倒序排列，那么在读取存储文件时，最新的数据会最先被找到。

时间戳一般会在数据写入时由 HBase 自动获取系统时间进行赋值，也可以由用户在存储数据时显示指定。时间戳有数据类型，为 64 位的整型，获取系统时间时，精确到毫秒。

数据存储时，进行多版本存储有其优点，但是过多的版本也会给管理造成负担，所以 HBase 提供了两种回收机制，一是只存储一定数量版本的数据，超过这个数量，就会对最旧的数据进行回收；另一种是只保存一定时间范围内的数据版本，超过这个时间范围的数据都会被舍弃。

6.2.2 物理视图

HBase 表在概念视图上是由稀疏的行组成的集合，很多行都没有完整的列族，但是在物理存储中是以列族为单元进行存储的，一行数据被分散在多个物理存储单元中，空单元全部丢弃。在图 6-1 中的表有 3 个列族，那么在进行物理存储时就会有 3 个存储单元，每个单元对应一个列族，其映射为物理视图如图 6-2 所示。按列族进行存储的好处是可以在任何时刻添加一个列到列族中，而不用事先进行声明；即使新增一个列族，也不用对已存储的物理单元进行任何修改；所以这种存储模式使得 HBase 非常适合进行 key-value 的查询。

行键	时间戳	列族 contents
"com.cnn.www"	t5	contents:html= "…"
"com.cnn.www"	t4	contents:html= "…"
"com.cnn.www"	t2	contents:html= "…"

行键	时间戳	列族 anchors
"com.cnn.www"	t9	anchor:cnnsi.com= "CNN"
"com.cnn.www"	t8	anchor:my.look.ca= "CNN.com"

行键	时间戳	列族 mime
"com.cnn.www"	t5	mine:type= "text/html"

图 6-2　HBase 表物理视图

由图 6-2 可以看出，在概念视图上显示的空单元完全没有进行存储，那么在数据查询中，如果请求获取 contents:html 在 t8 时间戳的数据，则不会有返回值，类似的请求均不会有返回值；但是如果在请求数据时并没有指定时间戳，则会返回列中最新版本的数据。如果连列也没有指定，那么查询时会返回各个列中的最新值。例如如果请求为获取行键 com.cnn.www 的值，返回值为 t5 下的 contents:html、t9 下的 anchor:cnnsi.com、t8 下的 anchor:my.look.ca 以及 t5 下的 mine:type 所对应的值。

6.3　HBase 物理存储模型

如果考虑到普通的使用情况，并不需要了解 HBase 的底层存储情况，但如果需要对 HBase 进行优化配置，或者由于掉电、磁盘损坏等导致 HBase 出现运行问题，需要恢复数据时，则需要对 HBase 的底层存储进行一定的了解。

HBase 的底层存储实现如图 6-3 所示，由图可以得知，HBase 主要有两种文件：一种由 HLog 管理的预写日志文件 WAL（Write-Ahead Log）；另一个是实际的数据文件 HFile。它们均以 HDFS 作为底层实现，在实际的存储中，会划分成更小的文件块分散到各个 Datanode 中，所以只能知道文件在 HDFS 中的逻辑位置，而无法知道某张表具体存储在哪个物理节点上。

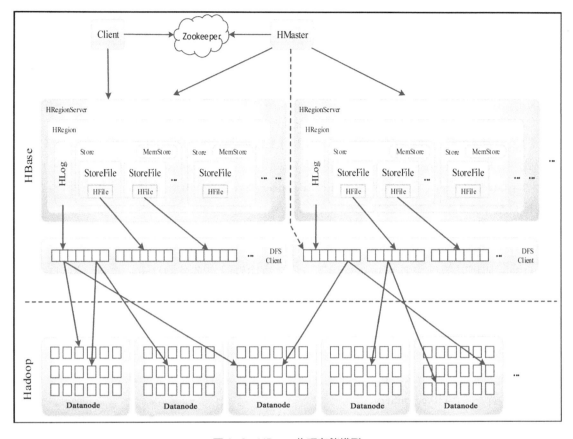

图 6-3 HBase 物理存储模型

下面详细介绍相关服务和文件。

1. Client

Client 客户端用于提交管理或读写请求，采用 RPC 与 HMaster 和 HRegionServer 进行通信。提交管理请求时与 HMaster 进行通信，提交读写请求时通过 Zookeeper 提供的 hbase:meta 表定位到要读写的 HRegion，直接与服务于这个 HRegion 的 HRegionServer 进行通信。Client 还会缓存查询信息，这样如果随后有相似的请求，可以直接通过缓存定位，而不用再次查找 hbase:meta 表了。

2. Zookeeper

Zookeeper 为 HBase 提供协同管理服务，当 HRegionServer 上线时会把自己注册到 Zookeeper 中，以使 Zookeeper 能实时监控 HRegionServer 的健康状态，当发现某一个 HRegionServer 死掉时，能及时通知 HMaster 进行相应处理。

同时，Zookeeper 还为 HBase 提供目录表的位置，在 HBase0.96 版本或以前，Zookeeper 提供-ROOT-表，通过-ROOT-可以追踪到.META 表，.META 表中存储了系统中所有 Region 的行键信息、位置及该 Region 由哪个 HRegionServer 进行管理。在 HBase0.96 之后的版本，移除了-ROOT-表，.META 表改名为 hbase:meta 表并直接存储在 Zookeeper 中。

3. HMaster

HMaster 是主服务（HBaseMaster Server）的实例，在 Hadoop 集群中，一般设置运行于 namenode，它负责监控集群中所有的 HRegionServer，并对所有表和 Region 进行管理操作，主要有以下几点。

（1）操作表，如创建表、修改表、移除表，对表进行上线（enable）和下线（disable）。

（2）在 Region Split 之后，对新 Region 进行分配。

（3）当某 HRegionServer 死掉之后，负责对 HRegionServer 服务的 Region 进行迁移。

此外，HMaster 中还运行两个后台进程：

（1）LoadBalancer（负载均衡器）：LoadBalancer 负责整个 HBase 集群的负载均衡，它周期性地检查整个集群，及时调整 Region 的分布。

（2）CatalogJanitor（目录表管理器）：CatalogJanitor 周期性地检查和清理 hbase:meta 表，并在 Region 迁移或重分配后更新 hbase:meta 表。

HBase 还可以运行在多 Master 环境下，即集群中同时有多个 HMaster 实例，但只有一个 HMaster 运行并接管整个集群。当一个 HMaster 激活时，Zookeeper 同时给它一个租期，当 HMaster 的租期耗尽或意外停止时，Zookeeper 会及时运行另一个 HMaster 来接替它的工作。

4. HRegionServer

HRegionServer 是 RegionServer 的实例，它负责服务和管理多个 HRegion 实例，并直接响应用户的读写请求，HRegionServer 运行于 Hadoop 集群中的 Datanode，一般来说，一个 Datanode 运行一个 HRegionServer。

HRegionServer 是 HBase 最核心的模块，有很多后台线程，很多相关操作都需要相应线程进行处理，如监控各 Region 的大小并进行 Split，对 StoreFile 进行 Compaction 合并操作，监控 MemStore 并进行 Flush 操作，把所有修改写入预写日志文件 WAL 等。

5. HRegion

HRegion 是对表进行划分的基本单元，一个表在刚创建时只有一个 Region，但随着记录地增加，表会越来越大，HRegionServer 会实时跟踪 Region 的大小，当 Region 增大到某个阈值（由 hbase.hregion.max.filesize 确定）时，就会进行 Split 操作，由一个 Region 分裂成两个 Region，随着表的继续增大，还会分裂成更多的 Region。Split 操作时，是根据表的记录按行键进行划分，即每一行的数据只需要查找一个 Region 即可完全找到。

当一个 Region 分裂成两个新的 Region 后，HMaster 会重新分配相应的 HRegionServer 进行管理，并不一定选取原来的 HRegionServer，之后会更新 hbase:meta 表。

（1）HStore

每一个 HRegion 实例包含若干存储数据的 Store，每个 Store 对应一个 HBase 表中的一个列族，所以，表中的列族是集中存储的，HBase 的表按列族进行存储就体现在这里。HBase 表的存储情况可由图 6-4 可知，一个表在足够大之后，会被划分成若干 Split，每个 Split 对应一个 Region，每个 Region 都会有相应 HRegionServer 进行服务和管理，因为表是根据行键进行划分的，所以每个 Region 其实都包含表的所有列族，在数据存储时，每个 Region 中都有一个单独的 Store 对一个列族的数据进行管理。

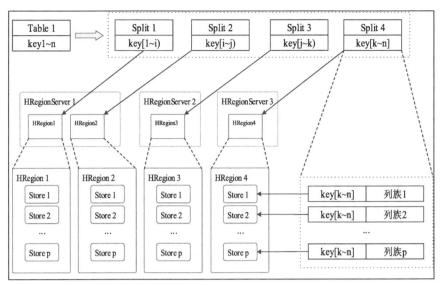

图 6-4 HBase 表的列族存储特性

Store 的存储过程是 HBase 存储的核心过程，每个 Store 包含一个 MemStore 和多个 StoreFile，MemStore 为内存中的缓存，StoreFile 则对应于磁盘上的文件 HFile。当在 HBase 中插入一条数据时，会先存入到 MemStore 中；查询数据时，也会先从 MemStore 中进行寻找，找不到再到 HFile 中寻找，若在 HFile 中找到了查询结果，也会缓存到 MemStore 中，当 MemStore 中的数据累计到一定阈值时，HRegionServer 便会执行 Flush 操作把 MemStore 中的所有数据写成一个单独的 StoreFile。而当 StoreFile 的个数达到一定阈值时，又会触发 Compact 操作，将多个小的 StoreFile 合并成一个大的 StoreFile。

MemStore 中的记录与 StoreFile 中的记录一样，均是按行键进行排序，这样在查询时有更快的响应速度。

（2）合并

StoreFile 的合并有两种方式，分别是 minor 和 major。minor 合并是把最新生成的几个 StoreFile 进行合并，每次执行 Flush 操作之后，都会触发合并检查，或者由单独的进程定期触发合并检查。minor 合并的文件由以下 4 个参数决定：

hbase.hstore.compaction.min	最小合并文件数，必须大于 1，默认为 3
hbase.hstore.compaction.max	最大合并文件数，默认为 10
hbase.hstore.compaction.min.size	最小合并文件大小，设置为 Flush 阈值
hbase.hstore.compaction.max.size	最大合并文件大小

合并检查时，会查看当前的 StoreFile 是否符合条件，如果符合就进行合并过程，不符合则继续运行。最小合并文件数不要设置的过大，这样不仅会延迟 minor 合并操作，还会增加每次合并时的资源消耗和执行时间。最小合并文件大小设置为 MemStore Flush 的阈值，这样每个新生成的 StoreFile 都符合条件，因为设置了最大合并文件大小，当合并后的文件大于这个大小时，那么再执行合并检查就会被排除在外，这样设计的好处是，每次进行 minor 合并的文件都是比较新和比较小的文件。

major 合并是把所有的 StoreFile 合并成一个单独的 StoreFile，进行合并检查时会事先检查从上次执行 major 合并到现在是否达到 hbase.hregion.majorcompaction 指定的阈值（默认为 24

小时），若达到这个时间，则进行 major 合并操作。

除了由 Flush 之后和线程定期地触发合并检查之外，还可以由相应的 Shell 命令（compact、major_compact）和 API（majorCompact()）触发。

（3）修改和删除记录

HBase 中的修改和删除操作均是以追加的形式执行的，并不会立即定位到文件记录执行相应操作，因为底层的 HDFS 不支持这样做。修改和删除操作均是直接添加一行记录，修改操作其实就是添加的一行新版本的数据，删除则是在所添加的记录上打上了删除标记，表示要删除某条记录，这些操作均会先存入 MemStore 中，Flush 后成为 StoreFile，在 StoreFile 合并时，同时对数据版本进行合并，舍弃多余的数据版本和具有删除标记的记录。

6．WAL

WAL 是 HBase 的预写日志文件，它记录了用户对 HBase 数据的所有修改，它存储在 HDFS 的 /hbase/WALs/ 目录中，每一个 Region 有一个单独的 WAL 存放目录。

在正常的使用情况下并不需要 WAL，因为写入 MemStore 的数据会不停地持久化到 StoreFile 中，但如果 HRegionServer 突然死掉或由于各种原因变得不可用时，MemStore 中的数据就极有可能出现丢失，而 WAL 的存在就是为了使意外丢失的数据能够得到恢复，起到灾难恢复的作用。

一般一个 RegionServer 会服务多个 Region，但是一个 RegionServer 中的所有 Region 都会共用同一个活跃的 WAL，如图 6-5 所示，来自 Client 的所有操作都会由 RegionServer 交给相应的 Region 处理，但在记录写入 Store 的 MemStore 之前，必须先由 RegionServer 写入到 WAL 中，如果 RegionServer 写入失败，那么整个写入操作也就失败，MemStore 中不会得到相应的更新记录。

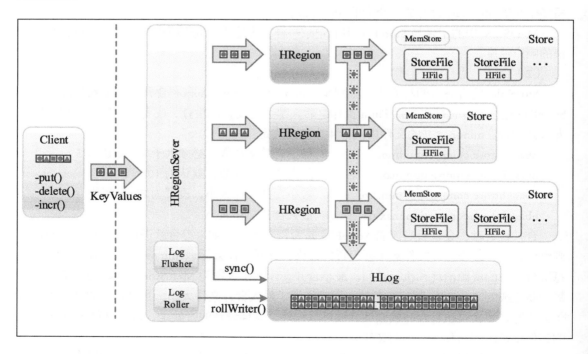

图 6-5　所有修改操作都会先写入 WAL

WAL 文件在磁盘中的实际存储格式称为 HLogFile，它其实就是一个普通的 Hadoop Sequence File，无论哪个 Region 来了数据，都直接以追加的形式写入这个 Sequence File 中，其目的是为了单独操作一个文件，对比同时写入多个文件而言，减少了机械硬盘的寻址次数，加快了数据处理速度。不过这样做也有一个缺点，那就是当 RegionServer 出现问题需要恢复数据时，需要先把 Log 中属于各 Region 的操作记录划分出来成为单独的数据集，才能分发给其他 RegionServer 进行数据恢复。

因为所有的 Region 共用一个 WAL，所以在向 HLogFile 写入数据时，需要以特定格式写入，为每一操作记录添加相应的归属信息。HLogFile 的存储格式如图 6-6 所示，每一个存储单元均包含两部分，即 HLogKey 和 KeyValue。HLogKey 中记录了写入数据所录属的表（Table）、Region、写入时间（TimeStamp）及序列编号（SequenceNumber）；KeyValue 则对应 StoreFile 的物理存储 HFile 中的 KeyValue 元数据。

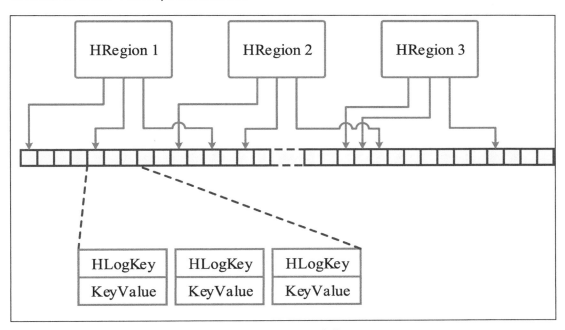

图 6-6　HLogFile 存储

7．HFile

HFile 是 HBase 数据文件的实际存储格式，它由 HFile 类实现。Hfile 文件的大小是不定的，它只是简单的由数据块（Data or Meta）和追踪块（Trailer）组成，如图 6-7 所示。数据块中存储实际的数据、追踪块存放、文件块相关信息和对数据块的索引。HFile 的底层实现是 HDFS，当一个 HFile 的大小大于 HDFS 块大小时，存储时就会对应多个 HDFS 数据块，然后由 HDFS 冗余备份到其他节点，实现数据的分布式存储。

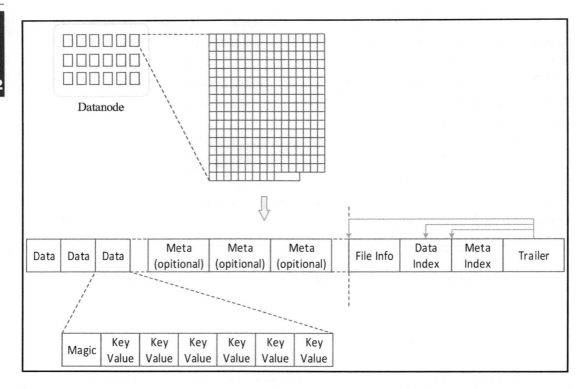

图 6-7 HFile 存储

HFile 数据块有两种，即 DataBlock 和 MetaBlock，DataBlock 用于保存表中的数据，MetaBlock 用于保存用户自定义的 KeyValue 对，这两种类型的数据块都可以以块为单位压缩存储；追踪块包含 4 部分，如图 6-7 所示，分别为 File Info、Data Index、Meta Index 和 Trailer，其中 File Info 和 Trailer 是定长的，Trailer 中包含指向其他 3 个数据块首位置的指针，File Info 记录当前 HDFS Block 中所存储 HBase 数据的相关信息，Data Index 和 Meta Index 分别记录了所有 DataBlock 和 MetaBlock 的起始位置。

在进行查询时，往往会先读取 Trailer，由 Trailer 找到 Data Index 的位置，然后缓存 Data Index 到内存中，直接在内存中定位到所查询 key 所在的 Data Block，缓存整个 Data Block，然后再找到所需要的 Key。这样，避免了扫描整个 HFile，减少了查询所需要的时间。

（1）Data Block

Data Block 是 HBase I/O 的基本单元，每次读取至少是一个 Data Block。块大小默认为 64 Kb，也可以由用户在创建表时通过参数指定，当然，这里设置的块大小并不是绝对的，因为并不能保证 Data 块中存储的数据加起来正好是 64 Kb，而是在 64 Kb 左右；有时，为了减少磁盘 I/O 和网络 I/O，在存储时还会开启压缩，不同的数据块经过压缩后的大小往往有很大差异，这时根本不能确定存储时的块大小，最小块可能只有 20~30 Kb。

不同的 Data Block 块大小适应不同的场景，如果没有特殊的需求，推荐在 8 Kb~1 Mb 之间。较大的块大小适合顺序访问，但是会影响随机访问性能，因为 HBase 每次必读一个 Data Block，更大的块必然消耗更多的计算资源；较小的块适合随机访问，但会生成更大的索引区间，更多的数据压缩流刷写次数，使创建速度变得更慢。

Data 块中的数据格式如图 6-7 所示，每一个 Data 块包含一个 Magic 头部和一定数量的序列化的 KeyValue 实例，Magic 段只是一个随机数字，在数据块写入时随机产生，并同时记录在索引中，这样在读取数据时可以进行安全检查。

（2）KeyValue 结构

KeyValue 存储一条记录，其内部结构如图 6-8 所示，可以看出，KeyValue 结构可以简单分为 3 个部分，第一部分为两个固定长度的数值，分别记录了第二部分 Key 和第三部分 value 的长度，相当于整条 KeyValue 的索引。第二部分为 Key 段，它包含了当前记录的所有表头信息，首先是一个固定长度的数值，记录了紧接其后的 RowKey（行键）的长度，行键之后又是一个固定长度的数值，记录紧接其后的 Column Family（列族）的长度，列族之后为 Column Qualifier，即当前记录所属的列，最后为两个固定长度的数值，分别为 TimeStamp（时间戳）和 KeyType（Put/Delete），Column Qualifier 的长度可由 Key 段总长度减去其他数据块的长度计算出来，所以不需要单独开辟一个空间来存放它的长度。第三部分为 Value 段，Value 段没有什么复杂的结构，就是简单的序列化的二进制数据，记录所插入的内容。

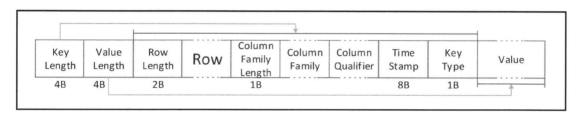

图 6-8　KeyValue 内部结构

6.4　安装 HBase

HBase 的部署安装有 3 种模式，分别是单节点模式、伪分布式模式和完全分布式模式。

单节点模式即只在一个节点上配置 HBase，直接使用 Linux 本地文件系统存储相关文件，所有服务运行在一个 JVM 中，该模式的配置比较简单。

伪分布式模式和单节点模式比较类似，同样只需要在一个节点上配置，即可使用本地文件系统也可使用 Hadoop 的 HDFS 作为底层存储，有一点不同的是，伪分布式模式的所有服务是单独运行的。

完全分布式模式的配置比较复杂，在单节点做好相应配置之后，还需要把配置好的 HBase 文件分发到所有节点，必须使用 HDFS 作为底层存储系统，所以必须有一个可以正常使用的 Hadoop 环境。此外，可能还需要进行 SSH 设置及时间同步等。

HBase 需要使用 ZooKeeper 做为协同运行组件，好在 HBase 一般都会自带有 ZooKeeper，在配置时进行相应设置即可。

6.4.1 HBase 单节点安装

首先从官网上下载 HBase 安装文件，网址为 http://mirrors.cnnic.cn/apache/hbase/，进入页面后，单击 stable，出现最新的稳定版本，然后选择需要的版本即可，如图 6-9 所示。

图 6-9 HBase 稳定版本

在图 6-9 中，HBase 后面的数字代表 HBase 的版本号，紧跟在后的 hadoop[x]表示支持的 Hadoop 版本，本文的 Hadoop 为 2.X，所以这里选择 hbase-0.98.9-hadoop2-bin.tar.gz 这一版本下载。安装步骤如下：

（1）上传 hbase-0.98.9-hadoop2-bin.tar.gz 到节点上并解压，本文是上传到用户目录下并直接解压到用户目录下，命令如下：

```
[hadoop@node1 ~]$ tar -zxf hbase-0.98.9-hadoop2-bin.tar.gz
```

执行上面的操作后，会在发现用户目录下多出一个文件夹 hbase-0.98.9-hadoop2。

（2）进入 HBase 目录，修改 conf/env.sh。

```
[hadoop@node1 ~]$ cd hbase-0.98.9-hadoop2
[hadoop@node1 hbase-0.98.9-hadoop2]$ vim conf/hbase-env.sh
```

这里主要有两步。

①找到 JAVA_HOME 配置项，取消注释，并把 JAVA_HOME 的值改为节点上的 JAVA 安装位置，大概在 29 行的位置，如图 6-10 所示。

②找到 ZooKeeper 的 HBASE_MANAGES_ZK 配置项，取消注释，并设置其值为 true，该项大概在文件 124 行的位置，如图 6-10 所示。该项表示是否使 HBase 管理其自带的 ZooKeeper，true 表示使用自带的 ZooKeeper，这样就不需要再单独下载 ZooKeeper 并做相应配置了。

```
28 # The java implementation to use.  Java 1.6 required.
29 export JAVA_HOME=/opt/java/jdk1.7.0_67/

123 # Tell HBase whether it should manage it's own instance of Zookeeper or not.
124 export HBASE_MANAGES_ZK=true
```

图 6-10 env.sh 文件的修改项

（3）修改 conf/hbase-site.xml

```
[hadoop@node1 hbase-0.98.9-hadoop2]$ vim conf/hbase-site.xml
```

这是 HBase 的主要配置文件，在单节点模式中，只需要配置 HBase 和 ZooKeeper 的文件存储位置即可。在默认情况下，文件存储位置为/tmp/hbase-${user.name}，操作系统会在重启时清理/tmp 目录下的数据，所以需要把目录设置为其他位置。hbase-site.xml 和 Hadoop 的配置文件一样，初始是没有配置项的，需要在<configuration>标签之后添加配置信息，具体内容如下：

```
<configuration>
<property>
<name>hbase.rootdir</name>
<value>file:///home/hadoop/hbase</value>
</property>
<property>
<name>hbase.zookeeper.property.dataDir</name>
<value>/home/hadoop/zookeeper</value>
</property>
</configuration>
```

注意不要创建上面配置的文件夹，HBase 启动后会自动创建；如果创建了，HBase 为了保证数据的一致性反而要做迁移操作，这并不是人们想要的。

（4）查看当前 HBase 所基于的 Hadoop 版本，并做版本适配。

```
[hadoop@node1 hbase-0.98.9-hadoop2]$ ls lib | grep '^hadoop-'
```

输出如下：

```
hadoop-annotations-2.2.0.jar
hadoop-auth-2.2.0.jar
hadoop-client-2.2.0.jar
hadoop-common-2.2.0.jar
hadoop-hdfs-2.2.0.jar
hadoop-mapreduce-client-app-2.2.0.jar
hadoop-mapreduce-client-common-2.2.0.jar
hadoop-mapreduce-client-core-2.2.0.jar
hadoop-mapreduce-client-jobclient-2.2.0.jar
hadoop-mapreduce-client-shuffle-2.2.0.jar
hadoop-yarn-api-2.2.0.jar
hadoop-yarn-client-2.2.0.jar
hadoop-yarn-common-2.2.0.jar
hadoop-yarn-server-common-2.2.0.jar
hadoop-yarn-server-nodemanager-2.2.0.jar
```

可以看出，相关 Hadoop 的文件均是 2.2.0 的，所以这个版本的 HBase 是基于 Hadoop-2.2.0，如果 Hadoop 版本不是 2.2.0，为了避免出现匹配错误，应该把相应的 Hadoop jar 包复制到 HBase 的 lib 文件夹下，可做如下操作：

```
[hadoop@node1 hbase-0.98.9-hadoop2]$ ls lib | grep '^hadoop-' | \
sed 's/2.2.0/[你的 Hadoop 版本号]/' | \
xargs -i find $HADOOP_HOME -name {} | \
xargs -i cp {} /home/hadoop/hbase-0.98.9-hadoop2/lib/
[hadoop@node1 hbase-0.98.9-hadoop2]$ rm -rf lib/hadoop-*2.2.0.jar
```

第一步为复制相应的 Hadoop jar 包到 HBase 的 lib 文件夹，第二步为删除 lib 文件夹下的相关 Hadoop-2.2.0 的 jar 包。输入命令时注意修改第一步中下划线部分为相应的值，这两步的执行顺序不能颠倒。

（5）启动 HBase

```
[hadoop@node1 hbase-0.98.9-hadoop2]$ bin/start-hbase.sh
```

输入上述命令，如果没有意外的话，会有相应的输出日志显示 HBase 启动成功，可以通过输入 jps 命令查看是否有相应的 HMaster 进程。在单节点模式中，HBase 的所有服务均运行在一个 JVM 中，包括 HMaster、一个 HRegionServer 和 ZooKeeper 服务，所有只会看到一个 HMaster。

6.4.2 HBase 伪分布式安装

HBase 的伪分布式运行也是在单节点上运行所有服务，分别是 HMaster、HRegionServer 和 ZooKeeper，和单节点模式不同的是，它们均运行在单独的进程中，HMaster 和 ZooKeeper 依然在同一个 JVM 中。

在经过单节点的配置过程之后，相信大家对 HBase 的配置有了一定的了解，现在可以直接在前面单节点配置的基础之上做相应修改，使 HBase 以伪分布式模式运行，确保配置时 HBase 已停止运行。HBase 伪分布式安装如下。

（1）配置 hbase-site.xml

```
[hadoop@node1 hbase-0.98.9-hadoop2]$ vim conf/hbase-site.xml
```

这里主要进行两项设置，一是开启 Hbase 的分布式运行模式，二是设置文件存储位置为 HDFS 的/hbase 目录，修改后的完整配置代码如下，添加或修改部分已做粗体标识：

```xml
<configuration>
  <property>
    <name>hbase.rootdir</name>
    <value>hdfs://192.168.237.130:9000/hbase</value>
  </property>
  <property>
    <name>hbase.zookeeper.property.dataDir</name>
    <value>/home/hadoop/zookeeper</value>
  </property>
  <property>
    <name>hbase.cluster.distributed</name>
    <value>true</value>
  </property>
</configuration>
```

注意，hbase.rootdir 的值要与 Hadoop 的配置文件 core_site.xml 中的 fs.defaultFS 的值对应，否则 hbase 将无法访问 HDFS。和前面一样，配置的存储目录不需要用户建立，HBase 启动时会自动建立相应文件夹。

（2）启动 HBase

```
[hadoop@node1 hbase-0.98.9-hadoop2]$ bin/start-hbase.sh
```

如果配置没有问题，HBase 就会以伪分布式运行，使用 jps 应该可以看到有 HMaster 和 HRegionServer 两个服务。

（3）在 HDFS 中检查 HBase 文件

如果一切正常的话，HBase 会在 HDFS 中建立自己的文件，在上述配置文件中，设置的文件位置为/hbase，可以用 hadoop fs 命令进行查看，如图 6-11 所示。

```
[hadoop@node1 ~]$ hadoop fs -ls /hbase
Found 6 items
drwxr-xr-x   - hadoop supergroup          0 2015-01-29 04:41 /hbase/.tmp
drwxr-xr-x   - hadoop supergroup          0 2015-01-29 04:41 /hbase/WALs
drwxr-xr-x   - hadoop supergroup          0 2015-01-29 04:41 /hbase/data
-rw-r--r--   3 hadoop supergroup         42 2015-01-29 04:41 /hbase/hbase.id
-rw-r--r--   3 hadoop supergroup          7 2015-01-29 04:41 /hbase/hbase.version
drwxr-xr-x   - hadoop supergroup          0 2015-01-29 04:41 /hbase/oldWALs
```

图 6-11　查看 HDFS 中的 HBase 文件

6.4.3 HBase 完全分布式安装

在完全分布式模式中，一个集群含有多个节点，每个节点都将运行一个或多个 HBase 服务，在本例中将在 4 个节点的 Hadoop 集群中配置 HBase，具体情况如表 6-1 所示。

表 6-1　集群布置信息

主机名	用户名	Master	ZooKeeper	RegionServer
node1	hadoop	✓	✓	✗
node2	hadoop	backup	✓	✓
node3	hadoop	✗	✓	✓
node4	hadoop	✗	✓	✓

因为要在一个节点上输入命令启动整个集群，所以需要配置所有节点的 SSH 无密码验证，这项在配置 Hadoop 时一般会预先配置，这里不再多说。集群的配置步骤基于前面的配置进行，如果要完全重新配置，请参照 6.4.1 节中的步骤 1、步骤 2 和步骤 4 先做相应配置，在此基础之上再进行如下配置。

（1）配置 node1 上的 hbase-site.xml

```
[hadoop@node1 hbase-0.98.9-hadoop2]$ vim conf/hbase-site.xml
```

修改成如下属性内容：

```xml
<configuration>
<property>
<name>hbase.rootdir</name>
<value>hdfs://node1:9000/hbase</value>
</property>
<property>
<name>hbase.zookeeper.property.dataDir</name>
<value>/home/hadoop/zookeeper</value>
</property>
<property>
<name>hbase.cluster.distributed</name>
<value>true</value>
</property>
```

```xml
<property>
<name>hbase.zookeeper.quorum</name>
<value>node1,node2,node3,node4</value>
</property>
</configuration>
```

对比伪分布式模式的配置，这里主要是增加了一个属性 hbase.zookeeper.quorum，该属性的值会让 HBase 启动时在相应节点上运行 ZooKeeper 实例。

（2）在 node1 上配置 slave 结点列表

```
[hadoop@node1 hbase-0.98.9-hadoop2]$ vim conf/regionservers
```

删掉默认的 localhost，并添加想要运行 RegionServer 的节点名，一个节点一行，如下：

```
node2
node3
node4
```

删掉 localhost 的原因是并不想在 Hadoop 的 namenode 上运行 RegionServer，因为 namenode 上并不存储 HDFS 数据，运行 RegionServer 需要远程调用数据，同时也会加重 namenode 的负担。如果一定要在 namenode 上运行 RegionServer，也应该把 localhost 换成相应的机器名，如 node1，因为 HBase 也可以通过在其他节点上运行 start-hbase.sh 脚本启动（这时会把输入命令的节点作为 Master 节点），这时 localhost 指的是本机节点而不是 namenode。

（3）设置 node2 为运行 HMaster 的备用节点

```
[hadoop@node1 hbase-0.98.9-hadoop2]$ vim conf/backup-masters
```

注意该文件并不存在，使用上述命令设置保存后会生成该文件。这里直接添加一行填上相应的主机名即可，本文为 node2。

（4）从 node1 复制 HBase 文件到其他节点，命令如下：

```
[hadoop@node1 hbase-0.98.9-hadoop2]$ cd ..
[hadoop@node1 ~]$ scp -r ./hbase-0.98.9-hadoop2 node2:~/
[hadoop@node1 ~]$ scp -r ./hbase-0.98.9-hadoop2 node3:~/
[hadoop@node1 ~]$ scp -r ./hbase-0.98.9-hadoop2 node4:~/
```

（5）在 node1 上启动 HBase

```
[hadoop@node1 ~]$ hbase-0.98.9-hadoop2/bin/start-hbase.sh
```

输出信息如下：

```
node3: starting zookeeper, logging to /home/hadoop/hbase-0.98.9-hadoop2/bi
n/../logs/hbase-hadoop-zookeeper-node3.out
node4: starting zookeeper, logging to /home/hadoop/hbase-0.98.9-hadoop2/bi
n/../logs/hbase-hadoop-zookeeper-node4.out
node2: starting zookeeper, logging to /home/hadoop/hbase-0.98.9-hadoop2/bi
n/../logs/hbase-hadoop-zookeeper-node2.out
node1: starting zookeeper, logging to /home/hadoop/hbase-0.98.9-hadoop2/bi
n/../logs/hbase-hadoop-zookeeper-node1.out
starting master, logging to /home/hadoop/hbase-0.98.9-hadoop2/bi
n/../logs/hbase-hadoop-master-node1.out
```

```
node4: starting regionserver, logging to /home/hadoop/hbase-0.98.9-hadoop2
/bin/../logs/hbase-hadoop-regionserver-node4.out
node3: starting regionserver, logging to /home/hadoop/hbase-0.98.9-hadoop2
/bin/../logs/hbase-hadoop-regionserver-node3.out
node2: starting regionserver, logging to /home/hadoop/hbase-0.98.9-hadoop2
/bin/../logs/hbase-hadoop-regionserver-node2.out
node2: starting master, logging to /home/hadoop/hbase-0.98.9-hadoop2/bin/
../logs/hbase-hadoop-master-node2.out
```

如果没有问题，则在各节点上执行 jps 命令，查看相应服务是否都正常启动。本文测试时的运行情况如图 6-12 所示。

node1 jps output:
```
[hadoop@node1 ~]$ jps
21199 HMaster
21104 HQuorumPeer
21476 Jps
14565 SecondaryNameNode
19277 ResourceManager
14382 NameNode
```

node2 jps output:
```
[hadoop@node2 ~]$ jps
13579 HQuorumPeer
13050 NodeManager
13689 HRegionServer
13793 HMaster
14021 Jps
10778 DataNode
```

node3 jps output:
```
[root@node3 ~]# jps
15777 HQuorumPeer
15896 HRegionServer
16155 Jps
15252 NodeManager
13071 DataNode
```

node4 jps output:
```
[root@node4 ~]# jps
16157 Jps
13073 DataNode
15780 HQuorumPeer
15259 NodeManager
15891 HRegionServer
```

图 6-12　测试时的运行情况

上面的 HQuorumPeer 进程为 ZooKeeper 的实例，它由 HBase 控制和启动，以这种方式运行的 ZooKeeper 将被限制为一个节点运行一个服务进程；如果 ZooKeeper 是单独配置启动的，它的运行进程名为 QuorumPeer，没有前面的 H。还可以发现，node2 的输出中也有一个 HMaster，因为本文将 node2 设为 HMaster 运行的备用节点，所以也有相应的服务，当 namenode 的 HMaster 出现问题时，将及时由 node2 的 HMaster 接管集群。

6.5　HBase Shell

HBase 是典型的 NoSQL 数据库，并不支持 SQL 查询语句，不过 HBase 提供自带的查询语言 HQL，可以在 HBase 的 Shell 中使用该语句进行查询，HQL 语言的设计还是比较浅显易懂的，即使是初学者也能很快掌握。此外，还可以通过 Native Java API、Pig、Hive 等接口或工具访问和操作 HBase，读者可以查阅相关书籍学习，本文只讲解 HBase 的 Shell 操作。

当 HBase 集群配置好启动后，就可以使用 HBase 的 Shell 对 HBase 进行各种操作，如建表、添加记录、添加列族、删除列族和删除表等。需使用 HBase 的 bin 目录下的 HBase 命令才能进入，具体操作如下：

```
[hadoop@node1 hbase-0.98.9-hadoop2]$ bin/hbase shell
HBase Shell; enter 'help<RETURN>' for list of supported commands.
Type "exit<RETURN>" to leave the HBase Shell
Version 0.98.9-hadoop2, r96878ece501b0643e879254645d7f3a40eaf101f, Mon Dec 15  23:00:20 PST 2014
hbase(main):001:0>
```

输出以上信息，表示 HBase Shell 启动成功，接下来可以使用 HBase Shell 中的 help 命令查看 HBase Shell 提供哪些功能：

```
hbase(main):001:0>help
HBase Shell, version 0.98.9-hadoop2, r96878ece501b0643e879254645d7f3a40eaf1
01f, Mon Dec 15 23:00:20 PST 2014
Type 'help "COMMAND"', (e.g. 'help "get"' -- the quotes are necessary) for he
lp on aspecific command.
Commands are grouped. Type 'help "COMMAND_GROUP"', (e.g. 'help "general"') f
or helpon a command group.

COMMAND GROUPS:
  Group name: general
  Commands: status, table_help, version, whoami

  Group name: ddl
  Commands: alter, alter_async, alter_status, create, describe, disable,
   disable_all, drop, drop_all, enable, enable_all, exists, get_table,
is_disabled, is_enabled, list, show_filters

  Group name: namespace
  Commands: alter_namespace, create_namespace, describe_namespace,
drop_namespace, list_namespace, list_namespace_tables

  Group name: dml
  Commands: append, count, delete, deleteall, get, get_counter, incr,
put, scan, truncate, truncate_preserve

  Group name: tools
  Commands: assign, balance_switch, balancer, catalogjanitor_enabled,
catalogjanitor_run, catalogjanitor_switch, close_region, compact,
compact_rs, flush, hlog_roll, major_compact, merge_region, move,
split, trace, unassign, zk_dump
```

Group name: **replication**

Commands: add_peer, disable_peer, enable_peer, list_peers, list_replicated_tables, remove_peer, set_peer_tableCFs, show_peer_tableCFs

Group name: **snapshots**

Commands: clone_snapshot, delete_all_snapshot, delete_snapshot, list_snapshots, restore_snapshot, snapshot

Group name: **security**

Commands: grant, revoke, user_permission

Group name: **visibility labels**

Commands: add_labels, clear_auths, get_auths, list_labels, set_auths, set_visibility

SHELL USAGE:
Quote all names in HBase Shell such as table and column names. Commas delimit command parameters. Type <RETURN> after entering a command to run it. Dictionaries of configuration used in the creation and alteration of tables are Ruby Hashes. They look like this:

  {'key1' => 'value1', 'key2' => 'value2', ...}

and are opened and closed with curley-braces. Key/values are delimited by the '=>' character combination. Usually keys are predefined constants such as NAME, VERSIONS, COMPRESSION, etc. Constants do not need to be quoted. Type 'Object.constants' to see a (messy) list of all constants in the environment.

If you are using binary keys or values and need to enter them in the shell, use double-quote'd hexadecimal representation. For example:

  hbase> get 't1', "key\x03\x3f\xcd"
  hbase> get 't1', "key\003\023\011"
  hbase> put 't1', "test\xef\xff", 'f1:', "\x01\x33\x40"

The HBase shell is the (J)Ruby IRB with the above HBase-specific commands added.
For more on the HBase Shell, see http://hbase.apache.org/book.html

可以看出，HBase Shell 提供了很多操作命令，并且按组进行管理，主要分为以下几个组：general、ddl、namespace、dml、tools、repication、snapshots、security、visibility lables，如果不知道如何使用某个命令，可以使用 help "command_name" 命令进行查询，如果输入 help "group_name"，将一次性显示 group 中所有命令的帮助信息。下面对部分组的命令进行简单讲解。

6.5.1 general 一般操作

general 操作查询 HBase 的相关信息，如运行状态、版本信息等。general 相关命名基本没有什么格式，直接输入即可。

1．查看 HBaseRegionServer 运行状态

```
hbase(main):001:0>status
3 servers, 0 dead, 0.6667 average load
```

输入 help "status"，可以看到 status 总共有 3 个选项，分别为

```
status 'simple'
status 'summary'
status 'detailed'
```

在默认情况下为 summary，summary 下的输出最简洁，另外两个选项都会输出更加详细的信息，读者可以自己测试。

2．查看 HBase 版本

```
hbase(main):003:0>version
0.98.9-hadoop2, r96878ece501b0643e879254645d7f3a40eaf101f, Mon Dec 15 23:00:
20 PST 2014
```

3．查看当前用户

```
hbase(main):004:0>whoami
hadoop (auth:SIMPLE)
    groups: hadoop
```

4．table_help 命令

由于篇幅问题，这里不再演示该命令。该命令主要是显示一些操作表的帮助信息，如使用 create 命令创建表，然后使用 put、get 命令进行相应操作等。最重要的是说明了在 HBase 中可以为表添加"引用"，然后直接使用这个引用操作相应的表。引用可以在创建表的时候设置，如：

```
hbase> m = create 'member', 'address'
```

如果已经创建了某个表，也可以使用命令为它创建引用：

```
hbase> m = get_table 'member'
```

这时，m 代表表 member，如果要添加一行数据，可以使用如下命令：

```
hbase> m.put '201411245''address:home''SiChuan'
```

这时，会在表 member 中插入一行数据，行键为 201411245，列族为 address，列为 home，值为 SiChuan。

如果不使用引用，插入数据要使用如下命令：

```
hbase> put 'member''201411245''address:home''SiChuan'
```

引用除了可以使用 put 外，还有很多其它命令也可以使用，很显然，使用引用将更加方便，对于习惯面向对象程序开发的人员来说，也更加亲切和熟悉。值得一提的是，Shell 关闭后，所有的引用都将丢失。

6.5.2 ddl 操作

ddl 操作主要是以表为对象进行的操作，如创建表、修改表、删除表等。这里设计一个

student 来进行相关演示，其结构如表 6-2 所示。

表 6-2 student 表结构

行键	basic_info					school_info		
	name	gender	birthday	connect	adress	college	class	subject

该表有两个列族，分别是 basic_info 和 school_info，分别用来存储基本信息和学校信息。basic_info 包含 5 个列 name、gender、birthday、connect、adress，分别代表姓名、性别、出生年月、联系方式、住址；school_info 包含 3 个列 college、class、subject，分别代表所属学院、班级、专业。

1．创建表 student，格式如下：

hbase>create '表名' '列族 1','列族 2',…,'列族 n'

```
hbase(main):004:0>create 'students','stu_id','basic_info','school_info'
0 row(s) in 1.5590 seconds
=> Hbase::Table - students
```

2．查看所有的表

```
hbase(main):005:0>list
TABLE
member
students
t
3 row(s) in 0.0220 seconds
=> ["member", "students", "t"]
```

这里显示有 3 个表，students 为第一步创建的表，member 和 t 是笔者之前测试创建的表。

3．查看表结构

```
hbase(main):006:0> describe 'students'
Table students is ENABLED
COLUMN FAMILIES DESCRIPTION
{NAME => 'basic_info', DATA_BLOCK_ENCODING => 'NONE', BLOOMFILTER => 'ROW',
REPLICATION_SCOPE => '0', VERSIONS => '1', COMPRESSION => 'NONE', MIN_VERSIO
NS => '0', TTL => 'FOREVER', KEEP_DELETED_CELLS => 'FALSE', BLOCKSIZE => '65
536', IN_MEMORY => 'false', BLOCKCACHE => 'true'}
{NAME => 'school_info', DATA_BLOCK_ENCODING => 'NONE', BLOOMFILTER => 'ROW',
REPLICATION_SCOPE => '0', VERSIONS => '1', COMPRESSION => 'NONE', MIN_VERSIO
NS => '0', TTL => 'FOREVER', KEEP_DELETED_CELLS => 'FALSE', BLOCKSIZE => '65
536', IN_MEMORY => 'false', BLOCKCACHE => 'true'}
{NAME => 'stu_id', DATA_BLOCK_ENCODING => 'NONE', BLOOMFILTER => 'ROW', REPL
ICATION_SCOPE => '0', VERSIONS => '1', COMPRESSION => 'NONE', MIN_VERSIONS =
```

```
> '0', TTL => 'FOREVER', KEEP_DELETED_CELLS => 'FALSE', BLOCKSIZE => '65536',
IN_MEMORY => 'false', BLOCKCACHE => 'true'}
3 row(s) in 0.0560 seconds
```

首先第一行的 ENABLED 显示该表正在使用中,接下来一行显示下面开始描述表的列族,然后使用 3 个段分别描述了相应的列族。

4. 删除列族 stu_id

按照关系型数据库的使用习惯,一般会在建表的时候使用一个列作为主索引,而在 HBase 中则不必如此,因为 HBase 提供行键作为索引,人们只需要将作为索引的值写入行键中就可以了。

删除列族要使用 alter 命令,用 alter 命令删除列族的格式有如下几种:

```
hbase> alter '表名', NAME=>'列族名', METHOD=>'delete'
hbase> alter '表名', {NAME=>'列族名', METHOD=>'delete'}
hbase> alter '表名', 'delete' => '列族名'
```

(1)删除列族 stu_id

```
hbase(main):036:0>alter 'students', 'delete' => 'stu_id'
Updating all regions with the new schema…
0/1 regions updated.
1/1 regions updated.
Done.
0 row(s) in 2.2180 seconds
```

使用 alter 还可以对表的各列族进行详细的配置,具体请用命令 help 'alter'查看。本版本的 HBase 中,删除一个表的列族不需要使表在非使用状态,可以直接进行操作,在之前的某些版本中则不行,直接删除会出现以下错误:

```
ERROR: Table memberis enabled. Disable it first before altering.
```

这时需要先 disable 要操作的表,删除后,再进行 enable 操作,格式为

```
hbase>disable/enable '表名'
```

(2)查看列族 stu_id 删除是否成功

```
hbase(main):037:0>describe 'students'
Table students is ENABLED
COLUMN FAMILIES DESCRIPTION
{NAME => 'basic_info', DATA_BLOCK_ENCODING => 'NONE', BLOOMFILTER => 'ROW',
REPLICATION_SCOPE => '0', VERSIONS => '1', COMPRESSION => 'NONE', MIN_VERSIO
NS => '0', TTL => 'FOREVER', KEEP_DELETED_CELLS => 'FALSE', BLOCKSIZE => '65
536', IN_MEMORY => 'false', BLOCKCACHE => 'true'}
{NAME => 'school_info', DATA_BLOCK_ENCODING => 'NONE', BLOOMFILTER => 'ROW',
REPLICATION_SCOPE => '0', VERSIONS => '1', COMPRESSION => 'NONE', MIN_VERSIO
NS => '0', TTL => 'FOREVER', KEEP_DELETED_CELLS => 'FALSE', BLOCKSIZE => '65
536', IN_MEMORY => 'false', BLOCKCACHE => 'true'}
2 row(s) in 0.0410 seconds
```

5. 删除一个表

删除一个表必须先 disable，否则会出现错误，删除表使用 drop 命令，格式为

```
hbase> drop '表名'
hbase(main):041:0>disable 't'
0 row(s) in 1.5000 seconds
hbase(main):042:0>drop 't'
0 row(s) in 0.1810 seconds
```

6. 查询一个表是否存在

```
hbase(main):045:0>exists 't'
Table t does not exist
0 row(s) in 0.0450 seconds
hbase(main):046:0>exists 'students'
Table students does exist
0 row(s) in 0.0330 seconds
```

7. 查询一个表的使用状态

```
hbase(main):047:0>is_enabled 'students'
true
0 row(s) in 0.0520 seconds
hbase(main):048:0>is_disabled 'students'
false
0 row(s) in 0.0660 seconds
```

6.5.3 dml 操作

dml 操作主要是对表的记录的操作，如插入记录、查询记录等。

1. 使用 put 命令向 students 表中插入记录，put 命令的格式如下：

```
hbase> put '表名' '行键','列族:列', '值'
```

这里插入如下记录：

```
hbase>stu = get_table 'students'
hbase>stu.put '2013101001', 'basic_info:name', 'YangMing'
hbase>stu.put '2013101001', 'basic_info:gender', 'male'
hbase>stu.put '2013101001', 'basic_info:birthday', '1988-05-23'
hbase>stu.put '2013101001', 'basic_info:connect', 'Tel:13911111111'
hbase>stu.put '2013101001', 'basic_info:address', 'SiChuan-Chengdu'
hbase>stu.put '2013101001', 'school_info:college', 'ChengXing'
hbase>stu.put '2013101001', 'school_info:class', 'class 1 grade 2'
hbase>stu.put '2013101001', 'school_info:object', 'Software'
```

注意，第一步创建了 students 表的引用 stu，这样操作更加方便。

2. 使用 get 获取数据，get 命令的格式如下：

```
hbase> get '表名' '行键'[, '列族[:列]']
```

其中 [ ] 内为可选内容。

获取一个行键的所有数据：

```
hbase(main):010:0>stu.get '2013101001'
COLUMN                    CELL
 basic_info:address       timestamp=1422613121249, value=SiChuan-Chengdu
 basic_info:birthday      timestamp=1422613042438, value=1988-05-23
 basic_info:connect       timestamp=1422613086908, value=Tel:13911111111
 basic_info:gender        timestamp=1422612998952, value=male
 basic_info:name          timestamp=1422612962511, value=YangMing
 school_info:class        timestamp=1422613212431, value=class 1 grade 2
 school_info:college      timestamp=1422613188800, value=ChengXing
 school_info:object       timestamp=1422613229429, value=Software
8 row(s) in 0.0350 seconds
```

从以上输出可以看出，各列族的数据是按列排好序的。

获取一个行键某列族的所有数据：

```
hbase(main):011:0>stu.get '2013101001', 'basic_info'
COLUMN                    CELL
 basic_info:address       timestamp=1422613121249, value=SiChuan-Chengdu
 basic_info:birthday      timestamp=1422613042438, value=1988-05-23
 basic_info:connect       timestamp=1422613086908, value=Tel:13911111111
 basic_info:gender        timestamp=1422612998952, value=male
 basic_info:name          timestamp=1422612962511, value=YangMing
5 row(s) in 0.0450 seconds
```

获取一个行键某列族的最新数据：

```
hbase(main):012:0>stu.get '2013101001', 'basic_info:name'
COLUMN                    CELL
 basic_info:name          timestamp=1422612962511, value=YangMing
1 row(s) in 0.0380 seconds
```

3．为某条数据增加一个版本

```
hbase(main):013:0>stu.put '2013101001', 'basic_info:connect', 'Tel:13901602375'
0 row(s) in 0.0260 seconds
hbase(main):014:0>stu.get '2013101001', 'basic_info:connect'
COLUMN                    CELL
 basic_info:connect       timestamp=1422614959332, value=Tel:13901602375
1 row(s) in 0.0490 seconds
```

4．通过时间戳获取两个版本的数据

```
hbase(main):018:0>stu.get '2013101001', {COLUMN=>'basic_info:connect', TIMESTAMP=>1422613086908}
COLUMN                    CELL
 basic_info:connect       timestamp=1422613086908, value=Tel:13911111111
1 row(s) in 0.0130 seconds
```

```
hbase(main):019:0>stu.get '2013101001', {COLUMN=>'basic_info:connect', TIME
STAMP=>1422614959332}
COLUMN                    CELL
 basic_info:connect       timestamp=1422614959332, value=Tel:13901602375
1 row(s) in 0.0320 seconds
```

5. 全表扫描

```
hbase(main):025:0>stu.scan
ROW                       COLUMN+CELL
 2013101001               column=basic_info:address, timestamp=1422613121249, value=
                          SiChuan-Chengdu
 2013101001               column=basic_info:birthday, timestamp=1422613042438, value
                          =1988-05-23
 2013101001               column=basic_info:connect, timestamp=1422614959332, value=
                          Tel:13901602375
 2013101001               column=basic_info:gender, timestamp=1422612998952, value=male
 2013101001               column=basic_info:name, timestamp=1422612962511, value=YangMing
 2013101001               column=school_info:class, timestamp=1422613212431, value=c
                          lass 1 grade 2
 2013101001               column=school_info:college, timestamp=1422613188800, value
                          =ChengXing
 2013101001               column=school_info:object, timestamp=1422613229429, value=
                          Software
1 row(s) in 0.0730 seconds
```

6. 删除某行键类的某列

```
hbase(main):028:0>stu.delete '2013101001', 'basic_info:connect'
0 row(s) in 0.1870 seconds
hbase(main):029:0>stu.get '2013101001', 'basic_info'
COLUMN                    CELL
 basic_info:address       timestamp=1422613121249, value=SiChuan-Chengdu
 basic_info:birthday      timestamp=1422613042438, value=1988-05-23
 basic_info:gender        timestamp=1422612998952, value=male
 basic_info:name          timestamp=1422612962511, value=YangMing
4 row(s) in 0.0250 seconds
```

7. 以行键为单位，查询表有多少行。

```
hbase(main):030:0>stu.count
1 row(s) in 0.3230 seconds
=> 1
```

8. 清空整张表

```
hbase(main):035:0>truncate 'students'
Truncating 'students' table (it may take a while):
```

```
- Disabling table…
- Truncating table…
0 row(s) in 1.9460 seconds
```

truncate 操作其实是先 disable 某张表，然后删除表，再根据表结构重新创建同名称的表。

HBase Shell 操作就介绍到这里，本章只是介绍了最常使用的相关操作，如创建表、修改表、给表添加记录等，当然 HBase Shell 的功能不仅仅是这些，还可以创建名字空间，对表进行安全管理等，这些需要读者自己学习，本文不再赘述。

从本节中给表插入记录的操作可以看出，HBase 插入一行记录是根据行键逐值进行插入的，这其实和 HBase 的设计初衷有关，希望 HBase 中的一行只在某一个列族中存在数据，这样更适合做 KeyValue 的查询。

6.6 小结

本章主要介绍了 HBase 的表视图（概念视图和物理视图）及物理存储模型。概念视图相当于逻辑视图，可以看到整张表的结构；而物理视图则是表基本存储结构，可以看出 HBase 的表记录是存储在不同的单元中的，这也是 HBase 和关系型数据库最大区别；HBase 物理存储模型则介绍了 HBase 的基本服务、数据处理流程和底层数据结构。之后介绍了 HBase 的安装以及 HBaseShell 的基本操作。

通过学习本章，读者可以了解 HBase 的基本原理，HBase 的表结构（逻辑和物理）以及一些底层相关细节，并能够安装和简单使用 HBase。

习题

1. HBase 和一般关系型数据库有什么不同？
2. HBase 的一张表在物理上的结构是什么？
3. Zookeeper 在 HBase 中有什么作用？
4. HBase 的表由多个列族构成，所以记录也分散在多个列族中，那么在完全分布式的 HBase 中，一条记录是存储在一个节点（Datanode）中吗？一个列族呢？
5. HBase 中对删除的记录是如何处理的？
6. 在 Hadoop 集群中安装 HBase，然后自己设计一个表，并在 HBase 中执行创建表，添加、修改数据等操作。

第 7 章 ZooKeeper 技术

知识储备

- UNIX 基本操作命令
- HDFS 基础知识

学习目标

- 理解 ZooKeeper 的主要概念和特征
- 了解分布式协调技术概念
- 熟悉 ZooKeeper 的数据模型
- 掌握常用的 Shell 操作命令
- 掌握搭建 ZooKeeper 环境

前面讲 Hbase 的时候说过 Hbase 自带集成了的 ZooKeeper，当开启 ZooKeeper 的时候先开启 ZooKeeper 的 QuorumPeerMain 进程，再开启 Hbase 中的 HmasterRegion 和 HserverRegion 进程。集群中就可以启动多个 HMaster，而 ZooKeeper 存储所有 Region 的寻址入口，通过 ZooKeeper 的 Master Election 机制保证总有一个 Master 运行。本章主要讲解 ZooKeeper 的运行机制。

Hadoop 的软件生态链中除了 Hadoop 自身外还有像 Hive、Pig 之类的数据分析和处理工具，对这些"动物"进行统一管理的就是动物管理员——ZooKeeper 了，这是一种为分布式应用所设计的高可用、高性能且一致的开源协调服务，它提供了一项基本服务：分布式锁服务。由于 ZooKeeper 的开源特性，之后的开发者在分布式锁的基础上，摸索出了其他使用方法：配置维护、组服务、分布式消息队列、分布式通知/协调等。ZooKeeper 提供的服务目的在于加强集群稳定性、持续性、有序性和高效性。

7.1 分布式协调技术

分布式协调技术主要用来解决分布式环境当中多个进程之间的同步控制，让它们有序地去访问某种临界资源，防止造成"脏数据"的后果。单机环境下可以利用简单的读写锁机制来实现，问题放到分布式环境下就需要分布式锁，这个分布式锁也就是分布式协调技术实现的核心内容。

分布式锁面临的问题就是网络的不可靠性（拜占庭将军问题[①]）。如在单机环境中，进程对一个资源的获取要么成功，要么失败。但在分布式环境中，对一个资源的访问或者一个服务的调用，如果返回失败消息，但也可能实际上访问成功或者调用成功了，或者时间上不同的两个节点对另外一个节点顺序调用服务，那么调用请求一定是按照顺序到达的吗？这些都涉及网络问题，所以分布式协调远比在同一台机器上对多个进程的调度要难得多，于是一种通用性好、伸缩性好、高可靠、高可用的协调机制应运而生——ZooKeeper。

7.2 实现者

Apache ZooKeeper 是 Apache 基金会的一个开源项目，是 Google 的 Chubby 核心技术的开源实现，图 7-1 所示是 Chubby 和 ZooKeeper 的标识。Chubby 算法的核心是微软研究院的莱斯利兰伯特提出的 Paxos 算法。原先 Yahoo 模仿 Chubby 开发出了 ZooKeeper，后来将 ZooKeeper 作为一种开源的程序捐献给了 Apache，成为了 Apache 的 Hadoop 下的一个子项目，后来发展成一个顶级项目。它在分布式领域久经考验，所以在构建一些分布式系统的时候，就可以用这类系统为起点来构建，这将节省不少成本，而且 bug 也将更少。

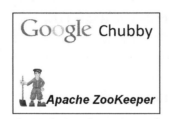

图 7-1 Chubby 与 ZooKeeper 的标识

ZooKeeper 包含一个可以基于它实现同步的简单原语集，一般用于分布式应用程序服务、配置维护和命名服务等，它具有如下特性。

（1）ZooKeeper 是简单的。
（2）ZooKeeper 是富有表现力的。
（3）ZooKeeper 具有高可用性。
（4）ZooKeeper 采用松耦合交互方式。
（5）ZooKeeper 是一个资源库。

7.3 角色

在 ZooKeeper 集群当中有 Leader 和 Follower 两种角色。Leader 可以接收 Client 请求，也接收其他 Server 转发的写请求，负责更新系统状态。Follower 也可以接收 Client 请求，如果是

[①]拜占庭将军问题（Byzantine Generals Problem），是由莱斯利兰伯特提出的点对点通信中的基本问题。在分布式计算上，不同的计算机透过信息交换，尝试达成共识；但有时候，系统上协调计算机或成员计算机可能因系统错误并交换错的信息，导致影响最终的系统一致性。

写请求将转发给 Leader 来更新系统状态，读请求则由 Follower 的内存数据库直接响应。ZooKeeper 集群如图 7-2 所示。

图 7-2　ZooKeeper 集群

改变 Server 状态的写请求，需要通过一致性协议来处理，这个协议就是 Zab（ZooKeeper Atomic Broadcast）协议，用来作为其一致性复制的核心。简单来说，Zab 协议规定：来自 Client 的所有写请求，都要转发给 ZK 服务中唯一的 Server—Leader，由 Leader 根据该请求发起一个 Proposal。然后，其他的 Server 对该 Proposal 进行投票。之后，Leader 对投票进行收集，当投票数量过半时 Leader 会向所有的 Server 发送一个通知消息。最后，当 Client 所连接的 Server 收到该消息时，会把该操作更新到内存中并对 Client 的写请求做出回应。

7.4　ZooKeeper 数据模型

7.4.1　Znode

ZooKeeper 的数据存储结构和标准系统文件非常类似，都是采用的树形层次结构，而树当中的每个节点被称作 Znode。它通过绝对路径的引用，和 UNIX 类似，必须由斜杠开头，路径的表示也是唯一的，如图 7-3 所示，列出了根目录下的所有 Znode。

```
[zk: localhost:2181(CONNECTED) 1] ls /
[storm, hbase, hadoop-ha, zookeeper]
```

图 7-3　Znode 在 Linux 中的表示

其中/zookeeper 文件用来保存 ZooKeeper 的配额管理信息，不能轻易删除。就像 java 中的 file 既可以是目录也可以是文件，Znode 具有文件和目录两种特点，既像文件一样维护着数据、元信息、ACL、时间戳等数据结构，又像目录一样可以作为路径标识的一部分。每个 Znode 都由 3 部分组成。

（1）stat：此为状态信息，描述该 Znode 的版本、权限等信息。
（2）data：与该 Znode 关联的数据。
（3）children：该 Znode 下的子节点。

ZooKeeper 虽然可以关联一些数据，但并没有被设计为常规的数据库或者大数据存储，相反的是，它用来管理调度数据，如分布式应用中的配置文件信息、状态信息、汇集位置等。这些数据的共同特性就是它们都是很小的数据，通常以 KB 为单位。ZooKeeper 的服务器和客户端都被设计为严格检查并限制每个Znode的数据至多1 MB，但常规使用中应该远小于此值。

ZooKeeper中的节点有两种，分别为临时节点（Ephemeral Nodes）和永久节点（Persistent Nodes）。节点的类型在创建时即被确定，并且不能改变。

（1）临时节点：该节点的生命周期依赖于创建它们的会话。一旦会话（Session）结束，临时节点将被自动删除，当然也可以手动删除。虽然每个临时的 Znode 都会绑定到一个客户端会话，但它们对所有的客户端还是可见的。另外，ZooKeeper的临时节点不允许拥有子节点。

（2）永久节点：该节点的生命周期不依赖于会话，并且只有在客户端显示执行删除操作的时候，它们才能被删除。

为了保证子节点名字唯一性和顺序性，ZooKeeper还引入了顺序节点（Sequence Nodes）这个概念，前面两种节点只要在路径后缀加上 10 位数字就可以有顺序性了。这个数字是由内部计数器（counter）来实现的，格式为%010d，即 10 位整数，不满 10 位左边补 0。计数范围不能超过整数类型（4 字节）表示的最大值 2147483647，否则会溢出。

客户端可以在节点上设置 watch，称之为监视器。当节点状态发生改变时（Znode 的增、删、改）将会触发 watch 所对应的操作。当 watch 被触发时，ZooKeeper 将会向客户端发送且仅发送一条通知，因为 watch 只能被触发一次，这样可以减少网络流量。

7.4.2 ZooKeeper 中的时间

ZooKeeper 有多种记录时间的形式，其中包含以下两个主要属性。

1．Zxid

致使 ZooKeeper 节点状态改变的每一个操作都将使节点接收到一个 Zxid 格式的时间戳，并且这个时间戳全局有序。也就是说，每个对节点的改变都将产生一个唯一的 Zxid。如果 Zxid1 的值小于 Zxid2 的值，那么 Zxid1 所对应的事件发生在 Zxid2 所对应的事件之前。实际上，ZooKeeper 的每个节点维护着 3 个 Zxid 值，为别为 cZxid、mZxid、pZxid。

（1）cZxid：是节点的创建时间所对应的 Zxid 格式时间戳。

（2）mZxid：是节点的修改时间所对应的 Zxid 格式时间戳。

（3）pZxid：是最近一次子节点修改时间所对应的 Zxid 格式时间戳。

实现中 Zxid 是一个 64 为的数字，它高 32 位是 epoch 用来标识 leader 关系是否改变，每次一个 leader 被选出来，它都会有一个新的 epoch。低 32 位是个递增计数。

2．版本号

对节点的每一个操作都将致使这个节点的版本号增加。每个节点维护着 3 个版本号，它们分别如下。

（1）version：节点数据版本号。

（2）cversion：子节点版本号。

（3）aversion：节点所拥有的 ACL 版本号。

7.4.3 ZooKeeper 节点属性

通过 get<path> 命令可以获取该路径的 Znode 属性，如图 7-4 所示。

```
[zk: localhost:2181(CONNECTED) 3] get /hbase
cZxid = 0x1200000009
ctime = Wed Dec 10 19:52:41 CST 2014
mZxid = 0x1200000009
mtime = Wed Dec 10 19:52:41 CST 2014
pZxid = 0x1700000081
cversion = 31
dataVersion = 0
aclVersion = 0
ephemeralOwner = 0x0
dataLength = 0
numChildren = 13
```

图 7-4 Znode 节点属性结构

Znode 的属性详细描述如表 7-1 所示。

表 7-1 Znode 的属性

属性	描述
czxid	节点被创建的 zxid
mzxid	节点被修改的 zxid
ctime	节点被创建的时间
mtime	节点被修改的 zxid
version	节点被修改的版本号
cversion	节点所拥有的子节点被修改的版本号
aversion	节点的 ACL 被修改的版本号
ephemeralOwner	如果此节点为临时节点，那么它的值为这个节点拥有者的会话 ID；否则，它的值为 0
dataLength	节点数长度
numChildren	节点用的子节点长度
pzxid	最新修改的 zxid，貌似与 mzxid 重合了

7.4.4 watch 触发器

ZooKeeper 可以为所有的读操作设置 watch，这些读操作包括 exists()、getChildren() 及 getData()。watch 事件是一次性的触发器，当 watch 的对象状态发生改变时，将会触发此对象上 watch 所对应的事件。watch 事件将被异步地发送给客户端，并且 ZooKeeper 为 watch 机制提供了有序的一致性保证。理论上，客户端接收 watch 事件的时间要快于其看到 watch 对象状态变化的时间。

1．watch 类型

ZooKeeper 所管理的 watch 可以分为两类。

（1）数据 watch(data watches)：getData 和 exists 负责设置数据 watch。

（2）孩子 watch(child watches)：getChildren 负责设置孩子 watch。

可以通过操作返回的数据来设置不同类型的 watch。

（1）getData 和 exists：返回关于节点的数据信息。

（2）getChildren：返回孩子列表。

因此，一个成功的 setData 操作将触发 Znode 的数据 watch，一个成功的 create 操作将触发 Znode 的数据 watch 以及孩子 watch，一个成功的 delete 操作将触发 Znode 的数据 watch 以及孩子 watch。

2．watch 注册与触发

watch 设置操作及相应的触发器如表 7-2 所示。

表 7-2　watch 设置操作及相应的触发器

设置 watch	watch 触发器				
	create		delete		setData
	Znode	child	Znode	child	Znode
exists	NodeCreated		NodeDeleted		NodeDataChanged
getdata			NodeDeleted		NodeDataChanged
getChildren		NodeChildrenChanged	NodeDeleted	NodeDeletedChanged	

exists 操作上的 watch，在被监视的 Znode 创建、删除或数据更新时被触发。getData 操作上的 watch，在被监视的 Znode 删除或数据更新时被触发。在被创建时不能被触发，因为只有 Znode 一定存在，getData 操作才会成功。getChildren 操作上的 watch，在被监视的 Znode 的子节点创建或删除，或是这个 Znode 自身被删除时被触发。可以通过查看 watch 事件类型来区分是 Znode，还是它的子节点被删除：NodeDelete 表示 Znode 被删除，NodeDeletedChanged 表示子节点被删除。

watch 由客户端所连接的 ZooKeeper 服务器在本地维护，因此 watch 可以非常容易地设置、管理和分派。当客户端连接到一个新的服务器时，任何的会话事件都将可能触发 watch。另外，当从服务器断开连接的时候，watch 将不会被接收。但是，当一个客户端重新建立连接的时候，任何先前注册过的 watch 都会被重新注册。

3．watch 主要应用

ZooKeeper 的 watch 实际上要处理如下两类事件。

（1）连接状态事件(type=None, path=null)，这类事件不需要注册，也不需要连续触发，只要处理就行了。

（2）节点事件，包括节点的建立、删除和数据的修改。它是 one time trigger，需要不停地注册触发，还可能发生事件丢失的情况。

上面两类事件都在 watch 中处理，也就是重载的 process(Event event)节点事件的触发，通过函数 exists、getData 或 getChildren 来处理这类函数，有双重作用，即注册触发事件和实现函数本身的功能。函数本身的功能又可以用异步的回调函数来实现，重载 processResult()过程中处理函数本身的功能。

7.5　ZooKeeper 集群安装

ZooKeeper 通过复制来实现高可用性，只要集合体中半数以上的机器处于可用状态，它就能够保证服务继续。为什么一定要超过半数呢？这跟 ZooKeeper 的复制策略有关：ZooKeeper 确保对 Znode 树的每一个修改都会被复制到集合体中超过半数的机器上。

在实验时，可以先使用少量数据在集群伪分布模式下进行测试。当测试可行的时候，再将数据移植到集群模式进行真实的数据实验。这样不但保证了它的可行性，同时大大提高了实验的效率。这种搭建方式，比较简便，成本比较低，适合测试和学习，如果机器不足，可以在一台机器上部署了 3 个 server。

1. 安装步骤

安装步骤有以下 5 步。

（1）下载 ZooKeeper：网络地址为 http://apache.fayea.com/zookeeper/zookeeper-3.4.6/zookeeper-3.4.6.tar.gz。

（2）解压 tar -zxvf ZooKeeper-3.4.6.tar.gz 重命名为 mv ZooKeeper-3.4.6 zk。

（3）创建文件夹 mkdir /usr/local/zk/data。

（4）创建 myid：在 data 目录下，创建文件 myid，值为 0；可以通过 vi 编辑器的命令"vi myid"，输入内容为 0。其余节点分别为 1 和 2。

（5）配置文件：在 conf 目录下删除 zoo_sample.cfg 文件，创建一个配置文件 zoo.cfg。

```
# The number of milliseconds of each tick
tickTime=2000
# The number of ticks that the initial
# synchronization phase can take
initLimit=10
# The number of ticks that can pass between
# sending a request and getting an acknowledgement
syncLimit=5
# the directory where the snapshot is stored.
dataDir=/usr/local/zk/data
# the port at which the clients will connect
clientPort=2183
#the location of the log file
dataLogDir=/usr/local/zk/log
server.0=hadoop:2288:3388
server.1=hadoop0:2288:3388
server.2=hadoop1:2288:3388
```

2. 最低配置要求中必须配置的参数

（1）client：监听客户端连接的端口。

（2）tickTime：基本事件单元，这个时间是作为 ZooKeeper 服务器之间或客户端与服务器之间维持心跳的时间间隔，每隔 tickTime 时间就会发送一个心跳；最小的 session 过期时间为两倍 tickTime。

（3）dataDir：存储内存中数据库快照的位置，如果不设置参数，更新的日志将被存储到默认位置。

应该谨慎的选择日志存储的位置，使用专用的日志存储设备能够大大提高系统的性能，如果将日志存储在比较繁忙的存储设备上，那么将会很大程度上影响系统性能。

3. 可选配置参数

（1）dataLogdDir

这个操作让管理机器把事务日志写入"dataLogDir"所指定的目录中，而不是"dataDir"所指定的目录。这将允许使用一个专用的日志设备，帮助人们避免日志和快照的竞争。配置如下：

```
# the directory where the snapshot is stored
dataDir=/home/trucy/zk/data
```

（2）maxClientCnxns

这个操作将限制连接到 ZooKeeper 的客户端数量，并限制并发连接的数量，通过 IP 来区分不同的客户端。此配置选项可以阻止某些类别的 Dos 攻击。将它设置为零或忽略不进行设置将会取消对并发连接的限制。

如此时将 maxClientCnxns 的值设为 1，如下所示：

```
# set maxClientCnxns
  maxClientCnxns=1
```

启动 ZooKeeper 之后，首先用一个客户端连接到 ZooKeeper 服务器上。之后如果有第二个客户端尝试对 ZooKeeper 进行连接，或者有某些隐式的对客户端的连接操作，将会触发 ZooKeeper 的上述配置。

（3）minSessionTimeout 和 maxSessionTimeout

即最小的会话超时和最大的会话超时时间。在默认情况下，minSession=2*tickTime；maxSession=20*tickTime。

4. 集群配置

（1）initLimit：此配置表示，允许 follower（相对于 Leaderer 言的"客户端"）连接并同步到 Leader 的初始化连接时间，以 tickTime 为单位。当初始化连接时间超过该值，则表示连接失败。

（2）syncLimit：此配置项表示 Leader 与 Follower 之间发送消息时，请求和应答时间长度。如果 follower 在设置时间内不能与 leader 通信，那么此 follower 将会被丢弃。

（3）server.A=B：C：D。其中 A 是一个数字，表示这个是服务器的编号；B 是这个服务器的 IP 地址；C 是 Leader 选举的端口；D 是 ZooKeeper 服务器之间的通信端口。

（4）myid 和 zoo.cfg。除了修改 zoo.cfg 配置文件，集群模式下还要配置一个文件 myid，这个文件在 dataDir 目录下，这个文件里面就有一个数据就是 A 的值，ZooKeeper 启动时会读取这个文件，拿到里面的数据与 zoo.cfg 里面的配置信息做比较，从而判断是哪个 server。

配置好之后，可以通过下面命令对 ZooKeeper 进行操作。

（1）在 3 个节点上分别执行命令 zkServer.sh start 启动 ZooKeeper。

（2）在 3 个节点上分别执行命令 zkServer.sh status 检验节点状态。

（3）在 3 个节点上分别执行命令 zkServer.sh stop 关闭 ZooKeeper。

7.6　ZooKeeper 主要 Shell 操作

启动 ZooKeeper 服务之后，输入以下命令，连接到 ZooKeeper 服务：

```
zkCli.sh -server localhost:2181
```

连接成功之后，系统会输出 ZooKeeper 的相关环境及配置信息，并在屏幕输出"welcome to ZooKeeper！"等信息。输入 help 之后，屏幕会输出可用的 ZooKeeper 命令，如图 7-5 所示。

```
[zk: localhost:2181(CONNECTED) 0] help
ZooKeeper -server host:port cmd args
        connect host:port
        get path [watch]
        ls path [watch]
        set path data [version]
        rmr path
        delquota [-n|-b] path
        quit
        printwatches on|off
        create [-s] [-e] path data acl
        stat path [watch]
        close
        ls2 path [watch]
        history
        listquota path
        setAcl path acl
        getAcl path
        sync path
        redo cmdno
        addauth scheme auth
        delete path [version]
        setquota -n|-b val path
```

图 7-5 ZooKeeper 客户端命令

使用 ls 命令查看当前 ZooKeeper 中所包含的内容：

[zk: localhost:2181(CONNECTED) 1] ls /

[storm, hbase, hadoop-ha, ZooKeeper]

创建一个新的 Znode 节点"zk"及和它相关字符，执行命令：

[zk: localhost:2181(CONNECTED) 2] create /zk myData

Created /zk

再次使用 ls 命令来查看现在 ZooKeeper 的中所包含的内容：

[zk: localhost:2181(CONNECTED) 3] ls /

[zk, storm, hbase, hadoop-ha, ZooKeeper]

使用 get 命令来确认第二步中所创建的 Znode 是否包含创建的字符串，执行命令：

[zk: localhost:2181(CONNECTED) 4] get /zk

myData

cZxid = 0x170000008b

ctime = Thu Dec 25 22:12:15 CST 2014

mZxid = 0x170000008b

mtime = Thu Dec 25 22:12:15 CST 2014

pZxid = 0x170000008b

cversion = 0

dataVersion = 0

aclVersion = 0

ephemeralOwner = 0x0

dataLength = 6

numChildren = 0

接下来通过 set 命令来对 zk 所关联的字符串进行设置，执行命令：

```
[zk: localhost:2181(CONNECTED) 5] set /zktrucyData
cZxid = 0x170000008b
ctime = Thu Dec 25 22:12:15 CST 2014
mZxid = 0x170000008c
mtime = Thu Dec 25 22:12:51 CST 2014
pZxid = 0x170000008b
cversion = 0
dataVersion = 1
aclVersion = 0
ephemeralOwner = 0x0
dataLength = 9
numChildren = 0
```

再次使用 get 命令来查看，上次修改的内容，执行命令：

```
[zk: localhost:2181(CONNECTED) 6] get /zk
trucyData
cZxid = 0x170000008b
ctime = Thu Dec 25 22:12:15 CST 2014
mZxid = 0x170000008c
mtime = Thu Dec 25 22:12:51 CST 2014
pZxid = 0x170000008b
cversion = 0
dataVersion = 1
aclVersion = 0
ephemeralOwner = 0x0
dataLength = 9
numChildren = 0
```

下面将刚才创建的 Znode 删除，执行命令：

```
[zk: localhost:2181(CONNECTED) 7] delete /zk
```

最后再次使用 ls 命令查看 ZooKeeper 中的内容，执行命令：

```
[zk: localhost:2181(CONNECTED) 8] ls /
[storm, hbase, hadoop-ha, ZooKeeper]
```

经过验证，zk 节点已经删除。

7.7 典型运用场景

7.7.1 数据发布与订阅（Data publication and subscription）

1. 典型场景描述

发布与订阅即配置管理，顾名思义就是将数据发布到 ZK 节点上，供订阅者动态获取数据，实现配置信息的集中式管理和动态更新。如全局的配置信息，地址列表等就非常适合使用。集中式的配置管理在应用集群中是非常常见的，一般商业公司内部都会实现一套集中的配置管理中心，应对不同的应用集群对于共享各自配置的需求，并且在配置变更时能够通知到集群中的每一个机器。

2．应用

（1）索引信息和集群中机器节点状态存储在 ZK 的一些指定节点，供各个客户端订阅使用。

（2）系统日志（经过处理后的）存储，这些日志通常 2~3 天后被清除。

（3）应用中用到的一些配置信息集中管理，在应用启动的时候主动来获取一次，并且在节点上注册一个 Watcher，以后每次配置有更新，实时通知到应用，获取最新配置信息。

（4）业务逻辑中需要用到的一些全局变量，如一些消息中间件的消息队列通常有个 offset，这个 offset 存储在 zk 上，这样集群中每个发送者都能知道当前的发送进度。

（5）系统中有些信息需要动态获取，并且还会存在人工手动去修改这个信息的情况。以前通常是暴露出接口，如 JMX 接口，有了 ZK 后，只要将这些信息存储到 ZK 节点上即可。

3．应用举例

同一个应用系统需要多台 PC Server 运行，但是它们运行的应用系统的某些配置项是相同的，如果要修改这些相同的配置项，那么就必须同时修改每台运行这个应用系统的 PC Server，这样非常麻烦而且容易出错。将配置信息保存在 ZooKeeper 的某个目录节点中，然后将所有需要修改的应用机器监控配置信息的状态，一旦配置信息发生变化，每台应用机器就会收到 ZooKeeper 的通知，然后从 ZooKeeper 获取新的配置信息应用到系统中。ZooKeeper 配置管理服务如图 7-6 所示。

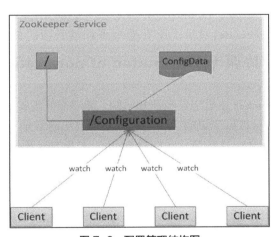

图 7-6　配置管理结构图

ZooKeeper 很容易实现这种集中式的配置管理，如将所需要的配置信息保存到 /Configuration 节点上，集群中所有机器一启动就会通过 Client 对 /Configuration 这个节点进行监控 [zk.exist("/Configuration",true)]，并且实现 Watcher 回调方法 process()，那么在 ZooKeeper 上 /Configuration 节点下数据发生变化的时候，每个机器都会收到通知，Watcher 回调方法将会被执行，各个节点再取回修改数据即可实现配置同步 [zk.getData("/Configuration",false,null)]。

7.7.2　统一命名服务（Name Service）

1．场景描述

分布式应用中，通常需要有一套完整的命名规则，既能够产生唯一的名称又便于人识别和记住，通常情况下用树形的名称结构是一个理想的选择，树形的名称结构是一个有层次的目录结构，既对人友好又不会重复。说到这里可能会想到 JNDI，没错，ZooKeeper 的 Name Service 与 JNDI 完成的功能差不多，它们都是将有层次的目录结构关联到一定资源上，但是 ZooKeeper 的 Name Service 更加是广泛意义上的关联，也许并不需要将名称关联到特定资源上，可能只需要一个不会重复名称，就像数据库中产生一个唯一的数字主键一样。

2．应用

在分布式系统中，通过使用命名服务，客户端应用能够根据指定的名字来获取资源服务的地址、提供者等信息。被命名的实体通常可以是集群中的机器、提供的服务地址和进程对象等，这些都可以统称它们为名字（Name）。其中较为常见的就是一些分布式服务框架中的服务地址列表。通过调用 ZK 提供的创建节点的 API，能够很容易地创建一个全局唯一的 path，这个 path 就可以作为一个名称。Name Service 已经是 ZooKeeper 内置的功能，只要调用 ZooKeeper 的 API 就能实现。如调用 create 接口就可以很容易地创建一个目录节点了。

3．应用举例

阿里开源的分布式服务框架 Dubbo 中使用 ZooKeeper 来作为其命名服务，维护全局的服务地址列表。在 Dubbo 实现中，服务提供者在启动的时候，向 ZK 上的指定节点 /dubbo/${serviceName}/providers 目录下写入自己的 URL 地址，这个操作就完成了服务的发布。服务消费者启动的时候，订阅 /dubbo/${serviceName}/providers 目录下的提供者 URL 地址，并向 /dubbo/${serviceName}/consumers 目录下写入自己的 URL 地址。注意，所有向 ZK 上注册的地址都是临时节点，这样就能够保证服务提供者和消费者能够自动感应资源的变化。另外，Dubbo 还有针对服务的调用主次和调用时间的监控，方法是订阅 /dubbo/${serviceName} 目录下所有提供者和消费者的信息。

7.7.3 分布通知/协调（Distribution of notification/coordination）

1．典型场景描述

ZooKeeper 中特有 watcher 注册与异步通知机制，能够很好地实现分布式环境下不同系统之间的通知与协调，实现对数据变更的实时处理。使用方法通常是不同系统都对 ZK 上同一个 Zonde 进行注册，监听 Zonde 的变化（包括 Zonde 本身内容及子节点的），其中一个系统 update 了 Zonde，那么另一个系统能够收到通知，并做出相应处理。

2．应用

（1）另一种心跳检测机制：检测系统和被检测系统之间并不直接关联起来，而是通过 ZK 上某个节点关联，大大减少系统耦合。

（2）另一种系统调度模式：某系统由控制台和推送系统两部分组成，控制台的职责是控制推送系统进行相应的推送工作。管理人员在控制台做的一些操作，实际上是修改了 ZK 上某些节点的状态，而 ZK 就把这些变化通知给它们注册 Watcher 的客户端，即推送系统，于是，做出相应的推送任务。

（3）另一种工作汇报模式：一些类似于任务分发系统，子任务启动后，到 ZK 来注册一个临时节点，并且定时将自己的进度进行汇报（将进度写回这个临时节点），这样任务管理者就能够实时知道任务进度。

总之，使用 ZooKeeper 来进行分布式通知和协调能够大大降低系统之间的耦合。

7.8 小结

ZooKeeper 作为一个开源的分布式的应用程序协调服务框架，包含一些列简单的原语集，主要用来解决分布式集群中应用系统的一致性问题，在数据发布与订阅、名空间服务、名空间服务、名空间服务、名空间服务等场景中能够得到很好的应用。它能提供基于类似于文件系统的目录节点树方式的数据存储，但是 ZooKeeper 并不只是用来存储数据的，它的作用主要是用来维护和监控存储的数据的状态变化。通过监控这些数据状态的变化，从而可以达到基于数据的集群管理，具有很好的可靠性、可扩展性和可配置性。

习题

1. Chubby 和 Zookeeper 的关系。
2. Znode 由哪几部分组成？
3. Znode 主要分为哪几类？
4. Watch 主要处理哪几类事件？
5. 自己搭建一个 Zookeeper 集群。

第 8 章 分布式数据仓库技术 Hive

PART 8

知识储备

- 熟悉 Linux 操作系统
- 熟悉 MySQL 数据库
- 熟悉 SQL 相关语法
- 熟悉 Hadoop 分布式集群框架

学习目标

- 了解 Hive 的相关功能和特点
- 了解 Hive 的简单安装和配置
- 掌握 HiveQL 相关操作

传统互联网技术的发展推动了电子商务 B2B、B2C、C2C 模式的兴起和移动互联网技术的爆发,全球主流的搜索引擎和电子商务公司正努力应对前所未有的爆发式增长的数据量。以 2014 年双 11 期间淘宝和天猫实现 500 多亿订单的交易额为例,其服务所支撑的用户点击所产生的数据量更是海量并且非结构化的数据,用户所产生的数据是一项宝贵的资源,若能从这类海量数据中快速地分析出数据的价值,便可以用于分析并理解客户的市场需求,积极改善公司的市场设施配置策略和服务模式,还可以极大地提高服务的用户体验,体现阿里系平台的独特优势。目前社交网络的发展同样经历着大数据技术的考验,用户通过社交平台可以快捷地传播信息,真正实现前所未有的"身处原地而知天下"的神话,通过分析人与人之间的社交网络关系和用户传播内容,可以监测社会舆情发展形式。

Hadoop 生态系统提供了针对上述海量数据进行处理的技术,可以部署在廉价的普通商用计算机上,具有高容错、水平可扩展特性,采用分布式存储与处理方法解决了低成本、高效率处理海量数据的瓶颈。Hadoop 生态系统包括作为底层核心的分布式文件系统 HDFS、分布式计算框架 MapReduce、分布式数据分析技术 Hive 和 Pig、RDBMS 与 Hadoop 之间的数据迁移工具 Sqoop 等。本章主要介绍 Hadoop 生态系统中的数据处理工具 Hive,在阅读本章之前读者需要对 Hadoop 的基本知识包括 Hadoop 框架模型、HDFS、MapReduce 的相关术语和工作原理有一定的了解。

8.1　Hive 出现原因

如何实现对 SQL 技术比较熟悉的程序设计人员在 Hadoop 平台上对海量数据进行分析？如何实现传统的数据格式到 Hadoop 平台上的迁移，如基于传统关系型数据库的数据格式和 SQL 处理技术？如何实现传统数据库设计人员在 Hadoop 平台上使用其所熟悉的 SQL 技术施展才能？如何在分布式环境下采用数据仓库技术从更多的数据中快速地获取数据的有效价值？

Hive 正是为了解决这类问题应运而生的，Hive 是一种数据仓库技术，用于查询和管理存储在分布式环境下的大数据集，由 Facebook 公司研发并作为开源项目贡献给了 Apache 软件基金会，目前 Hive 成功升级为 Apache 的顶级项目，并获得了全球大多数自由软件爱好者和大型软件公司的源码贡献和功能完善，成为一个应用广泛、可扩展的数据处理平台。

SQL 技术因其组织和处理数据清晰、高效的特性而获得了广泛的应用，然而 SQL 因其传统应用领域的技术限制，在处理大规模数据集问题上表现并不理想，如它不适合用来构建复杂的机器学习算法，但非常适合用于数据分析技术领域，并在工业界获得了广泛的认可和应用。因此，Hive 完美集成了 SQL 技术，提供了类 SQL 的查询语言，称为 HiveQL 或 HQL（Hive Query Language），用于查询存储在 Hadoop 集群中的数据。

Hive 是基于 Hadoop 分布式批量处理系统的数据仓库技术，任务提交过程具有高延迟性，适合用来处理相对静态的海量数据集，在处理过程中数据不会发生快速变化且对处理结果的实时响应要求不高。Hive 的主要优势在于其结合了 SQL 技术和 Hadoop 中 MapReduce 分布式计算框架的优点，降低了传统数据分析人员使用 Hadoop 平台进入大数据时代的障碍。

本章主要介绍 Hive 的安装和基本使用，假设读者已具备 SQL 的实际使用经验，对传统常用关系型数据库的体系结构基本掌握，当涉及介绍 Hive 所特有的功能时，将会对其与传统关系型数据库进行相应的对比说明。若读者想对 Hive 进行更深入的了解，可访问其在 Hive wiki 上的官方文档，网址为 https://cwiki.apache.org/confluence/display/Hive/Home。

8.2　Hive 服务组成

Hive 的存储是建立在 Hadoop 之上的，本身并没有特定的数据存储格式，也不会为数据建立索引，数据能以任意的形式存储在 HDFS 上，或者以特定分类形式存储在分布式数据库 HBase 中。用户可以很灵活地根据自己对数据特定部分进行分析的应用需求组织相应的 Hive 表，在创建 Hive 表时指明数据的列分隔符和行分隔符即可解析存储在 HDFS 或 HBase 上的数据。Hive 本身建立在 Hadoop 体系之上，主要是提供了一个 SQL 解析过程，把外部 SQL 命令解析成一个 MapReduce 作业计划，并把按照该计划生成的 MapReduce 任务交给 Hadoop 集群处理，因此，确保 Hadoop 集群环境及其 MapReduce 组件已启动且运行正常，否则相关 Hive 操作会执行失败。Hive 组成部分分为 Hive 客户端和 Hive 服务端。客户端提供了 Thrift、JDBC、ODBC 应用程序驱动工具，可以方便地编写使用 Thrift、JDBC 和 ODBC 驱动的 Python、Java 或 C++程序，使用 Hive 对存储在 Hadoop 上的海量数据进行分析；服务端提供了 Hive Shell 命令行接口、Hive Web 接口和为不同应用程序（包括上层 Thrift 应用程序、JDBC 应用程序以及 ODBC 应用程序）提供多种服务的 Hive Server，实现上述 Hive 服务操作与存储在 Hadoop 上的数据之间的交互。Hive 客户端和 Hive 服务端之间的具体关系如图 8-1 所示。

图 8-1 Hive 体系结构

（1）Hive Thrift 客户端：为编写 Python、C++、PHP、Ruby 等应用程序使用 Hive 操作提供了方便。

（2）Hive JDBC 驱动：Hive 提供了纯 Java 的 JDBC 驱动，该类定义在 org.apache.hadoop.hive.jdbc.HiveDriver 下。当在 Java 应用程序配置方法中使用 jdbc:hive:// host:port/dbname 形式的 JDBC URI，Java 应用程序将会连接以独立进程形式运行在 host:port 上的 Hive 服务端。若指定 JDBC URI 为 jdbc:hive://，Java 应用程序将会连接运行在本地 JVM 上的 Hive 服务端（如果本地配置了 Hive 服务的话）。

（3）Hive ODBC 驱动：它允许支持 ODBC 协议的应用程序访问 Hive 服务端执行相关的操作（Hive ODBC 驱动目前正处于开发阶段）。

（4）命令行接口（CLI）：提供在 Hive Shell 下执行类似 SQL 命令的相关 HiveQL 操作，也是 Hive 提供的标准接口，可以使用一条 HiveQL 命令返回存储在 Hadoop 上的数据。

（5）Hive Server：为 Thrift 客户端应用、JDBC 驱动应用、ODBC 驱动应用提供 Thrift 服务，即实现用其他语言编写的程序转换为 Java 应用程序（因为 Hadoop 是用 Java 语言编写的）。

（6）Hive Web 接口：通过浏览器访问和操作 Hive 服务端，可以查看 Hive 数据库模式，执行 HiveQL 相关操作命令。

（7）Hive 驱动引擎：实现 Hive 服务操作到 MapReduce 分布式应用的任务转化。

（8）JobClient：执行 MapReduce 分布式任务的作业调度器。

（9）Metastore 元数据：Hive 采用类 SQL 语法模式的 HiveQL 语言操作存储在 Hadoop 分布式环境上的数据，因此需要在 Hive 与 Hadoop 之间提供一层抽象接口，实现 Hive 与 Hadoop 之间不同数据格式的转换，接口属性包括表名、列名、表分区名以及数据在 HDFS 上的存储位置，接口属性内容又称为 Hive 表元数据，以 metastore 内容的形式存储在数据库中，用来限定 Hive 如何进行格式化操作从 Hadoop 中获取到的任何非结构化数据。

（10）Hadoop 集群：为 Hive 进行分析操作提供数据分布式存储支持。

8.3 Hive 安装

8.3.1 Hive 基本安装

Hive 的安装非常简单，在类 UNIX 系统上需要预先安装好 Java 6 及其后期版本，并部署完成 Hadoop 稳定版本的集群环境，即可在 Hadoop 平台上运行 Hive，也可以把 Hive 部署在本地或伪分布式 Hadoop 环境下。Hive 目前不支持 Windows 系统，若要在 Windows 环境下使用 Hive，需要在 Windows 系统中安装 Cygwin 软件，并在 Cygwin 上安装好 Hadoop。

从网站 http://hive.apache.org/downloads.html 下载最新的 Hive 稳定版本。Hive 的 Apache 发行包分为源码包和已经编译好的二进制包，下面只介绍 Hive 的二进制包的安装方法。

（1）下载 Hive 二进制包并解压到相应安装目录，解压后会生成子目录 apache-hive-x.y.z-bin（x.y.z 为版本号）：

```
$ tar -xzf apache-hive-x.y.z-bin.tar.gz
```

（2）把 apache-hive-x.y.z-bin 目录移动到 hive-x.y.z 目录：

```
$ mv apache-hive-x.y.z-bin/ hive-x.y.z/
```

（3）设置环境变量，编辑文件~/.bashrc 或~/.bash_profile 把 Hive 的安装路径添加到 PATH 变量中，方便 Hive 的使用和管理：

```
$ export HIVE_HOME=/home/trucy/hive-x.y.z
$ export PATH=$PATH:$HIVE_HOME/bin
```

8.3.2 MySQL 安装

由于 Hive 元数据 metastore 根据不同用户的应用需求不同而具有很大的差异，并且 metastore 内容所需要的存储容量需求很小，甚至可能需要经历频繁的更新、修改和读取操作，显然不适合于使用 Hadoop 文件系统来存储。目前 Hive 将 metastore 数据存储在 RDBMS 中，如 MySQL、Derby。Hive 有 3 种模式可以访问数据库中的 metastore 内容，分别如下：

（1）单用户本地模式（Embedded metastore），该模式可以使用简单的基于内存（In-memory）的数据库 Derby，简单、快速，一般用于单元测试。

（2）多用户本地模式（Local metastore），使用本地更复杂、功能更完善的独立数据库，如 MySQL，提供多用户并发访问 metastore 数据。

（3）远程服务器模式（Remote metastore），使用单独机器部署功能强大的数据库，专门用来提供 metastore 服务，任何经授权访问的用户都可以远程连接使用其提供的服务。

在默认情况下，Hive 使用内置的 Derby 数据库存储 metastore 数据，但 Derby 只支持在任何时刻仅存在一条会话连接于 client 和 Derby 之间，即不支持多用户使用 Hive 访问存储在 Derby 中的 metastore 数据。因此，通常采用第三方独立的数据库来存储 metastore 数据。MySQL 数据库可支持多个用户同时使用 Hive 连接 MySQL 数据库，共享使用 metastore 中的内容访问 Hive，并且 MySQL 本身具有成熟的分布式特性，可以采用多台 MySQL 机器提供 metastore 内容服务，因此本书使用 MySQL 数据库存储 metastore 内容。

从网站 http://dev.mysql.com/downloads/下载特定系统的最新 MySQL 版本 MySQL-server 和 MySQL-client，MySQL 分发包有 RPM（RedHat OS 系列）和 TAR 包，可以根据习惯选择相应类型包。若在 OS 中配置了相应的软件自动安装源，可以采用自动安装方式，下面分别介绍不同 OS 系列安装 MySQL 数据库。

（1）Red Hat Linux 可以下载相应的 RPM 包到本地机器，使用 rpm 命令进行安装（假设当前用户为 root 用户，"#"为 Linux 提示符，MySQL 相应软件包已下载到本地，x.y.z 为版本号）：

```
# rpm -ivh MySQL-server-x.y.z.rpm
# rpm -ivh MySQL-client-x.y.z.rpm
```

（2）Ubuntu Linux 采用 apt-get install 方式进行自动化安装（假设当前用户为 root 用户）：

```
#apt-get install MySQL-server-x.y.z.rpm
#apt-get install MySQL-client-x.y.z.rpm
```

（3）Centos Linux 采用 yum install 方式进行自动化安装：

```
#yum install MySQL-server-x.y.z.rpm
#yum install MySQL-client-x.y.z.rpm
```

（4）把连接 MySQL 的 JDBC 驱动文件 mysql-connector-java-x.y.z-bin.jar（该文件可在安装 MySQL 的 lib 目录下找到，x.y.z 为版本号）复制到 Hive 的 classpath 环境变量所指示的路径中，一般为 Hive 的 lib 目录。

安装完 MySQL 后，需要创建一个存储 Hive metastore 数据的数据库实例，创建过程如下。

（1）使用 root 用户登录 MySQL 数据库：

```
$ mysql-u root -p
```

输入 root 用户密码，创建数据库实例 hiveDB：

```
mysql> create database hiveDB;
```

（2）使用 root 用户登录 MySQL 数据库，创建用户 bee，密码为 123456：

```
$ mysql-u root -p
mysql>create user 'bee' identified by '123456';
```

（3）授权用户 bee 拥有数据库实例 hiveDB 的所有权限：

```
mysql>grant all privileges on hiveDB.* to 'bee'@'%' identified by '123456';
```

（4）刷新系统权限表：

```
mysql>flush privileges;
```

多个用户可以共享一个数据库中的 metastore 内容，也可以为多个用户设定其私有的 metastore 元数据。针对前一类用户选择策略，多个用户使用相同的数据库名连接 MySQL；后一类用户选择策略，多个用户使用其私有的数据库名连接 MySQL，不同用户之间的 metastore 内容互不可见。

此外，连接 MySQL 的 JDBC 驱动文件 mysql-connector-java-x.y.z-bin.jar（x.y.z 为版本号）必须位于 Hive 的 classpath 环境变量所指示的路径中，一般为 Hive 的 lib 目录。

8.3.3 Hive 配置

Hive 启动时会读取相关配置信息，默认的相关配置信息存储在位于 conf 目录下的以 XML 形式存储在的 template 文件中（当然也可以修改 HIVE_CONF_DIR 属性值指向包含相关配置文件的其他目录），为了适应特定需求，可以修改 Hive 的默认配置文件。涉及 Hive 的配置文件主要有两个，分别为 hive-site.xml 和 hive-env.sh。文件 hive-site.xml 内保存 Hive 运行时所需要的相关配置信息，而由于 Hive 是一个基于 Hadoop 分布式文件系统的数据仓库架构，主要运行在 Hadoop 分布式环境下，因此需要在文件 hive-env.sh 指定 Hadoop 相关配置文件的路径，用于 Hive 访问 HDFS（读取 fs.defaultFS 属性值）和 MapReduce（读取 mapreduce.jobhistory.address 属性值）等 Hadoop 相关组件。下面分别说明两类主要配置文件的内容。

1. hive-site.xml 文件内容

（1）属性 hive.exec.scratchdir：执行 Hive 操作访问 HDFS 时用于存储临时数据的目录，默认为/tmp/目录，通常设置为/tmp/hive/，目录权限设置为 733。

（2）属性 hive.metastore.warehouse.dir：执行 Hive 数据仓库操作的数据存储目录，设置为 HDFS 存储路径 hdfs://master_hostname:port/hive/warehouse。

（3）属性 javax.jdo.option.ConnectionURL：设置 Hive 通过 JDBC 模式连接 MySQL 数据库存储 metastore 内容，属性值为 jdbc:mysql://host/database_name?createDatabaseIfNotExist=true。

（4）属性 javax.jdo.option.ConnectionDriverName：设置 Hive 连接 MySQL 的驱动名称，属性值为 com.mysql.jdbc.Driver。

（5）属性 javax.jdo.option.ConnectionUserName：Hive 连接存储 metastore 内容的数据库的用户名。

（6）属性 javax.jdo.option.ConnectionPassword：Hive 连接存储 metastore 内容的数据库的密码。

（7）属性 javax.jdo.option.Multithreaded：是否允许 Hive 与 MySQL 之间存在多条连接，设置为 true，表示允许。

因此 hive-site.xml 文件的主要内容如下：

```
<configuration>
    <property>
        <name>hive.exec.scratchdir</name>
        <value>/tmp/hive</value>
    </property>
    <property>
        <name>hive.metastore.warehouse.dir</name>
        <value>hdfs://master_hostname:9000/hive/warehouse</value>
        <description>location of default database for the warehouse</description>
    </property>
    <property>
        <name>javax.jdo.option.ConnectionURL</name>
        <value>
            jdbc:mysql://hostname:port/hiveDB?createDatabaseIfNotExist=true
        </value>
        <description>Hive access metastore using JDBC connectionURL </description>
    </property>
    <property>
        <name>javax.jdo.option.ConnectionDriverName </name>
        <value>com.mysql.jdbc.Driver </value>
```

```xml
        </property>
        <property>
            <name>javax.jdo.option.ConnectionUserName</name>
            <value>bee</value>
            <description>username to access metastore database</description>
        </property>
        <property>
            <name>javax.jdo.option.ConnectionPassword</name>
            <value>123456</value>
            <description>password to access metastore database </description>
        </property>
        <property>
            <name>javax.jdo.option.Multithreaded</name>
            <value>true</value>
        </property>
</configuration>
```

2. 编辑 hive-env.sh 文件，在文件末尾添加变量指向 Hadoop 的安装路径

```
HADOOP_HOME=/home/trucy/hadoop
```

经过上述 Hive 的基本安装和配置步骤后，在 Linux 命令提示符下输入 hive 命令即可进入 Hive Shell 交互模式环境中进行 Hive 相关的操作。

```
$ hive
hive>
```

此时还不能在 Hive Shell 下面创建表，还必须执行下述操作（假设 Hadoop 相关操作命令所在的路径已经添加进 PATH 环境变量中）。

3. 创建数据仓库操作过程中临时数据在 HDFS 上的转存目录

```
$ hdfs  dfs  -mkdir      /tmp/hive
```

4. 创建数据仓库操作过程中数据文件在 HDFS 上的存储目录

```
$ hdfs  dfs  -mkdir      /user/hive/warehouse
```

5. 分别对刚创建的目录添加组可写权限，允许同组用户进行数据分析操作

```
$ hdfs  dfs  -chmod g+w   /tmp
$ hdfs  dfs  -chmod g+w   /user/hive/warehouse
```

此时可在 Hive Shell 下面执行与 Hive 表相关的操作。

用户可以针对特定会话修改在上述文件中配置的相关属性信息，在进入 Hive 会话之前，使用带-hiveconf 选项的 Hive 命令。如设置 Hive 在当前整个持续会话中运行于伪分布式环境下：

```
$ hive -hiveconf  fs.default.name=localhost -hiveconf  mapred.job.tracker=localhost:8021
```

设置 Hive 当前持续会话中，Hive 的日志运行级别为 DEBUG，日志信息输出到终端：

```
$ hive -hiveconf  hive.root.logger=DEBUG,console
```

此外，Hive 还支持使用 SET 命令在 Hive 特定会话中修改相关配置信息，称为运行时配置（Runtime Configuration）。该功能针对特定的查询需求修改 Hive 或 MapReduce 作业运行

时配置非常有用，如设定 Hive 运行方式为本地模式：

```
hive> SET mapred.job.tracker=local;
```

若要在当前 Hive 会话中查看任何属性的值，则 SET 命令后仅指定属性名：

```
hive> SET mapred.job.tracker;
mapred.job.tracker=local
```

若在当前 Hive 会话中 SET 命令后不带任何参数，则会输出所有与 Hive 相关的属性名及其对应属性值，以及 Hadoop 中被 Hive 修改的相关默认属性及属性值。若在当前 Hive 会话中输入 SET–v 命令，会输出当前系统中所有的属性及其属性值，包括与 Hadoop 和 Hive 的相关的所有属性。

与 Hive 相关的属性设置方法列举如下，优先级顺序由高到低，即前面的属性值修改操作会覆盖后面的属性值。

（1）Hive SET 命令。

（2）进入 Hive 会话带 –hiveconf 选项。

（3）读 hive–site.xml 文件。

（4）读 hive–default.xml 文件。

（5）读 hadoop–site.xml 文件及其相关文件（如 core–site.xml、hdfs–site.xml、mapred–site.xml）。

（6）读 hadoop–default.xml 文件及其相关文件（如 core–default.xml、hdfs–default.xml、mapred–default.xml）。

8.4　Hive Shell 介绍

Hive Shell 运行在 Hadoop 集群环境上，是 Hive 提供的命令行接口（CLI），在 Hive 提示符输入 HiveQL 命令，Hive Shell 把 HiveQL 查询转换为一系列 MapReduce 作业对任务进行并行处理，然后返回处理结果。Hive 采用 RDBMS 表（table）形式组织数据，并为存储在 Hadoop 上的数据提供附属的对数据进行展示的结构描述信息，该描述信息称为元数据（metadata）或表模式，以 metastore 形式存储在 RDBMS 数据库中。Hive Shell 下的大多数操作与 MySQL 命令一致，熟悉 MySQL 的使用者会察觉两者的语法操作基本一样。

在初次接触 Hive 前，首先输入一条命令用于显示所有已创建的表，命令必须以分号"；"结束，通知 Hive 开始执行相应的操作：

```
hive> SHOW  TABLES;
OK
Time taken: 10.425 seconds
```

此处输出结果为 0 行，因为还未创建任何表。与 SQL 一样，HiveQL 不要求大小写敏感（除了进行字符串比较相关操作），因此，命令"show tables;"将会产生与"SHOW TABLES;"相同的输出结果。Hive Shell 支持 Tab 键命令自动补全功能，如在 hive>提示符下输入 SH 或 SHO 按下 Tab 键会自动补齐为 SHOW，输入 SHOW TA 按下 Tab 键会显示所有可能的命令：

```
hive> SHOW  TA（按下 Tab 键）
TABLE        TABLES       TABLESAMPLE
```

输出结果显示 show ta 命令在按下 Tab 键会自动补全 3 种可能的命令。

安装完 Hive 后，初次在 Hive Shell 下执行命令需要一定时间，因为需要在执行命令操作的机器上创建 metastore 数据库（数据库在运行 hive 命令的相应路径下创建一个名为 metastor_db 目录用于存储数据描述文件）。

Hive Shell 还可以运行于非交互模式下，通过指定-f 选项执行保存于特定文件内的命令。如名为 show_tables_script.q 的文件内有一条命令为 SHOW TABLES，在非交互模式下执行该文件内的命令：

```
$ hive -f show_tables_script.q
OK
Time taken: 6.425 seconds
```

文件 show_tables_script.q 内的 HiveQL 命令末尾可以有分号";"，也可以不加";"，执行的输出结果一样。

在非交互模式下，还可以通过指定-e 选项执行简单的 HiveQL 命令，命令末尾的分号";"可以省略：

```
$ hive -e 'SHOW TABLES'
OK
Time taken: 6.567 seconds
```

在 Hive 的交互模式和非交互模式下，执行 HiveQL 操作都会输出执行过程信息，如执行查询操作所用时间，通过指定-S 选项可以禁止输出此类信息，只输出 HiveQL 执行结果，如：

```
$ hive -S 'SHOW TABLES'
```

只会输出当前数据库模式下的表名，不会输出该命令的执行过程信息。

8.5　HiveQL 详解

Hive SQL 也称为 HiveQL，采用工业标准 SQL 类似的语法功能，并不完全支持 SQL-92 规范，而是开发人员根据特定应用需求添加额外的功能扩展，包括从诸如 MySQL 数据库借鉴而来的语法，以及针对分布式应用支持 MapReduce 化的多表插入（Multitable insert）和实现在 Hive Shell 中调用外部脚本文件的 Transform、Map、Reduce 功能。Hive 也支持创建多个不同的命名空间（namespaces），使不同的用户或应用程序可以分别位于不同的命名空间或模式中执行各自的操作而互不影响，如 Hive 支持 CREATE DATABASE dbname、USE dbname、DROP DATABASE dbname 等操作，可以使用表全局名称 dbname.tablename 访问特定的表。若在创建 hive 表的过程中未指定任何数据库名，Hive 表属于 default 数据库实例。HiveQL 与 SQL 之间的差异比较如表 8-1 所示。

表 8-1　HiveQL 与 SQL 差异比较

功能	HiveQL	SQL
修改操作	INSERT	UPDATE, INSERT, DELETE
事务操作	支持（表级事务、分区级事务）	支持
建立索引	支持	支持
延迟	分钟级	亚秒级

续表

功能	HiveQL	SQL
数据类型	整型、浮点型、布尔型、文本串类型、二进串类型、时间戳、数组、图、结构体	整型、浮点型、定点型、文本串类型、二进串类型
函数	几十个内置函数	几百个内置函数
多表插入	支持	不支持
使用 select 子句创建表	支持	非 SQL-92 标准，大多数数据库支持
select	位于单表或视图的 FROM 子句中，局部有序，返回满足条件的行	SQL-92 标准
表连接（joins）	支持内连接、外连接、半连接和 map 连接	支持 FROM 子句表连接，支持 WHERE 子句条件连接
子查询	支持位于任何子句中的子查询	仅支持位于 FROM 子句中的子查询
视图	只读	可修改
扩展功能	用户自定义函数、MapReduce 脚本	用户自定义函数、存储过程

Hive 表逻辑上包括两部分，分别为数据和用于描述数据在表中如何布局的元数据，数据存储在 Hadoop 文件系统中，Hive 元数据存储在关系数据库中。本小节将介绍如何使用 Hive Shell 创建表、操作表以及怎样导入数据到表中。

8.5.1 Hive 管理数据方式

如前所述，Hive 并不存储数据，而是管理存储在 HDFS 上的数据，通过 Hive 表导入数据只是简单地将数据移动（如果数据是在 HDFS 上）或复制（如果数据是在本地文件系统中）到 hive 表所在的 HDFS 目录中。

Hive 管理数据的方式主要包括如下几种：Managed Table（内部表）、External Table（外部表）、Partition（分区）和 Bucket（桶）。

1. 内部表

内部表和关系型数据库中的表在概念上很类似，每个表在 HDFS 中都有相应的目录用来存储表的数据，这个目录可以通过 ${HIVE_HOME}/conf/hive-site.xml 配置文件中的 hive.metastore.warehouse.dir 属性来配置（默认值是 HDFS 上的目录/user/hive/warehouse）。假如修改 hive.metastore.warehouse.dir 属性值为/hive/warehouse，当前创建一个 users 表，则 Hive 会在 /hive/warehouse 目录下创建一个子目录 users，users 表中的所有数据都存储在 /hive/warehouse/users 目录下。

假设当前数据仓库目录为 hdfs://hive/warehouse/，如创建一个名为 managed_table 的内部表，并关联表与其对应的数据源：

```
hive> CREATE TABLE managed_table (user_name STRING);
```

执行 CREATE TABLE 命令后会在 hdfs://hive/warehouse/目录下创建一个 managed_table 目录。假设存在一个文件 hdfs://hadoop/user_info.txt，执行 LOAD DATA 命令会将文件 user_info.txt 移动（move，即会删除 hdfs://hadoop/目录下的文件 user_info.txt）到数据仓库目录：

```
hive>LOAD DATA INPATH '/hadoop/user_info.txt' INTO TABLE managed_table;
```
若文件 user_info.txt 位于本地文件系统（即 Linux 文件系统）的/home/hadoop/目录下，执行 LOAD DATA 命令需要指定 LOCAL 关键字，执行结果是将文件 user_info.txt 复制（copy，即不会删除/home/ hadoop/目录下的文件 user_info.txt）到数据仓库目录：

```
hive>LOAD DATA LOCAL INPATH '/home/hadoop/user_info.txt' INTO TABLE managed_table;
```

上述 LOAD DATA 操作以追加的方式把数据从文件添加到 managed_table 表中，若指定 OVERWRITE 关键字，将会使用现有数据覆盖原表中的数据：

```
hive>LOAD DATA LOCAL INPATH '/home/hadoop/user_info.txt' OVERWRITE INTO TABLE managed_table;
```

使用 DROP TABLE 命令可以删除表，如执行下述命令将会删除内部表 managed_table 的元数据和相应数据仓库目录下的数据：

```
hive>DROP TABLE managed_table;
```

内部表即由 Hive 管理表和与表相关的数据，LOAD 操作会把数据移动或复制到数据仓库的指定表目录中，DROP 操作会删除相应表及与其相关的数据内容。

2. 外部表

Hive 中的外部表和内部表相似，但是其数据不是存储在自己表所属的目录中，而是存储到别处，这样的好处是如果要删除这个外部表，该外部表所指向的数据是不会被删除的，它只会删除外部表对应的元数据（metadata）；而如果要删除内部表，该表对应的所有数据包括元数据和表数据都会被删除。由此可见，内部表中的数据是由 Hive 进行管理的。

外部表与内部表的区别是 EXTERNAL 关键字和外部表所操作的数据源的管理方式。外部表所操作的数据源由用户管理而不是由 Hive 进行管理的，与外部表相关联的数据源在创建表的时候即指定数据的存储位置，删除外部表时只会删除与外部表相关的元数据，对表所操作的数据源并不会删除。

创建外部表使用 EXTERNAL 关键字，告知 Hive 不需要其管理外部表所操作的数据，该操作不会在数据仓库目录下自动创建以表名命名的目录，数据存储位置由用户在创建表时使用 LOCATION 关键字指定（该操作甚至不会检查用户指定的外部存储位置是否存在）：

```
hive>CREATE EXTERNAL TABLE external_table(user_name STRING) LOCATION '/hive/external_table';
```

执行 LOAD DATA 命令后，外部表所操作的数据将会存储在 HDFS 上的/hive/external_table 目录下。假设数据文件 user_info.txt 位于 HDFS 上的/hadoop/目录下，执行下述命令后将会移动/hadoop/user_info.txt 文件到/hive/external_table 目录下：

```
hive>LOAD DATA INPATH '/hadoop/user_info.txt' INTO TABLE external_table;
```

若数据文件 user_info.txt 位于本地文件系统（Linux 文件系统）中的/home/hadoop 目录下，执行下述命令将会复制/home/hadoop/user_info.txt 文件到/hive/external_table 目录下：

```
hive>LOAD DATA LOCAL INPATH '/home/hadoop/user_info.txt' INTO TABLE external_table;
```

使用 DROP TABLE 命令可以删除外部表，但只会删除外部表存储在关系数据库（如 MySQL）中的元数据（metadata），并不会删除外部表所操作的数据源。

```
hive>DROP TABLE external_table;
```

3．内部表与外部表之间的抉择

内部表与外部表之间唯一的区别在于 Hive 管理表和数据集（dataset）的方式，因此，应该根据特定的应用需求选取不同类型的表。如果所有在数据集上进行的处理都是使用 Hive 完成的，采用内部表管理方式；如果对数据集的操作是由几种不同类型的操作协同完成，或多个用户之间共享同一数据集，则可以采用外部表的管理方式。内部表的优势在于表保存有特定的私有数据，不会出现数据访问瓶颈；外部表的优势在于数据的统一呈现。

4．分区

在 Hive 中，表的每一个分区对应表目录下相应的一个子目录，所有分区的数据都是存储在对应的子目录中。如 users 表有 state（国家）和 city（城市）两个分区，则分区 state=China, city=Beijing 对应 users 表的目录为/hive/warehouse/users/state=China/city=Beijing，所有属于这个分区的数据都存储在这个目录中。

有关表分区的介绍参见"Hive 表 DDL 操作"部分的"Alter 表/分区/列"。

5．桶

对指定的列值计算其 hash，根据 hash 值切分数据，目的是为了并行，每一个桶对应一个文件（注意和分区的区别）。如将 users 表 id 列分散至 16 个桶中，首先对 id 列的值计算 hash，对应 hash 值为 0 的数据存储在/hive/warehouse/users/part-00000；而 hash 值为 1 的数据存储在/hive/warehouse/users/part-00001 等，依次类推。

有关表桶的介绍本书略，有兴趣的读者可以参考 Hive wiki 的 DDL+BucketedTables 部分，参考网址为 https://cwiki.apache.org/confluence/display/Hive/LanguageManual。

8.5.2 Hive 表 DDL 操作

Hive 数据定义语言（Data Definition Language）包括 Create/Drop/Alter 数据库、Create/Drop/Truncate 表、Alter 表/分区/列、Create/Drop/Alter 视图、Create/Drop/Alter 索引、Create/Drop 函数、Create/Drop/Grant/Revoke 角色和权限等内容。

1．Create/Drop/Alter 数据库

数据库本质上是一个目录或命名空间，用于解决表命名冲突。

（1）创建数据库（create database）的语法为

```
CREATE (DATABASE|SCHEMA) [IF NOT EXISTS] database_name
       [COMMENT database_comment]
       [LOCATION hdfs_path]
       [WITH DBPROPERTIES (property_name=property_value, …)];
```

操作参数说明：

① DATABASE|SCHEMA：用于限定创建数据库或数据库模式。

② IF NOT EXISTS：目标对象不存在时才执行创建操作（可选）。

③ COMMENT：起注释说明作用。

④ LOCATION：指定数据库位于 HDFS 上的存储路径。若未指定，将使用 ${hive.metastore.warehouse.dir}定义值作为其上层路径位置。

⑤ WITH DBPROPERTIES：为数据库提供描述信息，如创建 database 的用户或时间。

假设创建一个名为 shopping 的数据库，位于 HDFS 的'/hive/shopping'下，创建人为 Bush，创建日期为 2015-01-01：

```
hive> CREATE DATABASE shopping
    > LOCATION '/hive/shopping'
    > WITH DBPROPERTIES('creator'='Bush','date'='2015-01-01');
OK
Time taken: 0.154 seconds
```

使用命令 hdfs dfs -ls 查看 HDFS 上的 /hive 目录，可以看出上述 CREATE 操作在 HDFS 的 /hive 目录下创建了一个 shopping 目录：

```
$ hdfs dfs -ls /hive
Found 1 items
drwxr-xr-x   - trucy   supergroup  0 2015-01-01 19:34 /hive/shopping
```

使用命令 DESCRIBE DATABASE EXTENDED 查看数据库 shopping 信息（若不指定关键字 EXTENDED，则不会输出 {} 里的内容）：

```
hive> DESCRIBE DATABASE EXTENDED shopping;
OK
shopping hdfs://TLCluster/hive/shopping trucy USER {date=2015-01-01, creator=Bush}
Time taken: 0.01 seconds, Fetched: 1 row(s)
```

（2）修改数据库的语法为

```
ALTER (DATABASE|SCHEMA) database_name SET DBPROPERTIES (property_name=property_value, …);
```

修改数据库的 DBPROPERTIES key-value 对描述信息。

```
ALTER (DATABASE|SCHEMA) database_name SET OWNER [USER|ROLE] user_or_role;
```

修改数据库的所属用户或角色信息。

（3）使用数据库的语法为

```
USE database_name;
```

USE 命令用于设定当前所有数据库对象操作所处的工作数据库，类似于 Linux 文件系统中切换当前工作目录操作。若返回到 default 数据库，使用下述命令：

```
hive>USE DEFAULT;
```

（4）删除数据库的语法为

```
DROP (DATABASE|SCHEMA) [IF EXISTS] database_name [RESTRICT|CASCADE];
```

操作参数说明如下。

① DATABASE|SCHEMA：用于限定删除的数据库或数据库模式。

② IF EXISTS：目标对象存在时才执行删除操作（可选）。

③ RESTRICT|CASCADE：RESTRICT 为 Hive 默认操作方式，当 database_name 中不存在任何数据库对象时才能执行 DROP 操作；CASCADE 采用强制 DROP 方式，会连同存在于 database_name 中的任何数据库对象和 database_name 一起删除（可选）。

如删除步骤（1）创建的 shopping 数据库，该操作会删除其位于 HDFS 上的 shopping 目录：

```
hive> DROP DATABASE shopping;
OK
Time taken: 0.171 seconds
```

2. Create/Drop/Truncate 表

（1）创建表的语法为

按一般语法格式创建 Hive 表

```
CREATE [TEMPORARY] [EXTERNAL] TABLE [IF NOT EXISTS] db_name.]table_name
  [(col_name data_type [COMMENT col_comment], …)]
  [COMMENT table_comment]
  [PARTITIONED BY (col_name data_type [COMMENT col_comment], …)]
  [CLUSTERED BY (col_name, col_name, …) [SORTED BY (col_name [ASC|DESC], …)]
   INTO num_buckets BUCKETS]
  [SKEWED BY (col_name, col_name, …) ON ([(col_value, col_value, …), …|col
   _value, col_value, …]) [STORED AS DIRECTORIES] ]
  [
     [ROW FORMAT DELIMITED [FIELDS TERMINATED BY char [ESCAPED BY char]] [CO
      LLECTION ITEMS TERMINATED BY char] [MAP KEYS TERMINATED BY char] [LINES
      TERMINATED BY char] [NULL DEFINED AS char]
   | SERDE serde_name [WITH SERDEPROPERTIES (property_name=property_value, prop
  erty_name=property_value, …)]
  ]
     [STORED AS file_format]
        | STORED BY 'storage.handler.class.name' [WITH SERDEPROPERTIES (…)]
  ]
     [LOCATION hdfs_path]
     [TBLPROPERTIES (property_name=property_value, …)]
     [AS select_statement];
```

操作参数说明如下。

① TEMPORARY：创建临时表，若未指定，则创建的是普通表。

② EXTERNAL：创建外部表，若未指定，则创建的是内部表。

③ IF NOT EXISTS：若表不存在才创建，若未指定，当目标表存在时，创建操作抛出异常。

④ db_name 前缀：指定表所属数据库。若未指定且当前工作数据库非 db_name，则使用 default 数据库。

⑤ COMMENT：添加注释说明，注释内容位于单引号内。

⑥ PARTITIONED BY：针对存储有大量数据集的表，根据表内容所具有的某些共同特征定义一个标签，将这类数据存储在该标签所标识的位置，可以提高表内容的查询速度。PARTITIONED BY 中的列名为伪列或标记列，不能与表中的实体列名相同，否则 hive 表创建操作报错。

⑦ CLUSTERED BY：根据列之间的相关性将指定列聚类在相同桶中（BUCKETS），可以对表内容按某一列进行升序（ASC）或降序（DESC）排序（SORTED BY 关键字）。

⑧ SKEWED BY：用于过滤掉特定列 col_name 中包含值 col_value（ON(col_value, …)关键字指定的值）的记录，并单独存储在指定目录（STORED AS DIRECTORIES）下的单

独文件中。

⑨ ROW FORMAT：指定 hive 表行对象（Row Object）数据与 HDFS 数据之间进行传输的转换方式（HDFS files -> Deserializer -> Row object 以及 Row object -> Serializer -> HDFS files），以及数据文件内容与表行记录各列的对应。在创建表时可以指定数据列分隔符（FIELDS TERMINATED BY 子句）、对特殊字符进行转义的特殊字符（ESCAPED BY 子句）、复合数据类型值分隔符（COLLECTION ITEMS TERMINATED BY 子句）、MAP 类型 key-value 分隔符（MAP KEYS TERMINATED BY）、数据记录行分隔符（LINES TERMINATED BY）、定义 NULL 字符（NULL DEFINED AS），同时可以指定自定义的 SerDe（Serializer 和 Deserializer, 序列化和反序列化），也可以指定默认的 SerDe。如果 ROW FORMAT 未指定或指定为 ROW FORMAT DELIMITED，将使用内部默认 SerDe。

⑩ STORED AS：指定 hive 表数据在 HDFS 上存储方式。file_format 值包括 TEXTFILE（普通文本文件，默认方式）、SEQUENCEFILE（压缩模式）、ORC（ORC 文件格式）和 AVRO（AVRO 文件格式）。

⑪ STORED BY：创建一个非本地表，如创建一个 HBase 表。

⑫ LOCATION：指定表数据在 HDFS 上的存储位置。若未指定，db_name 数据库将会存储在${hive.metastore.warehouse.dir}定义位置的 db_name 目录下。

⑬ TBLPROPERTIES：为所创建的表设置属性（如创建时间和创建者，默认为当前用户和当前系统时间）。

⑭ AS select_statement：使用 select 子句创建一个复制表（包括 select 子句返回的表模式和表数据）。

如使用前部分创建的 shopping 数据库创建一张商品信息表（items_info）。

```
hive> CREATE TABLE IF NOT EXISTS shopping.items_info (
    > name          STRING  COMMENT 'item name',
    > price         FLOAT   COMMENT 'item price',
    > category      STRING  COMMENT 'item category',
    > brand         STRING  COMMENT 'item brand',
    > type          STRING  COMMENT 'item type',
    > stock         INT     COMMENT 'item stock',
    > address       STRUCT<street:STRING, city:STRING, state:STRING, zip:INT>
                    COMMENT 'item sales address')
    > COMMENT 'goods information table'
    > TBLPROPERTIES ('creator'='Bush', 'date'='2015-01-01');
```

items_info 表包括商品名称（name）、商品价格（price）、商品分类（category）、商品品牌（brand）、商品类型（type）、商品库存量（stock）和商品销售地址（address）等信息。表的每一列都添加了注释说明（COMMENT），最后添加了表的说明信息。

按已存在的表或视图定义一个相同结构的表或视图（使用 LIKE 关键字，只复制表定义，不复制表数据）：

```
CREATE [TEMPORARY] [EXTERNAL] TABLE [IF NOT EXISTS] [db_name.]table_name
  LIKE existing_table or view_name  [LOCATION hdfs_path];
```

相关参数含义参照"按一般语法格式创建 hive 表"。

假设当前操作位于 shopping 数据库，使用 LIKE 关键字创建一个与 items_info 表相同结构的表 items_info2：

```
hive> USE shopping;
hive> CREATE TABLE IF NOT EXISTS items_info2
    > LIKE items_info;
```

使用 LIKE 关键字创建的表可以修改特定的 LOCATION 参数，但不能修改其他参数，其他参数由原表确定，如本例中除了可以修改表 items_info2 的 LOCATION 属性，其他属性与 items_info 表相同，不能修改。

使用 SHOW TABLES 命令查看当前数据库（shopping）中的所有表对象：

```
hive> SHOW TABLES;
OK
items_info
items_info2
Time taken: 0.03 seconds, Fetched: 2 row(s)
```

输出显示刚刚创建的两张表，分别为 items_info 和 items_info2。

使用命令 DESC(DESCRIBE) EXTENDED table_name 可以输出表的详细信息，使用关键字 FORMATTED 替换 EXTENDED 可以获得输出格式更清晰的信息。

（2）删除表的语法为

```
DROP TABLE [IF EXISTS] table_name;
```

IF EXISTS 关键字可选，若未指定且表 table_name 不存在时，Hive 返回错误。

如删除刚刚创建的 items_info2 表：

```
hive> DROP TABLE IF EXISTS items_info2;
```

（3）截断表（删出表中所有行）的语法为

```
TRUNCATE TABLE table_name [PARTITION partition_spec];
partition_spec:
   (partition_column=partition_col_value,partition_column=partition_col_value, …)
```

删除一张表或分区（partition）中所有行，当前只支持内部表，否则会抛出异常。使用 partition_spec 可以一次性删除指定的分区，若省略 partition_spec 会一次性删除所有分区。

3．Alter 表/分区/列

修改操作可以改变现有表、分区或列的结构信息，包括增加列/分区、修改 SerDe、表重命名、修改特定分区或列的属性信息等。

（1）重命名表语法

```
ALTER TABLE table_name RENAME TO new_table_name;
```

针对内部表会同时修改其位于 HDFS 上的路径。

（2）修改表的属性信息

```
ALTER TABLE table_name SET TBLPROPERTIES table_properties;
table_properties:
(property_name = property_value, property_name = property_value, … )
```

该操作会改变存储在 RDBMS 中的表元数据信息（metadata）。例如修改表的注释说明：

```
hive>ALTER TABLE table_name SET TBLPROPERTIES ('comment' = new_comment);
```

（3）修改表的 SerDe 属性

```
ALTER TABLE table_name SET SERDE serde_class_name [WITH SERDEPROPERTIES serde_properties];
```

或者

```
ALTER TABLE table_name SET SERDEPROPERTIES serde_properties;
serde_properties:
  (property_name = property_value, property_name = property_value, … )
```

修改表所读数据的域分隔符为"，"，注意 property_name 和 property_value 位于单引号内：

```
hive>ALTER TABLE table_name SET SERDEPROPERTIES ('field.delim' = ',');
```

（4）修改表的物理存储属性

```
ALTER TABLE table_name CLUSTERED BY (col_name, col_name, …) [SORTED BY (col_name, …)] INTO num_buckets BUCKETS;
```

（5）添加表分区

```
ALTER TABLE table_name ADD [IF NOT EXISTS] PARTITION partition_spec [LOCATION 'location1'] partition_spec [LOCATION 'location2'] …;
partition_spec:
(partition_column = partition_col_value, partition_column = partition_col_value, …)
```

分区的 value 值如果是字符序列的话必须位于单引号内。LOCATION 属性参数的值必须为 HDFS 目录，用于存储数据。ADD PARTITION 操作仅改变表的 metadata，并不会加载数据，如果源数据集中不包含值 partition_col_value，查询操作不会返回任何结果。

如使用 shopping 数据库创建一张商品信息分区表 items_info2，按商品品牌和商品分类进行分区：

```
hive> USE shopping;
hive> CREATE TABLE IF NOT EXISTS items_info2(
    > name      STRING    COMMENT 'item name',
    > price     FLOAT     COMMENT 'item price',
    > category  STRING    COMMENT 'item category',
    > brand     STRING    COMMENT 'item brand',
    > type      STRING    COMMENT 'item type',
    > stock     INT       COMMENT 'item stock',
    >address    STRUCT<street:STRING, city:STRING, state:STRING, zip:INT> COMMENT 'item sales address')
    > COMMENT 'goods information table'
    > PARTITIONED BY (p_category STRING, p_brand STRING)
    >ROW FORMAT DELIMITED
    > FIELDS TERMINATED BY '\t'
    > COLLECTION ITEMS TERMINATED BY ','
    > TBLPROPERTIES('creator'='Bush', 'date'='2015-01-02');
```

注意，PARTITIONED BY 中的列 p_category 和 p_brand 为伪列，不能与表中的实体列名相同，否则 hive 表创建操作报错（p_category 和 p_brand 分别对应表中的实体列 category、brand）：

```
hive> ALTER TABLE items_info2 ADD PARTITION (p_category='clothes',
p_brand='playboy') LOCATION '/hive/shopping/items_info2/playboy/clothes'
    >PARTITION(p_category='shoes',p_brand='playboy')LOCATION'/hive/shopping/items_info2/playboy/shoes';
```

该操作会在 HDFS 路径/hive/warehouse/下创建两个子目录分别为 playboy/clothes 和 playboy/shoes，用于存储属于特定分区的数据。

（6）重命名表分区

```
ALTER TABLE table_name PARTITION partition_spec RENAME TO PARTITION partition_spec;
```

该操作用于重命名 partition_spec 为新的 partition_spec。

（7）交换表分区

```
ALTER TABLE table_name_1 EXCHANGE PARTITION (partition_spec) WITH TABLE table_name_2;
```

该操作移动表 table_name_1 中特定分区下的数据到具有相同表模式且不存储在相应分区的 table_name_2 中。

（8）表分区信息持久化

```
MSCK REPAIR TABLE table_name;
```

该操作用于同步表 table_name 在 HDFS 上的分区信息到 Hive 位于 RDBMS 的 metastore 中。

（9）删除表分区

```
ALTER TABLE table_name DROP [IF EXISTS] PARTITION partition_spec, PARTITION partition_spec…;
```

该操作会删除与特定分区相关的数据以及 metadata。

如删除表 items_info2 中的 playboy/shoes 分区：

```
hive>ALTER TABLE items_info2 DROP PARTITION (p_category='shoes',
p_brand='playboy');
```

（10）修改表列

```
ALTER TABLE table_name [PARTITION partition_spec] CHANGE [COLUMN] col_old_name
col_new_name column_type [COMMENT col_comment] [FIRST|AFTER column_name]
[CASCADE|RESTRICT];
```

修改表列操作可以修改表的列名、列数据类型、列存储位置以及注释说明。FIRST、AFTER 用于指定是否交换列的前后顺序，该操作只改变表的 metadata（RESTRICT 方式，即默认方式），CASCADE 关键字用于限定修改操作同时同步到表 metadata 和分区 metadata。

（11）增加表列和删除或替换表列

```
ALTER TABLE table_name [PARTITION partition_spec] ADD|REPLACE COLUMNS (col_name
data_type [COMMENT col_comment], …) [CASCADE|RESTRICT]
```

ADD COLUMNS 操作用于在表中已存在实体列（existing columns）之后且分区列（partition columns，或伪列）之前添加新的列。REPLACE COLUMNS 操作实现方式为删除表中现有全部列，添加新的列集合。REPLACE COLUMNS 操作仅支持使用内部 SerDe（DynamicSerDe、

MetadataTypedColumnsetSerDe、LazySimpleSerDe 和 ColumnarSerDe)的表,前面已说明,SerDe(serialization,deserialization)用于实现表数据与 HDFS 数据之间的转换方式。

4. Create/Drop/Alter 视图

Hive 支持 RDBMS 视图的所有功能,包括创建、删除、修改视图。

(1) 创建视图语法

```
CREATE VIEW [IF NOT EXISTS] view_name [(column_name
[COMMENT column_comment], …) ]
[COMMENT view_comment]
[TBLPROPERTIES (property_name = property_value, …)]
 AS SELECT …;
```

属性含义与表相同。视图是只读的,视图结构在创建之初就确定,后续对与视图相关的表结构修改不会反映到视图上,不能以视图作为目标操作对象执行 LOAD/INSERT/ALTER 相关命令。若 SELECT 子句执行失败,CREATE VIEW 操作也将会失败。

(2) 删除视图语法

```
DROP VIEW [IF EXISTS] view_name;
```

(3) 修改视图语法

```
ALTER VIEW view_name AS select_statement;
```

5. Create/Drop/Alter 索引

Hive 支持 RDBMS 索引的所有功能,包括创建、删除、修改索引。

(1) 创建索引语法

```
CREATE INDEX index_name  ON TABLE base_table_name (col_name, …)
AS index_type
[WITH DEFERRED REBUILD]
[IDXPROPERTIES (property_name=property_value, …)]
[IN TABLE index_table_name]
[ [ ROW FORMAT …] STORED AS …      | STORED BY … ]
[LOCATION hdfs_path]  [TBLPROPERTIES (…)]  [COMMENT "index comment"];
```

属性参数说明:

WITH DEFERRED REBUILD:用于构建一个空索引。

(2) 删除索引语法

```
DROP INDEX [IF EXISTS] index_name ON table_name;
```

(3) 修改索引语法

```
ALTER INDEX index_name ON table_name [PARTITION partition_spec] REBUILD;
```

ALTER INDEX…REBUILD 用于重建(1)中创建索引时使用关键字 WITH DEFERRED REBUILD 建立的所有或之前建立的索引,若指定关键字 PARTITION,则只针对相应分区建立索引。

6. Create/Drop 函数

与 MySQL 和 Oracle 一样,Hive 也提供了丰富的函数功能,根据实现方式包括 Hive 预定义函数或内置函数(built-in functions)、用户自定义函数(user-defined function,UDF);根据函数功能包括普通函数(单输入单输出,如 abs()、lower())、聚合函数或汇总函数(aggregate functions，多行输入单行输出，如 count()、max()）、表生成函数（table-generating functions，单行多行输入多行输出，如 explode()）。

（1）创建临时函数语法

```
CREATE TEMPORARY FUNCTION function_name AS class_name;
```

该语句使用类 class_name 创建一个临时函数，class_name 为 java 实现（因为 Hive 使用 java 实现的），若 class_name 非 java 实现，可以使用 SELECT TRANSFORM 查询子句实现流式数据通过相应的非 java 函数进行处理操作获得结果。在使用 class_name 创建函数之前需要先把 java 字节码文件打包成 jar 文件，然后进入 hive 会话中使用命令 ADD JAR 命令把 jar 文件添加到 hive 的类路径中（使用 ADD FILE 命令可以把使用 python 等非 java 语言编写的程序添加到 hive 类路径中）。如假设 class_name 的 jar 文件所处绝对路径/full/path/to/type Conversion.jar，typeConversion.jar 包的类名为 org.apache.hadoop.hive.udf.example.IntToString，则创建一个 int_to_str 步骤为

```
hive>ADD JAR /full/path/to/typeConversion.jar;
hive>CREATE TEMPORARY FUNCTION int_to_str
    > AS 'org.apache.hadoop.hive.udf.example.IntToString';
```

创建的临时函数只在当前 hive 会话中可见。

（2）删除临时函数语法

```
DROP TEMPORARY FUNCTION [IF EXISTS] function_name;
```

（3）创建持久函数语法

```
CREATE FUNCTION [db_name.]function_name AS class_name
  [USING JAR|FILE|ARCHIVE 'file_uri' [, JAR|FILE|ARCHIVE 'file_uri'] ];
```

根据 class_name 创建持久函数，所涉及的 jar 文件、普通文件、归档文件可以使用关键字 USING 与 class_name 连接在一起，若 Hive 运行在分布式环境下，USING 关键字后的文件也必须位于分布式文件系统上如 HDFS。所创建的函数存储在 db_name 数据库中，或者当前数据库中（若未指定任何数据库，会存储在 default 数据库中）。

（4）删除持久函数语法

```
DROP FUNCTION [IF EXISTS] function_name;
```

7. Create/Drop/Grant/Revoke 角色和权限

Hive 中的角色和权限与 RDBMS 一样，用于限定用户在特定的数据库对象中执行相应授权的操作。Hive 角色分为 public 和 admin 两种，一般用户都具有 public 角色。

（1）创建角色语法

```
CREATE ROLE role_name;
```

创建新角色，只有 admin 角色具有该权限，角色名 ALL、DEFAULT 和 NONE 为默认的保留角色。

（2）删除角色（只有 admin 角色具有该权限）

```
DROP ROLE role_name;
```

（3）查看当前角色

```
SHOW CURRENT ROLES;
```

（4）设置特定角色

```
SET ROLE (role_name|ALL);
```

设置当前用户的角色为某一特定角色，若该用户未指定相应角色，该操作错误返回。若角色名为 ALL，用于刷新该用户的角色信息（若该用户被赋予了新的角色）。

（5）查看 Hive 系统所有角色（只有 admin 角色具有该权限）

```
SHOW ROLES;
```

若普通用户查看某一用户或角色所具有的角色，可以使用如下命令：

```
SHOW ROLE GRANT USER user_name | ROLE role_name;
```

（6）授予角色

```
GRANT   role_name   [,   role_name]  …  TO   principal_specification   [,
principal_specification] …
  [ WITH ADMIN OPTION ];
  principal_specification:
    USER user | ROLE role
```

授予一个或多个角色给其他角色或用户。若指定 WITH ADMIN OPTION，则被授予角色的用户或角色具有 admin 权限。

（7）撤销角色

```
REVOKE [ADMIN OPTION FOR] role_name [, role_name] …
FROM principal_specification [, principal_specification] … ;
principal_specification:
  USER user | ROLE role
```

撤销 FROM 子句中指定的角色或用户的相应角色。

（8）授予权限

```
GRANT   priv_type  [,  priv_type  ]  …   ON   table   or   view_name   TO
principal_specification [, principal_specification] …  [WITH GRANT OPTION];
  principal_specification:
    USER user | ROLE role
  priv_type:
    INSERT | SELECT | UPDATE | DELETE | ALL
```

若指定 WITH GRANT OPTION，则 principal_specification 也具有 GRANT 和 REVOKE 权限。

（9）撤销权限

```
REVOKE [GRANT OPTION FOR] priv_type [, priv_type ] … ON table or view_name
    FROM principal_specification [, principal_specification] … ;
```

若指定 GRANT OPTION FOR（注意这里与上述 GRANT 权限不同），则撤销 principal_specification 具有的 GRANT 和 REVOKE 权限。

（10）查看某一用户所具有的权限

```
SHOW GRANT [principal_name] ON (ALL| ([TABLE] table_or_view_name)
principal_specification:
USER user| ROLE role
```

8.5.3 Hive 表 DML 操作

本节介绍的数据操作语言（Data Manipulation Language）包括将文件中的数据导入（Load）到 Hive 表中、Select 操作、将 select 查询结果插入 Hive 表中、将 select 查询结果写入文件和 Hive 表 ACID 事务特性 5 部分内容。

1．将文件中的数据导入（Load）到 Hive 表中

Load 操作执行 copy/move 命令把数据文件 copy/move 到 Hive 表位于 HDFS 上的目录位置，并不会对数据内容执行格式检查或格式转换操作。Load 命令语法为

```
LOAD DATA [LOCAL] INPATH 'filepath' [OVERWRITE] INTO TABLE tablename [PARTITION
(partcol1=val1, partcol2=val2 …)];
```

文件路径 filepath 可以是指向 HDFS 的相对路径或绝对路径，也可以是指向本地文件系统（Linux 文件系统）相对路径（当前工作目录）或绝对路径。若 filepath 指向 HDFS，LOAD 执行的是 move 操作（即执行 LOAD 后 filepath 中的文件不再存在）；若 filepath 指向本地文件系统，LOAD 执行的是 copy 操作（即执行 LOAD 后 filepath 中的文件仍然存在），但需要指定 LOCAL 关键字。若 filepath 指向一个文件，LOAD 会 copy 或 move 相应的文件到表 tablename；若 filepath 指向一个目录，LOAD 会 copy 或 move 相应目录下的所有文件到表 tablename。若创建表时指定了分区列，使用 LOAD 命令加载数据时也要为所有分区列指定特定值。

针对 LOAD 语句中指明 LOCAL 关键字，INPATH 参数可以使用下述方式确定。

（1）Hive 会在本地文件系统中查找 filepath；

（2）用户可以设置 filepath 为文件绝对路径，如 file:///user/hive/data。

针对 LOAD 语句中未指明 LOCAL 关键字，INPATH 参数可以使用下述方式确定。

（1）若 filepath 为相对路径，Hive 会解析成为/user/<username>/filepath；

（2）若 filepath 未指定模式或文件系统类型（如 hdfs://namenode:9000/），Hive 会把 ${fs.default.name}值作为 Namenode URI。

若语句带 OVERWRITE 关键字，目标表或分区中的原始数据会被删除，替换成新数据；若未指定 OVERWRITE 关键字，新数据会以追加的方式被添加到表中。若表或分区中的任何一个文件与 filepath 中的任何一个文件同名，则表或分区中的同名文件会被 filepath 中的同名文件替换。

如假设本地文件/home/trucy/wangyc/items_info.txt 内容为

```
a    368    shoes    playboy xiuxian 323    aaa,dddd,bbb,610
b    434    shoes    playboy xiuxian 343    ccc,dddd,bbb,612
c    434    shoes    playboy xiuxian 433    ccc,dddd,bbb,612
```

使用 LOAD 命令加载数据到 items_info2 表的相应分区中（PARTITION 关键字指定内容）：

```
hive> LOAD DATA LOCAL INPATH '/home/trucy/wangyc/items_info.txt' OVERWRITE INTO
TABLE items_info2
    > PARTITION (p_category='shoes', p_brand='playboy');
```

执行 LOAD 命令后，Hive 会在 HDFS 的/hive/shopping/items_info2/路径下创建目录 p_category=shoes/p_brand=playboy/，且会把 items_info.txt 文件复制到上述创建的目录下。

2．Select 操作

Hive select 操作的语法与 SQL-92 规范几乎没有区别，其语法格式为

```
SELECT [ALL | DISTINCT] select_expr, select_expr, … FROM table_reference
```

```
[WHERE where_condition] [GROUP BY col_list] [CLUSTER BY col_list  | [DISTRIBUTE
BY col_list] [SORT BY col_list] ] [LIMIT number]
```

下面对 select 操作与各种属性的组合进行分别说明。

（1）简单 select 查询操作，如下面的查询操作返回 students 表中的所有行和列：

```
hive> SELECT * FROM students;
```

（2）带 WHERE 子句的 select 条件查询操作，返回满足 WHERE 指定条件的行。如下面的查询操作返回用户信息表 users 中的年龄大于"10 岁"且国籍为"中国"的所有用户：

```
hive> SELECT * FROM users WHERE age > 10 AND state = "China";
```

（3）带 ALL 和 DISTINCT 关键字的查询操作用于确定是否返回重复的行，默认为 ALL，即 select 查询返回重复的行。

```
hive> SELECT col1, col2 FROM t1;
     1 3
     1 3
     1 4
     2 5
hive> SELECT DISTINCT col1, col2 FROM t1;
     1 3
     1 4
     2 5
hive> SELECT DISTINCT col1 FROM t1;
     1
     2
```

（4）带 HAVING 关键字的查询操作用于代替复杂的子查询操作。

如查询操作：

```
hive> SELECT col1 FROM (SELECT col1, SUM(col2) AS col2sum FROM t1 GROUP BY col1)
t2 WHERE t2.col2sum > 10;
```

可以替换为

```
hive> SELECT col1 FROM t1 GROUP BY col1 HAVING SUM(col2) > 10;
```

（5）带 LIMIT 关键字的查询操作用于返回指定数目的满足条件的行（常用于返回 Top k 问题）。

返回满足条件的 5 条记录，返回结果为从满足条件的记录中随机选取 5 条。

```
hive> SELECT * FROM t1 LIMIT 5;
```

Top k 问题，返回满足条件的按列 col1 降序排列的前 5 条记录：

```
hive> SET mapred.reduce.tasks = 1;
hive> SELECT * FROM t1 SORT BY col1 DESC LIMIT 5;
```

3．将 select 查询结果插入 hive 表中

通过使用查询子句从其他表中获得查询结果，然后使用 INSERT 命令把数据插入到 hive 新表中（Hive 会根据 MapReduce 中的 reduce 任务个数在 HDFS 上的 hive 新表目录下创建相应的数据文件 000000_0，若有多个 reduce 任务，依次以 000001_0、000002_0、……类推）。该操作包括单表插入（一次性向一个 hive 表插入数据）和多表插入（一次性向多个 hive 表插

入数据)。INSERT 命令可以操作在表和特定的分区上,如果表属于分区表,必须指明所有分区列和其对应的分区列属性值。具体区别说明如下。

(1)单表插入语法(使用 OVERWRITE 关键字)

```
INSERT OVERWRITE TABLE tablename [PARTITION (partcol1=val1, partcol2=val2 …)
[IF NOT EXISTS]] SELECT select_statement FROM from_statement;
```

该方法会覆盖表或分区中的数据(若对特定分区指定 IF NOT EXISTS 将不执行覆盖操作)。

如查询上述创建的 items_info 表,把查询结果存储到 items_info2 表中:

```
hive> INSERT OVERWRITE TABLE items_info2
    >     PARTITION (p_category='clothes', p_brand='playboy')
    > SELECT * FROM items_info ii
    >     WHERE ii.category='clothes' AND ii.brand='playboy';
```

(2)单表插入语法(追加方式)

```
INSERT INTO TABLE tablename [PARTITION (partcol1=val1, partcol2=val2 …)]
SELECT select_statement FROM from_statement;
```

该方法以追加的方式把 SELECT 子句返回的结果添加到表或分区中。

(3)多表插入语法

```
FROM from_statement
INSERT OVERWRITE TABLE tablename1 [PARTITION (partcol1=val1, partcol2=val2 …)
[IF NOT EXISTS]] SELECT select_statement1
[INSERT OVERWRITE TABLE tablename2 [PARTITION … [IF NOT EXISTS]] SELECT
select_statement2]
[INSERT INTO TABLE tablename2 [PARTITION …] SELECT select_statement2] …;
```

多表插入操作的开始第一条命令指定所有表执行的 SELECT 命令所对应的 FROM 子句,针对同一个表,既可以执行 INSERT OVERWRITE 操作,也可以执行 INSERT INTO 操作(如表 tablename2)。

多表插入操作可以降低源表的扫描次数,Hive 可以通过仅扫描一次数据源表,然后针对不同的 hive 表应用不同的查询规则从扫描结果中获取目标数据插入到不同的 hive 表中。

如把从 items_info 中扫描的结果根据不同的查询规则插入到表的不同分区中:

```
hive> FROM items_info ii
    > INSERT INTO TABLE items_info2
    >     PARTITION (p_category='clothes', p_brand='playboy')
    > SELECT * WHERE ii.category='clothes' AND ii.brand='playboy'
    >     INSERT OVERWRITE TABLE items_info2
    >     PARTITION (p_category='shoes', p_brand='playboy')
    > SELECT * WHERE ii.category='shoes' AND ii.brand='playboy';
```

4. 将 select 查询结果写入文件

可以把 Hive 查询结果写入或导出到文件中,与把查询结果插入到表中类似,导出 hive 表中的数据到文件也有两种方法,分别是单文件写入和多文件写入。

（1）单文件写入语法

```
INSERT OVERWRITE [LOCAL] DIRECTORY directory
  [ROW FORMAT row_format] [STORED AS file_format]
  SELECT select_statement FROM from_statement;
```

若指定 LOCAL 关键字，查询结果写入本地文件系统中（OS 文件系统）；否则，查询结果写入到分布式文件系统中（HDFS）。

```
row_format:
DELIMITED [FIELDS TERMINATED BY char [ESCAPED BY char]] [COLLECTION ITEMS
TERMINATED BY char] [MAP KEYS TERMINATED BY char] [LINES TERMINATED BY char]  [NULL
DEFINED AS char]
```

row_format 各属性说明参见"Hive DDL 操作创建表部分"。

（2）多文件写入语法

```
FROM from_statement
INSERT OVERWRITE [LOCAL] DIRECTORY directory1 SELECT select_statement1
[INSERT OVERWRITE [LOCAL] DIRECTORY directory2 SELECT select_statement2];
```

5．Hive 表 ACID 事务特性

自 Hive 0.14.0 出现以来，Hive 表支持关系型数据的 ACID 事务操作（Insert、Update、Delete）。Hive 分别为最初数据和事务操作所产生的数据设计了 Base 目录和 Delta 目录，初始数据保存在 Base 目录，事务操作产生的数据保存在 Delta 目录，Hive 后台进程不定期合并 Base 目录和 Delta 目录中的数据。有关 Hive 支持 ACID 特性的配置说明和 Hive 事务操作类型的详细介绍参考 https://cwiki.apache.org/confluence/display/Hive/Hive+Transactions。

（1）使用 SQL 语法插入表数据（Insert）

Hive 中的 INSERT…VALUES 与 SQL 中的语法格式类似：

```
INSERT INTO TABLE tablename [PARTITION (partcol1[=val1], partcol2[=val2] …)]
VALUES values_row [, values_row …];
```

操作参数说明如下。

① partcol1[=val1]：表示分区列的值 val1 可选。

② values_row：表示针对表 tablename 中的各个列所对应的所有值（hive 表不支持类似 SQL 语法只插入某些列值的功能，至少是插入一条记录，但可以为某些列指定 null 值，即为该列指定一个空值），可以在一条 INSERT 命令中指定多个 values_row。

如创建一张学生表 students 如下：

```
hive> CREATE TABLE students (name VARCHAR(64), age INT);
```

向 students 表中插入两条记录：

```
hive> INSERT INTO TABLE students
    >   VALUES ('trucy', 24), ('hek', null);
```

（2）更新表列值（Update）

更新操作只适用于支持 ACID 特性的 hive 表，更新操作执行成功后会由 Hive 进行自动提交。表分区列不支持更新操作。更新操作的语法格式为

```
UPDATE tablename SET column = value [, column = value …] [WHERE expression]
```

（3）删除表数据（Delete）

删除操作只适用于支持 ACID 特性的 hive 表，删除操作执行成功后会由 Hive 进行自动提交。删除操作的语法格式为

```
DELETE FROM tablename [WHERE expression]
```

8.6 小结

本章主要介绍了 Hive 的产生背景及其应用目的，并对其主要服务组成结构和相关功能进行了详细介绍，对 Hive 是什么和其工作原理是怎样的有一个初步认识；随后详细介绍了 Hive 的安装过程、元数据库环境搭建及其配置方法；最后对使用 Hive 管理和操作数据的方式进行了详细介绍。本章从前向后通过理论与实际例子相结合的方式介绍了 Hive 的基本功能和相关操作，对学习 Hive 将会有一个全面的认识。

习题

1. 简述 Hive 产生背景。
2. 简述 Hive 的服务结构组成及其对应的功能。
3. MySQL 数据库针对 Hive 的用途是什么？
4. Hive 是如何操作和管理数据的，其管理数据的方式有哪些？

选做

在 Hadoop 集群环境中部署安装 Hive，然后按照 8.5.2 节和 8.5.3 节的相关示例练习使用 Hive 相关操作。

第 9 章 分布式数据分析工具 Pig

知识储备

- 熟悉 Linux 操作系统
- 熟悉相关 Java 语法
- Hadoop 分布式集群相关知识
- HBase 分布式数据相关知识

学习目标

- 了解 Pig 的基本安装和配置
- 了解 Pig 的相关功能
- 使用 Pig 对数据进行简单分析操作
- 编写简单的 Pig 程序对数据进行总体分析

Pig 是一个针对大数据集进行分析的平台，拥有完整的数据操作规范——Pig 语言，也称为 Pig Latin，Pig 最初是由 Yahoo!研发用于对大量数据进行分析，后来贡献给 Apache 软件基金会，目前已成为 Apache 的顶级项目。Pig Latin 包括一系列对数据进行操作的过程，是一种类 SQL 的面向数据流的语言，提供了对数据进行加载、合并、过滤、排序、分组、关联以及支持对数据集使用函数功能或用户自定义函数功能。Pig 既可以运行在单机环境下，此时所有的 Pig 进程运行在一个单独的本地 JVM 上，也可以运行在 Hadoop 分布式环境下，Pig 程序根据数据集大小被转换成一系列 MapReduce 作业运行在 Hadoop 平台上。

正如 MapReduce 一样，Pig 不适合于所有的数据处理任务，它主要是针对大数据集进行批量处理而设计的，若对大数据集的某一小部分进行操作，Pig 产生的效果并不好。Pig 任务的执行过程充分利用了 Hadoop 中 HDFS 的存储功能和 MapReduce 的分布式并行处理功能，根据数据在集群中的分步特点将用户提交的 Pig 任务转换为一系列 MapReduce 作业。可以说，Pig 简化了用户对数据进行分析处理的操作过程，使用户将工作重心从复杂的业务分析转向对数据价值进行分析，如以前需要编写特定的 MapReduce 程序对数据进行解析、处理，而使用 Pig 只需几条简单的命令即可实现，具体执行操作由 Pig 将相关命令自动转换成一系列 MapReduce 作业实现，对上层应用不可见。

9.1 Pig 的安装和配置

1．Pig 的安装

Pig 目前已成为 Apache 的顶级项目，其安装过程非常简单，但需要具备以下条件。

（1）预安装好类 UNIX 系统，如 Linux。

（2）类 UNIX 系统中已安装好 Java 6 及其后期版本，并设置环境变量 JAVA_HOME 指向 Java 安装根目录。

（3）已部署 Hadoop 稳定版本的集群环境，并设置环境变量 HADOOP_HOME 指向 Hadoop 安装根目录。

（4）若使用 Pig 操作 Python 编写的流式（Streaming）UDFs，需要安装 Python。

从网站 http://pig.apache.org/releases.html 下载最新的 Pig 稳定版本，下载后解压到相应安装目录，解压后会生成子目录 pig-x.y.z（x.y.z 为版本号）：

```
$ tar -xzf pig-x.y.z.tar.gz
```

设置环境变量，编辑文件~/.bashrc 或~/.bash_profile 把 Pig 的可执行文件所处路径添加到 PATH 变量中，方便 Pig 的使用和管理：

```
$ export PIG_HOME=/home/trucy/pig-x.y.z
$ export PATH=$PATH:$ PIG_HOME/bin
```

输入 pig –help 命令获得 pig 相关操作信息。

2．Pig 的配置

Pig 构建于 Hadoop 平台上，是简化数据处理操作对 HDFS 和 MapReduce 更高层次的抽象，其底层使用 HDFS 做存储支撑、MapReduce 作任务执行器。因此，若 Pig 运行于 Hadoop 集群环境只需要知道 Namenode 进程和 JobTracker 进程所在机器，而这两个进程所在位置可以通过读取 Hadoop 配置文件获取。在 Hadoop 当前版本中，与 Namenode 进程和 JobTracker 进程相关的配置信息位于 core-site.xml、hdfs-site.xml 和 mapred-site.xml3 个配置文件中，配置文件所在目录为${HADOOP_HOME}/etc/hadoop。因此，修改操作 Pig 命令的用户所属环境变量配置文件~/.bash_profile 或~/.bashrc，执行下述操作。

（1）在文件末尾添加环境变量 PIG_CLASSPATH 或 HADOOP_CONF_DIR 指向 $HADOOP_HOME/etc/hadoop，即让 PIG_CLASSPATH 或 HADOOP_CONF_DIR 指向 Hadoop 配置文件所在路径，用于 Pig 获取 Namenode 和 JobTracker 所在位置。

（2）将 Pig 的 bin/目录添加到 PATH 变量中，方便使用 Pig 相关命令。

9.2 Pig 基本概念

1．Pig Latin 标识符

标识符用于定义 Pig Latin 中的变量别名，与 C 语言中的变量标识符一样，Pig Latin 标识符以字母开头，后面可以跟任意数目的字母、数字、下划线，如下所示。

（1）有效的标识符

```
A
A123
abc_123_BeX_
```

（2）无效的标识符

```
_A123
abc_$
A!B
```

2．大小写规则

Pig Latin 的大小写规则比较复杂，如等号"="左右的关系表达式名和字段名区分大小写，函数名区分大小写，Pig Latin 关键字不区分大小写，grunt shell 相关命令不区分大小写等。如下述例子：

```
grunt> A = LOAD 'data' USING PigStorage() AS (f1:int, f2:int, f3:int);
grunt> B = GROUP A BY f1;
grunt> C = FOREACH B GENERATE COUNT ($0);
grunt> DUMP C;
```

其中

（1）等号左边的关系表达式名 A、B、C 区分大小写，如 A 与 a 功能不同。

（2）字段名 f1、f2、f3 区分大小写。

（3）函数名 PigStorage() 和 COUNT() 区分大小写。

（4）Pig Latin 关键字 LOAD、USING、AS、GROUP、BY、FOREACH、GENERATE、DUMP 不区分大小写，如 LOAD 与 load 功能相同。

（5）grunt shell 相关命令不区分大小写，如：

grunt> fs –ls 与 grunt> FS –ls 功能相同，grunt> quit 与 grunt> QUIT 功能相同。

3．关系（relations）、包（bag）、元组（tuples）、字段（fields）之间的关系

关系、包、元组、字段之间的关系为包含关系，前面的依次包含后面的。

（1）一个关系（relation）就是一个包（bag），确切地说，应该是一个外部包（outer bag）。

（2）一个包（bag）由一系列元组（tuples）构成。在 Pig 中，包（bag）中的所有元素位于大括号{}内。

（3）一个元组（tuple）是一系列有序字段（fields）的集合。在 Pig 中，元组（tuple）中的所有字段都位于小括号()内。

在 Pig 中，关系（relation）是所有元组（tuples）的一个包（bag）或袋子，里面包含了所有内容，类似于关系型数据库中的一个表（table），包（bag）中的所有元组（tuples）类似于关系表中的所有行（rows），元组中的字段（field）类似于关系表中的列（column）。与关系表不同的是，关系（relations）并不要求所有不同元组中的字段个数相等（关系表中的列数目是创建表时就确定的）或不同元组相应对等位置上字段值的数据类型不必相同（关系表中的列类型是创建表时就预先定义好的）。

4．Pig Latin 语句

Pig Latin 语句（Pig Latin statements）是使用 Pig 处理数据的基本单元，其操作对象为关系。Pig Latin 语句可以跨越多行，但必须以分号结束，将输入数据经过处理操作产生输出结果。Pig Latin 的执行过程通常如下。

（1）使用 LOAD 语句从文件系统中读取数据。

（2）使用一系列中间操作语句对数据进行处理。

（3）使用 DUMP 语句输出结果到用户终端或使用 STORE 语句把结果保存到文件系统中。

其中,第(1)步和第(2)步操作只检查语法的正确性,并不会执行相应的操作。第(3)步操作会检查语句的语法,并触发所有语句执行相应操作。

如使用 LOAD 语句定义一个关系(relation)A,包含 f1、f2、f3 这 3 个字段(fields)(有关使用 Pig Latin 语句定义关系的方式参见"9.5"节):

```
grunt> A = LOAD 'data' USING PigStorage() AS (f1:int, f2:int, f3:int);
```

使用 GROUP…BY 语句对关系(relation)A 中的所有元组(tuples)按字段 f1 进行分组:

```
grunt> B = GROUP A BY f1;
```

采用索引方式统计关系 B 按第一个字段($0)进行分组后所得的组数:

```
grunt> C = FOREACH B GENERATE COUNT ($0);
```

输出关系 C 中的处理结果,该操作会触发前面所有操作开始执行:

```
grunt> DUMP C;
```

9.3 Pig 保留关键字

Pig 是为了保留关键字专门为使用 Pig 相关功能而设计的具有特殊含义的别名,不能重新定义,使用 Pig 保留关键字可以方便地使用 Pig 提供的相关功能。Pig 保留关键字包括 Pig 内置数据类型、Pig 相关命令和 Pig 内置函数等。

1. Pig 数据类型

Pig 数据类型分两种,即简单数值类型和复杂数据类型,用于限定相关 Pig 操作使用数据的方式,Pig 数据类型如表 9-1 所示。

表 9-1 Pig 数据类型

简单数值类型	说明	实例
int	有符号 32 位整型	10
long	有符号 64 位整型	1000000000000L 或 1000000000000l
float	32 位浮点类型	10.5F、10.5f 和 10.5e2f、10.5E2F,分别表示 10.5F 和 1050.0F
double	64 位浮点类型	10.5 和 10.5e2、10.5E2,分别表示 10.5 和 1050.0
chararray	UTF-8 格式的字符序列	hello word
bytearray	字节序列	
boolean	布尔类型	true/false(不区分大小写,如 TRUE/FALSE)
datetime	日期类型	1970-01-01T00:00:00.000+00:00
biginteger	大整型	200000000000
bigdecimal	大小数类型	33.4567833321323441233442
复杂数据类型		

续表

简单数值类型	说明	实例
tuple	一系列以逗号分隔的有序字段元素集，所有字段元素位于小括号()内。一个tuple类似于SQL中的一行，可以包含任何类型的字段值。因为tuple中所有字段有序，所有可以通过位置索引方式引用特点字段值	若一个tuple变量A中包含3个字段，值为('bob',19,2)，则下述操作会提取A中第一个字段中的值： grunt> B = FOREACH A GENERATE $0; grunt> DUMP B; 'bob' 详见"9.5"节相关介绍
bag	一系列以逗号分隔的无序tuple集，所有bag元素位于花括号{}内	包含两个tuple的bag：{(19,2), ('bob',19)} 详见"9.5"节相关介绍
map	一系列以逗号分隔的键值对（key-value pair）集，key和value之间以符号"#"连接在一起，key在map中必须唯一且数据类型为chararray，value可以为任何合法数据类型，默认为bytearray类型，所有value的类型一致。所有map元素位于中括号[]内	['name'#'bob', 'age'#19] 详见"9.5"节相关介绍

2. Nulls

Pig采用与SQL相类似的null定义，即Pig中的null表示未知或不存在，null可以与任何类型的数据执行相关运算，所得到的结果为null。如执行下面操作：

```
grunt> A = LOAD 'data' AS (a, b, c);
grunt> B = FOREACH A GENERATE a + null;
```

执行结果B中的值为null。

判断一个表达式是否为null，可以使用子句"is null"或"is not null"，详见"9.5"节相关介绍。

3. Pig相关命令

如前所述，Pig提供了各种shell操作命令和执行相关程序功能的命令，如在Linux命令提示符下可以执行下述操作。

（1）使用pig -e命令选项，后面可以跟简单的Pig操作命令，如pig -e fs -ls可以调用HDFS文件系统命令fs使用-ls功能选项列出HDFS上的相关文件，pig -e sh ls可以调用本地Linux文件系统shell命令sh使用功能选项ls列举出本地文件系统上的相关文件。

使用pig -x local（或pig -x mapreduce、pig）myscript.pig操作执行脚本文件myscript.pig中的Pig命令操作。

（2）利用Pig Latin提供的交互式shell工具Grunt可以更方便地操作Pig命令，如在提示符grunt>下执行与上述（1）中命令pig -e fs -ls和pig -e sh ls功能相同的命令fs -ls和sh -ls，执行与（2）中运行脚本文件所产生功能相同的操作exec myscript.pig或run myscript.pig。总体上说,Pig Latin(grunt shell)支持下述 3 类命令。

① 外部相关 shell 操作命令:fs、sh。

② grunt shell 内部功能命令:clear、exec、run、help、history、kill、quit、set。

③ grunt shell 与 HDFS 交互命令:appendToFile、cat、chgrp、chmod、chown、copyFromLocal、copyToLocal、count、cp、du、dus、expunge、get、getfacl、getfattr、getmerge、ls、lsr、mkdir、moveFromLocal、moveToLocal、mv、put、rm、rmf、rmr、setfacl、setfattr、setrep、stat、tail、test、text、touchz。

有关上述命令的详细介绍参见 File System Shell 官方指南:http://hadoop.apache.org/docs/current/hadoop-project-dist/hadoop-common/FileSystemShell.html。

后面会针对上述所有命令进行详细介绍。

4. Pig 内置函数(built-in function)

Pig 内置函数主要分为 6 类。

(1)可重入函数(Eval Functions):AVG、CONCAT、COUNT、SIZE 等。

(2)导入/存储函数(Load/Store Functions):BinStorage、PigDump、PigStorage、TextLoader 等。

(3)数学计算函数(Math Functions):ABS、COS、LOG、RANDOM、ROUND、SIN、INDEXOF 等。

(4)字符串处理函数(String Funtions):UPPER、LOWER、SUBSTRING、TRIM 等。

(5)日期函数(Datetime Functions):GetDay、GetHour、GetMilliSecond、GetMinute、GetMonth 等。

(6)Tuple、Bag 和 Map 函数:TOTUPLE、TOBAG、TOMAP、TOP。

详见"附录 A 常用 Pig 内置函数简介"中相关介绍。

9.4 使用 Pig

9.4.1 Pig 命令行选项

Pig 提供了许多 Linux 终端命令行选项,在 Linux 命令行提示符下输入 pig -h 可以查看完整的选项列表内容。

(1)-e 或-execute 选项:Linux 提示符下执行简单 Pig 命令,如$ pig -e fs -ls 列出位于 HDFS 上 home 目录下的所有文件。

注:fs 用于调用 FsShell 命令,FsShell(File System Shell,文件系统 shell)提供了各种与 HDFS 进行直接交互的类 shell 命令,如 ls、cat、put 等。有关 FsShell 的相关介绍参考网址:http://hadoop.apache.org/docs/current/hadoop-project-dist/hadoop-common/FileSystemShell.html。

(2)-h 或-help 选项:列举出所有可用的 Pig 命令行选项。

(3)-h properties 选项:列举出当前已设置的与 Pig 相关的所有属性。

(4)-P 或-propertyFile 选项:指定 Pig 从特定文件中读取相关属性。

(5)-version:获取 Pig 的版本信息。

9.4.2 Pig 的两种运行模式

Pig 运行模式包括本地模式(Local)和 MapReduce 模式两种。在 Linux 命令行中为 Pig 命令指定参数-x 或-exectype,后跟模式类型选择 Pig 特定的运行模式。

1. 本地模式（Local）

本地模式环境下，Pig 运行在一个单独的 JVM 上，且只能访问本地文件系统。这种模式只适合于处理小数据集或使用 Pig 进行简单的实验操作。在 Linux 命令行输入如下命令即可进入 Pig 本地模式：

```
$ pig -x local
grunt>
```

grunt 为 Pig 的交互式 shell，本地模式下提供用户与本地文件系统进行交互的接口，允许用户输入 Pig Latin，并实时输出相应结果到用户终端。

输入 quit 命令或 Ctrl-D 组合键退出 grunt。

2. MapReduce 模式

在 MapReduce 模式下，Pig 可以运行在伪分布式集群环境下或完全分布式集群环境下。伪分布式集群环境会在本地机器上启动多个独立的 JVM 进程，执行分布式相关应用操作，类似于完全分布式集群环境，但处理数据量的能力受限；完全分布式集群环境会在集群内多个机器节点上执行分布式操作，充分利用多个机器节点的处理能力协同完成相关任务或作业。

运行在 MapReduce 模式下的 Pig 会将相关操作转换成一系列的 MapReduce 作业，然后运行在 Hadoop 集群环境上协同多个机器节点完成对某一大数据集的分析处理操作。在 Linux 命令行输入如下命令即可进入 Pig 的 MapReduce 模式：

```
$ pig -x mapreduce
grunt>
```

或在 Linux 命令行下直接输入 Pig 命令，该方式默认为 pig 的 MapReduce 模式。

9.4.3 Pig 相关 Shell 命令详解

1. 外部相关 shell 操作命令

（1）fs

语法：fs subcommand subcommand_parameters

用法：在 grunt shell 或 Pig 脚本文件中调用任何 FsShell（File System Shell，文件系统 shell）命令，执行与 HDFS 文件系统进行交互的任何相关操作。subcommand 命令为 hadoop fs 或 hdfs dfs 所支持的相关命令，包括 put、rm、ls、mkdir 等，见"Pig 相关命令"中"grunt 与 HDFS 交互 shell"部分相关介绍。

实例：

```
grunt> fs -mkdir mydir，在 HDFS 上创建目录 mydir；
grunt> fs -copyFromLocal local_file hdfs_file，复制本地文件到 HDFS 上。
```

（2）sh

语法：sh subcommand subcommand_parameters

用法：调用执行本地 shell（如 Linux shell），在 grunt shell 中执行与本地文件系统相关的操作。

实例：

grunt> sh ls，在 grunt shell 下输出位于本地文件系统当前工作目录下（使用 Pig 命令进入 grunt shell 的目录）的所有文件。

2. grunt shell 内部功能命令

（1）clear

语法：clear

用法：清除在 grunt shell 下当前屏幕上显示的所有内容。

实例：grunt> clear

（2）exec

语法：exec [-param param_name = param_value] [-param_file file_name] script

用法：以批处理方式执行 Pig 脚本文件中的所有语句，在 grunt shell 中定义的变量名不能在 Pig 脚本文件中使用（不要与带-param 选项传递参数和值相混淆），位于 Pig 脚本文件中的变量值在 grunt shell 中也不能访问。使用 exec 方式运行脚本文件，文件中的所有 Pig 语句在执行 exec 命令开始之前即被解析，store 语句并不能触发执行操作。-param 选项用于在命令行中为脚本文件中的 param_name 参数传递值 param_value，-param_file 选项声明 param_name 参数和其对应的值 param_value 定义在 file_name 文件中，script 为 exec 命令所操作的目标脚本文件。

实例：

① 查看 Pig 脚本文件 myscript.pig 内容，并执行脚本文件中的操作：

```
grunt> cat myscript.pig
a = LOAD 'student' AS (name, age, score);
b = LIMIT a 3;
DUMP b;
grunt> exec myscript.pig
(alice, 20, 89)
(luke, 18, 99)
(holly, 24, 90)
```

② 使用-param 选项，定义脚本文件的处理结果输出到结果文件 myoutput 中：

```
grunt> cat myscript.pig
a = LOAD 'student' AS (name, age, score);
b = ORDER a BY name;
STORE b into '$out';
grunt> exec -param out=myoutput myscript.pig
```

③ 在普通文件中定义传递给 Pig 脚本文件的参数和其对应值：

```
grunt> cat myparams_file
# my parameters
out = myoutput
grunt> exec -param_file myparams_file myscript.pig
```

此外，还可以指定多个-param 选项或-param_file 选项，用于向 Pig 脚本文件传递多个参数或为其指定多个参数文件，如：

```
grunt> exec -param p1=myparam1 -param p2=myparam2 myscript.pig
```

（3）run

语法：run [-param param_name = param_value] [-param_file file_name] script

用法：以交互模式执行 Pig 脚本文件中的所有语句，即在 grunt shell 中定义的变量名可以在 Pig 脚本文件中使用（因此，以 run 方式执行 Pig 脚本文件，文件中的语句或操作可以访问 grunt shell 中的历史操作记录），位于 Pig 脚本文件中的变量值在 grunt shell 中也能访问,在 grunt shell 中执行 run 操作之后，Pig 脚本文件中的所有语句操作都记入历史操作记录，与手动方式在 grunt shell 中输入每一条 Pig 语句所产生的功能一样，其中每执行一条 store 语句即触发一次完整的执行操作。–param 选项和–param_file 选项的功能与 exec 命令相同。

如：grunt> run myscript.pig，脚本文件中的所有变量类似于全局变量，外部可见。

实例：

① 使用 run 命令实现 grunt shell 与 Pig 脚本文件之间通过交互方式执行整个操作：

```
grunt> cat myscript.pig
b = ORDER a BY name;
c = LIMIT b 10;
grunt> a = LOAD 'student' AS (name, age, score);
grunt> run myscript.pig
grunt> d = LIMIT c 3;
grunt> DUMP d;
(alice,20,2.47)
(alice,27,1.95)
(alice,36,2.27)
```

② 使用–param 选项，定义脚本文件的处理结果输出到结果文件 myoutput 中：

```
grunt> a = LOAD 'student' AS (name, age, score);
grunt> cat myscript.pig
b = ORDER a BY name;
STORE b into '$out';
grunt> run -param out=myoutput myscript.pig
```

（4）help

语法：help

用法：输出所有 grunt shell 功能操作命令的帮助信息。

实例：grunt> help

或者在 Linux 命令提示符下执行下述命令输出 Pig 系统相关命令的帮助信息：

① 获取 Pig 系统命令的帮助信息（"$" 为 Linux shell 提示符）：

```
$ pig -help
```

② 获取 Pig 系统属性设置的帮助信息：

```
$ pig -help properties
```

（5）history

语法：history [-n]

用法：显示截至当前操作为止执行的所有历史操作,选项-n 去掉输出列表中的所有行号。

实例：grunt> history

（6）kill

语法：kill jobid

用法：执行 kill 命令会杀死所有与 Pig 作业相关的 mapreduce 作业，jobid 为 Pig 作业号。

实例：grunt> kill jobid

（7）quit

语法：quit

用法：退出当前 grunt shell。

实例：grunt> quit

（8）set

语法：set [key 'value']

用法：在 Pig 脚本文件中或 grunt shell 提示符下设置 Hadoop 或 Pig 的相关属性值，语法格式为 set [key value]，其中 key 和 value 区分大小写。若不指定 key 和 value，Pig 会输出当前所有配置信息和系统属性。

实例：

① 在 grunt shell 交互模式下设置启动 reducer 个数为 10，开启调试模式：

```
grunt> SET default_parallel 10
grunt> SET debug 'on'
```

② 在脚本文件中设置 reducer 个数为 20：

myscript.pig 内容为

```
SET default_parallel 20;
A = LOAD 'myfile.txt' USING PigStorage() AS (t, u, v);
B = GROUP A BY t;
C = FOREACH B GENERATE group, COUNT(A.t) AS mycount;
D = ORDER C BY mycount;
STORE D INTO 'mysortedcount' USING PigStorage();
```

3. grunt shell 与 HDFS 交互命令

在 grunt shell 中可以执行与 HDFS 相关的操作，如当前工作位于 Linux Shell 中的 /home /trucy 目录下，执行下述操作。

（1）以分布式模式启动 Pig 的 grunt shell（"$" 为 Linux Shell 提示符）：

```
$ pig
```

或

```
$ pig -x mapreduce
```

① 执行 pwd 命令输出当前操作在 HDFS 上的当前工作目录（"grunt>" 为 grunt shell 提示符）：

```
grunt> pwd
```

② 执行 mkdir hdfs_dir 命令会在 HDFS 上的当前工作目录下创建目录 hdfs_dir：

```
grunt> mkdir hdfs_dir
```

（2）以本地模式启动 Pig 的 grunt shell：

```
$ pig -x local
```

① 执行 pwd 命令输出当前操作在本地文件系统的当前工作目录：

```
grunt> pwd
```

② 执行 mkdir local_dir 命令会在本地文件系统的当前工作目录下创建目录 local_dir：

```
runt> mkdir local_dir
```

Grunt shell 提供了与本地文件系统和 HDFS 相关所有操作命令，命令列表详见 9.3 节 "Pig 相关命令"中"grunt shell 与 HDFS 交互命令"部分。

9.4.4 Pig 程序运行方式

使用 Pig 处理数据的程序根据应用需求分为 3 种方式。

1. Pig 脚本文件

可以将相关 Pig 命令存储在以后缀名为.pig 结尾的脚本文件中（后缀名.pig 可选，主要用作区分用途）。Pig 脚本文件可以位于本地文件系统中，也可以位于分布式集群环境下。如当前一个名为 user_name.pig 的脚本文件，用于获取文件/etc/passwd 文件中第一列的值，即当前 Linux 系统中所有用户的用户名。脚本文件 user_name.pig 的内容为

```
/* user_name.pig */
lines = LOAD 'passwd' USING PigStorage(':');  -- load the passwd file
users = FOREACH lines GENERATE $0 AS user_name;  -- extract the user names
STORE users INTO 'user_name.out';  -- write the results to a file name user_name.out
```

代码片段说明：

/* …*/：Pig 脚本文件多行注释；--：Pig 脚本文件单行注释；LOAD：Pig 加载文件命令；USING：Pig 调用函数命令；FOREACH … GENERATE：用于提取数据内容的特定部分或获取数据的特定列；$0：索引变量，获取 lines 中第一列的值；AS：定义索引变量$0 对应的别名；STORE…INTO：Pig 存储结果到外部文件命令。

注：

（1）类似操作"lines = LOAD 'passwd' USING PigStorage(':');"中，等号"="前后必须由空格隔开，否则运行出错。

（2）Pig 脚本文件中的每一条语句以分号";"结束。

（3）上述 Pig 命令不区分大小写，如"LOAD 'passwd' USING PigStorage(':');"与"load 'passwd' using PigStorage(':');"效果相同。后面会对相关命令进行详细地介绍。

下面分别在 Local 模式下和 MapReduce 模式执行脚本文件 user_name.pig：

① Pig 命令运行于 Local 模式，passwd 文件位于本地文件系统中当前工作目录：

复制文件/etc/passwd 到本地文件系统中的当前工作目录：

```
$ cp /etc/passwd ./
```

使用 Pig 命令执行脚本文件中的操作：

```
$ pig -x local user_name.pig
```

执行结束后会在当前工作目录（执行 Pig 命令的目录）下创建一个结果输出目录 user_name.out，在 user_name.out 目录下包含输出结果文件 part-m-00000。

② Pig 命令运行于 MapReduce 模式，passwd 文件位于 HDFS 文件系统中当前工作目录：

上传①中的本地文件 passwd 到 HDFS 上：

```
$ hdfs dfs -put passwd /user/trucy/
```

使用 Pig 命令执行脚本文件中的操作：

```
$ pig -x mapreduce user_name.pig
```

或：

```
$ pig user_name.pig
```

Pig 在 HDFS 上的当前工作目录为/user/${username}，如此处当前工作用户为 trucy，则 Pig 在 HDFS 上的当前工作目录为/user/trucy。执行上述命令后 Pig 会在/user/trucy 下创建一个目录 user_name.out，并把处理结果输出到该目录下的 part-m-00000 文件中。

2．Pig 交互式 shell--Grunt

Grunt 为执行 Pig 命令的交互式 shell，用户在 Linux 命令提示符下输入 pig -x local（本地模式）或 pig -x mapreduce（mapreduce 模式，或直接输入 Pig 命令）即可进入 grunt。在 grunt 提示符下可以执行 Pig 所有相关操作命令，如：

（1）使用 fs -ls 命令查看 Pig 位于 HDFS 上 home 目录下的所有文件或文件夹。

（2）使用 ls 命令，功能与 fs -ls 命令一样，但显示的是绝对路径。

（3）使用 sh ls 命令可以查看当前工作目录（执行 Pig 命令进入 grunt 的目录）下的所有文件或文件夹。

（4）执行 exec user_name.pig 命令，以批处理方式执行脚本文件中的所有操作。

（5）执行 run user_name.pig 命令，以单独解析文件中每条命令方式执行每一步操作。

（6）在 grunt 提示符下以交互式方式执行每一步操作：

```
grunt> lines = LOAD 'passwd' USING PigStorage(':');
grunt> users = FOREACH lines GENERATE $0 AS user_name;
grunt> DUMP users;
```

最后一条 DUMP 命令用于输出 users 变量中的结果到用户终端。

此外，grunt 还支持 Linux shell 中命令自动补全、命令历史记录和可编辑功能。如在 grunt 提示符下输入"lo"，然后按下 Tab 键，会在"grunt> lo"下一行输出"load long"等相关命令；若在当前 grunt>提示符按上下键可以显示历史相关操作命令，并可对历史命令进行手动编辑操作。

输入 quit 命令或 Ctrl-D 组合键可以退出 grunt。

3．嵌入 Pig 命令到宿主程序

可以将 Pig 操作嵌入到 Python、Java 等高级程序语言中，正如在 Java 程序中通过 JDBC 使用 SQL 一样，在 Java 程序中使用 PigServer 类可以执行 Pig 操作，甚至可以使用 PigRunner 访问 grunt。在 Java 程序中嵌入 Pig 操作，需要执行如下操作。

（1）确定 pig-x.y.z.jar 文件（x.y.z 为版本号）位于 classpath 变量中。

（2）创建一个 PigServer 实例。

（3）通过调用 PigServer 实例的 registerQuery()方法执行 Pig 操作。

（4）调用 PigServer 实例的 openIterator()方法或 store()方法获取处理结果。

（5）若程序中需要使用自定义函数（UDF），使用 PigServer 实例的 registerJar()方法进行声明。如 myfunc()函数位于/home/pig/test.jar 文件中，则在 Java 程序中使用 myfunc()功能需要使用 pigServer.registerJar("/home/pig/test.jar ")进行声明，pigServer 为 PigServer 类的实例。

（6）编译 Java 程序，命令为 javac -cp <path>/pig-x.y.z.jar JavaProgram.java。

（7）若编译 Java 程序成功，则运行 Java 程序，命令为 java -cp <path>/pig-x.y.z.jar JavaProgram。

如当前一个名为 UserName.java 程序文件，用于获取文件/etc/passwd 文件中第一列的值，即当前 Linux 系统中所有用户的用户名：

```
import java.io.IOException;
```

```
import org.apache.pig.PigServer;
public class UserName {
  public static void main(String[] args) {
    try {
     PigServer pigServer = new PigServer("mapreduce");    //run in MapReduce mode
     pigServer.registerQuery("lines = LOAD 'passwd' USING PigStorage(':');");
     pigServer.registerQuery("users = FOREACH lines GENERATE $0 AS user_name;");
     pigServer.store("users", " user_name.out ");
    }
    catch (IOException e) {
      e.printStackTrace();
    }
  }
}
```

注：

（1）程序中所有与 Pig 有关的操作直到调用 pigServer.store()方法才会被执行。

（2）LOAD 操作中的 passwd 文件必须位于 HDFS 上其指定目录下。

（3）程序运行结果保存到 pigServer.store()方法所指定的输出文件中，该文件位于用户在 HDFS 的当前工作目录下（一般为用户在 HDFS 上的/home 目录，默认为${fs.defaultFS}/user/${username}，fs.defaultFS 为 Hadoop 配置 HDFS 的属性，位于 Hadoop 配置文件 core-site.xml 中）。

编写完上述程序后，编译 UserName.java 程序文件（假设 pig 的 jar 文件位于当前目录，文件名为 pig-0.13.0.jar）：

```
javac -cp ./ pig-0.13.0.jar UserName.java
```

若编译成功后，运行 UserName 程序：

```
java -cp ./ pig-0.13.0.jar UserName
```

以上 3 种运行 Pig 程序的方式都可以工作在本地模式和 MapReduce 模式环境下。

9.4.5 Pig 输入与输出

在处理任何数据之前，都需要加载（load）数据；处理完数据之后，可以把处理结果输出（dump）到终端，也可以把处理结果保存（store）到文件中。

1．LOAD

LOAD 操作用于从 HDFS 文件系统中加载数据，当执行 LOAD 语句时，该操作默认会调用 PigStorage()方法，以 Tab 字符作为分割符解析数据文件内容，可以在 LOAD 语句中使用 USING 关键字调用 PigStorage()方法修改使用不同分隔符解析文件中的数据内容。LOAD 命令加载文件的语法格式和相关参数说明如下。

语法：LOAD 'data' [USING function] [AS schema];

说明：data 为文件或目录名，位于单引号内，若 data 为目录名，则 data 目录下的所有文件都会被加载。USING 关键字用于指定执行文件加载操作的功能方法，可选，若省略 USING 关键字，LOAD 操作默认使用 PigStorage()方法，该方法默认解析以 Tab 键分隔的文本文件。

function 为执行实际加载操作的功能方法，可以是 Pig 内置方法，也可以是用户自定义方法，参见 9.6 节介绍。AS 关键字用于为加载的数据指定模式 schema，schema 位于小括号()中，若对应位置的数据与为其指定的模式类型不兼容，根据 LOAD 处理方式该位置上的值被置为空值 null，或者产生一条错误信息。

若 LOAD 所加载文件 data 不存储在 HDFS 上，如存储在 HBase 表中，可以使用 HBase Storage()方法，如：

```
A = LOAD 'data' USING HBaseStorage();
```

若 LOAD 所加载文件 data 存储在 HDFS 上，文件内容各部分以逗号","分隔开，若使用 PigStorage()方法解析出文件内容各部分，可以向 PigStorage()方法传递参数用于说明分隔符类型，如：

```
B = LOAD 'data' USING PigStorage(',');
```

若为加载的数据内容中各数据字段指定模式，则使用 AS 关键字：

```
C = LOAD 'data' USING PigStorage(',') AS (name, age, gender, place);
```

若模式未指定类型，默认为 bytearray，可以在模式中指定各字段的类型：

```
C = LOAD 'data' USING PigStorage(',') AS (name:chararray, age:int, gender:chararray, place:chararray);
```

若要查看模式，使用 DESCRIBE 命令或 ILLUSTRATE 命令：

```
DESCRIBE C;
```

或：

```
ILLUSTRATE C;
```

执行 LOAD 操作时，可以指定 data 文件在 HDFS 上存储位置的相对路径，也可以指定其在 HDFS 上存储位置的绝对路径。相对路径默认为当前工作在 HDFS 上的 home 目录 /user/${username}，即 Pig Latin 会在 HDFS 上的/user 目录下创建一个以当前登录用户名为名字的子目录作为 Pig Latin 在 HDFS 上的 home 目录。若指定绝对路径，则 data 文件的完整路径名为${fs.defaultFS}/user/${username}。

2．STORE

执行完所有的数据处理操作后，使用 STORE 操作将处理所得的结果数据保存到文件系统中。当执行 STORE 语句时，该操作默认会调用 PigStorage()方法，以 Tab 字符作为存储结果中各数据字段的分割符，可以在 STORE 语句中使用 USING 关键字为 PigStorage()方法传递参数修改使用不同字符作为存储结果数据中各字段的分隔符，或使用不同的存储方法，如使用方法 HBaseStorage()把结果数据存储到 HBase 中。STORE 命令存储结果数据的语法格式和相关参数说明如下。

语法：STORE alias INTO 'directory' [USING function];

说明：alias 为关系别名，或存储结果数据的变量。INTO 关键字用于指定存储结果的目标位置。directory 为存储结果数据的目录位置，位于单引号内，若 directory 已存在，则 STORE 操作失败返回。USING 关键字用于指定存储方法，可选，若未指定，则使用默认的 PigStorage() 方法。function 为执行实际加载操作的功能方法，可以是 Pig 内置方法，也可以是用户自定义方法，参见 9.6 节介绍。

3．DUMP

大多数时候，执行完所有的数据处理操作后，会把结果持久化存储在文件系统或数据库中。但有时也会需要获取中间处理操作的数据结果，用于调试处理逻辑是否正确，最简单的调试方法是将中间处理结果输出到屏幕上，通过对中间结果数据进行查看来分析处理逻辑，DUMP 操作用于把处理结果输出到屏幕上。

语法：DUMP alias;

说明：alias 为关系别名，存储结果数据。

DUMP 操作使用 run 或 exec 命令执行 Pig Latin 语句，并把结果输出到屏幕上。DUMP 操作运行于交互模式下，可以作为调试工具用于分析处理逻辑是否按预期操作进行执行。

9.5 模式（schemas）

Pig 模式用于为 Pig 所操作目标数据的一个或多个字段（fields，数据字段在文件中默认以 Tab 键作为分隔符，可以使用 USING PigStorage()子句对分隔符进行解析）指定别名和数据类型（有关 Pig 数据类型参见 9.3 节），便于 Pig 执行例如 LOAD 操作时对数据类型进行检查并快速地做出相应处理，提高操作的执行速度。为数据指定模式是可选的，若未对数据指定任何模式，则 Pig 默认所有数据的类型为 bytearray 类型。

数据的模式也称为关系模式（relation schema），其定义由 LOAD、STREAM、FOREACH 操作的 AS 子句指定（关系、包、元组、字段之间的关系参见 9.2 节）。

1. 定义关系模式

定义关系模式时可以为一个关系模式同时指定字段名和字段类型；也可以为一个关系模式只指定字段名，不指定字段类型，此时字段类型默认为 bytearray；字段名和字段类型都不指定，此时字段没有任何别名，字段类型默认为 bytearray。关系模式的定义和使用方法如下。

（1）同时指定字段名称（field name）和字段类型（field type）：

```
grunt> lines = LOAD 'passwd' USING PigStorage(':') AS (name:chararray, pass:chararray, uid:int, gid:int);
grunt> DESCRIBE lines;
lines:{name: chararray,pass:chararray,uid:int,gid: int}
```

DESCRIBE 或 describe 命令用于输出关系的模式结构。

上述 LOAD 语句使用 AS 子句为关系（relation）lines 定义的模式中包含了 name、pass、uid、gid4 个字段，字段类型分别为 chararray、chararray、int、int。LOAD 语句从 passwd 文件中读取数据，使用 USING 子句调用 PigStorage()方法对源数据以冒号":"作为分隔符进行解析，然后使用 AS 子句定义的模式对解析出的数据进行过滤操作，将最终结果保存到定义的关系 lines 中。

输出经处理后的关系 lines 中的内容为

```
grunt> DUMP lines
(root,x,0,0)
(bin,x,1,1)
(daemon,x,2,2)
(adm,x,3,4)
(lp,x,4,7)
...
```

passwd 文件的内容为

```
grunt> CAT passwd
root:x:0:0:root:/root:/bin/bash
bin:x:1:1:bin:/bin:/sbin/nologin
daemon:x:2:2:daemon:/sbin:/sbin/nologin
adm:x:3:4:adm:/var/adm:/sbin/nologin
lp:x:4:7:lp:/var/spool/lpd:/sbin/nologin
...
```

（2）只指定字段名称，不指定字段数据类型（此时字段类型默认为 bytearray）：

```
grunt> lines = LOAD 'passwd' USING PigStorage(':') AS (name, pass, uid, gid);
```

使用 DESCRIBE 命令查看关系 lines 的模式结构：

```
grunt> DESCRIBE lines;
lines: {name: bytearray,pass: bytearray,uid: bytearray,gid: bytearray}
```

（3）不指定任何模式，此时关系中的字段没有任何别名，字段类型为 bytearray 类型：

```
grunt> lines = LOAD 'passwd' USING PigStorage(':');
grunt> DESCRIBE lines;
Schema for lines unknown.
```

使用 DESCRIBE 命令查看关系 lines 的模式结构输出模式未知，即关系 lines 中不存在任何模式。

2．操作关系模式

若为某一关系定义了模式，可以使用指定在关系相关字段上的别名或其索引位置访问特定字段。若为关系中的字段未指定别名，只能采用索引方式访问相关位置上的字段。

（1）具有模式的数据访问方式

定义关系 lines，解析 passwd 文件获取 4 个字段的数据并为其指定模式：

```
grunt> lines = LOAD 'passwd' USING PigStorage(':') AS (name:chararray, pass:chararray, uid:int, gid:int);
```

使用字段名获取 uid 字段和 gid 字段值，执行相关操作：

```
grunt> B = FOREACH lines GENERATE uid+gid;
```

或为新定义的关系 B 指定模式：

```
grunt> B = FOREACH lines GENERATE uid+gid AS (sum:int);
```

使用索引方式获取 uid 字段和 gid 字段值，执行相关操作：

```
grunt> B = FOREACH lines GENERATE $2+$3;
```

（2）不具有模式的数据访问方式

定义关系 lines2，解析 passwd 文件中的数据，不指定模式：

```
grunt> lines2 = LOAD 'passwd' USING PigStorage(':');
```

只能使用索引方式获取 uid 字段和 gid 字段值，执行相关操作：

```
grunt> C = FOREACH lines2 GENERATE $2+$3;
2015-01-09 12:27:00,273 [main] WARN  org.apache.pig.newplan.BaseOperatorPlan - Encountered Warning IMPLICIT_CAST_TO_DOUBLE 2 time(s).
```

根据关系 C 输出的日志信息可以看出，若未对关系定义模式时，执行加运算操作会将原数值类型（$2和$3对应字段值为int型）自动转换为默认的double类型，使用DESCRIBE C操作检查关系C的模式，会看到字段类型为double类型。

注：

① 针对数据内容为数值类型的字段执行例如加、减、乘、除法算数运算时，若未对字段指定数据类型，为了确保运算操作安全性，Pig默认的处理方式是将所有参加运算操作的字段类型转换为系统支持的最大数值类型（如double类型），并将结果存储为最大数值类型。

② Pig真正将关系模式应用到数据上是在相关Pig操作实际执行时触发的，如执行DUMP、STORE、RUN等操作。若未对关系指定任何模式，Pig也是在相关操作实际执行时才对数据进行类型推断操作。

若为关系指定了模式，随后可以使用类型转换修改某一字段的类型；若为关系未指定模式，随后也可以使用类型转换修改字段的默认bytearray类型。其中，类型转换分为强制（显示）类型转换和自动（隐式）类型转换。

（3）强制类型转换

强制类型的转换方式为在数据前面加"(数据类型)"。

如上述②中关系C的内容为

```
grunt> DUMP C;
(0.0)
(2.0)
(4.0)
(7.0)
(11.0)
...
```

对关系C中的第一列（$0）值执行加100操作，存储结果到关系D中：

```
grunt> D = FOREACH C GENERATE (int) $0 + 100;
```

输出关系D中的结果：

```
grunt> DUMP D;
(100)
(102)
(104)
(107)
(111)
...
```

强制类型转换过程中，若原始类型所代表的数据范围大于转换后类型所代表的数据范围，类型转换操作会丢失数据精度。如上述关系C中的数据类型为double类型，对其强制转换为int类型后会丢失一部分数据精度。

（4）自动类型转换

自动类型转换由算数运算操作自动执行，不需要显示指定类型转换操作。该操作一般是为了方便运算，将小类型转换为大类型。

```
grunt> E = FOREACH B GENERATE $0 + 100.0;
```

上述操作将int类型的$0值自动转换为double类型。

3. 用 LOAD 和 STREAM 定义关系模式

位于 LOAD 和 STREAM 操作中的模式定义，模式必须位于 AS 子句后的小括号()内，如：

```
grunt> A = LOAD 'data' AS (f1:int, f2:int);
```

4. 用 FOREACH 定义关系模式

（1）位于 FOREACH 操作中的模式定义，单字段模式可以位于 AS 子句后的小括号()内，也可以在 AS 子句后面不指定小括号，如使用 LOAD 操作导入 passwd 文件中的数据：

```
grunt> lines2 = LOAD 'passwd' USING PigStorage(':');
```

产生单个字段的模式位于 AS 子句后的小括号()内：

```
grunt> B = FOREACH lines2 GENERATE $2+$3 AS (sum:int);
```

产生单个字段的模式可以在 AS 子句后不指定小括号()：

```
grunt> B = FOREACH lines2 GENERATE $2+$3 AS sum:int;
```

（2）位于 FOREACH 操作中的模式定义，若处理多个感兴趣的字段，可以使用多个 AS 子句分别为每个字段指定别名或类型。

使用 LOAD 操作导入 passwd 文件中的数据：

```
grunt> lines2 = LOAD 'passwd' USING PigStorage(':');
```

此时关系 lines2 模式未知。

FOREACH 获取前 4 个感兴趣的字段并指定别名：

```
grunt> B = FOREACH lines2 GENERATE $0 AS name, $1 AS pass, $2 AS uid, $3 AS gid;
```

使用 DESCRIBE 命令查看关系 B 的结构：

```
grunt> DESCRIBE B;

B: {name: bytearray,pass: bytearray,uid: bytearray,gid: bytearray}
```

所有字段类型默认为 bytearray。

若为感兴趣的字段指定完整的模式（即包括字段别名和字段类型）且新指定的类型与原类型不同，需要在获取的值前使用强制类型转换：

```
grunt> C = FOREACH lines2 GENERATE (chararray) $0 AS name:chararray, $1 AS pass,
$2+$3 AS sum_uid_gid:int;
```

或

```
grunt> C = FOREACH lines2 GENERATE (chararray) $0 AS (name:chararray), $1 AS pass,
$2+$3 AS (sum_uid_gid:int);
```

使用 DESCRIBE 命令查看关系 C 的结构：

```
grunt> DESCRIBE C;

B: {name: chararray,pass: bytearray,sum_uid_gid: int}
```

对比分析关系 B 与关系 C 的模式，关系 B 使用索引方式（因为关系 lines2 未指定任何模式，关系 lines2 为从文件 passwd 中解析出的前 4 个字段值）处理保存在关系 lines2 中的值，为 4 个字段（列）指定的别名分别为 name、pass、uid、gid，字段类型使用默认的 bytearray 类型。关系 C 使用索引方式处理保存在关系 lines2 中的值，为关系 lines2 的第一个字段指定别名 name，字段类型为 chararray（注意，需要首先对关系 lines2 的第一个字段值$0 进行强制类型转换）；为关系 lines2 的第二个字段指定别名 pass，字段类型为默认的 bytearray 类型；对关系 lines2 中的第三个字段和第四个字段执行求和运算，并为求和运算的结果指定别名 sum_uid_gid，字段类型为 int（注意，此处并没有对关系 lines2 中的字段$2 和$3 执行强制类型转换，因为算术运算操作符隐式执行了类型转换操作）。

5．使用简单数据类型定义模式

Pig 简单数据类型包括 int、long、float、double、chararray、bytearray、boolean、datetime、biginteger 和 bigdecimal，使用简单类型定义模式的过程如下。

语法：(alias[:type] [, alias[:type] …])

说明：alias 为字段别名，type 为字段类型，字段别名与字段类型以冒号":"分隔开。类型是可选的，若未指定，默认使用 bytearray。若包含多个字段，所有字段位于小括号()内，且以逗号分隔开。

实例：假设当前 HDFS 目录下（可以在 grunt shell 中使用 pwd 命令查看当前工作目录，pig 相关 shell 命令参考 9.4.3 节介绍）存在一个 students 文件，使用 cat 命令输出文件内容为

```
grunt> cat students;
John 18    88
Mary 19    98
Bill 20    89
Joe  18    98
```

（1）为所有字段指定别名和类型：

```
grunt> A = LOAD 'student' AS (name:chararray, age:int, score:float);
```

使用 DESCRIBE 命令显示模式结构：

```
grunt> DESCRIBE A;
A: {name: chararray,age: int,score: float}
```

（2）为前两个字段指定别名和类型，第三个字段只指定别名，不指定类型：

```
grunt> A = LOAD 'student' AS (name:chararray, age:int, score);
```

使用 DESCRIBE 命令显示模式结构：

```
grunt> DESCRIBE A;
A: {name: chararray,age: int,score: bytearray}
```

从 DESCRIBE 命令输出可以看出第三个字段使用默认的 bytearray 类型。

6．使用复杂数据类型定义模式

Pig 复杂数据类型包括 tuple、bag 和 map，使用不同复杂数据类型定义的模式和操作不同复杂数据类型定义的字段差异很大，分别介绍如下。

（1）元组模式

一个元组由一系列有序字段集构成，字段与字段之间以逗号","分隔，所有字段位于小括号()内。

语法：(alias: [tuple] (alias[:type] [, alias[:type] …]) [,…])

说明：alias 为元组别名，:tuple 为元组数据类型，可选，tuple 关键字不区分大小写。()为元组类型标志，alias[:type]元组内字段别名和字段类型，若未指定字段类型，默认为 bytearray，可以在一个模式中定义多个元组。

实例：

① 包含一个元组的模式：

假设当前 HDFS 目录下存在一个 students 文件，使用 cat 命令输出文件内容为

```
grunt> cat students;
```

```
(John,18,88)
(Mary,19,98)
(Bill,20,89)
(Joe,18,98)
```

使用 LOAD 操作导入数据：

```
grunt> A = LOAD 'students' AS (T:tuple (name:chararray, age:int, score:float));
```

或省略 tuple 关键字：

```
grunt> A = LOAD 'students' AS (T: (name:chararray, age:int, score:float));
```

使用 DESCRIBE 命令查看关系 A 的模式结构：

```
grunt> DESCRIBE A;
A: {T: (name: chararray,age: int,score: float)}
```

查看关系 A 保存的结果：

```
grunt> DUMP A
((John,18,88.0))
((Mary,19,98.0))
((Bill,20,89.0))
((Joe,18,98.0))
```

② 包含两个元组的模式：

假设当前 HDFS 目录下存在一个 students2 文件，使用 cat 命令输出文件内容为（注意第一个元组(John,18,88)与第二个元组(2,7)之间以 Tab 键分隔开）：

```
grunt> cat students2;
(John,18,88)   (2,7)
(Mary,19,98)   (3,6)
(Bill,20,89)   (4,7)
(Joe,18,98)    (6,2)
```

使用 LOAD 操作导入数据：

```
grunt> B = LOAD 'students2' AS (F:tuple (name:chararray,age:int,score:float),
T:tuple(num1:int,num2:int));
```

或省略 tuple 关键字：

```
grunt> B = LOAD 'students2' AS (F: (name:chararray,age:int,score:float),T:
(num1:int,num2:int));
```

使用 DESCRIBE 命令查看关系 B 的模式结构：

```
grunt> DESCRIBE B;
B: {F: (name: chararray,age: int,score: float),T: (num1: int,num2: int)}
```

查看关系 B 保存的结果：

```
grunt> DUMP B
((John,18,88.0),(2,7))
((Mary,19,98.0),(3,6))
((Bill,20,89.0),(4,7))
((Joe,18,98.0),(6,2))
```

（2）包模式

bag 由一系列无序元组集构成，元组之间以逗号分隔开，位于花括号{}内。为 bag 指定模式是可选的，模式分别应用于 bag 内的所有元组。

语法：(alias: [bag] {tuple})

说明：alias 为 bag 别名，bag 为 bag 类型，可选，bag 关键字不区分大小写。{}为 bag 类型标志，tuple 为元组（参见元组模式介绍）。

实例：为 bag 指定模式，两种类型的 LOAD 语句功能相同。

假设当前 HDFS 目录下存在一个 students 文件，使用 cat 命令输出文件内容为

```
grunt> cat students;
{(John,18,88)}
{(Mary,19,98)}
{(Bill,20,89)}
{(Joe,18,98)}
```

使用 LOAD 操作导入数据：

```
grunt> A = LOAD 'students' AS (ST:bag {T:tuple(name:chararray,age:int,score:int)});
```

或省略 bag 关键字：

```
grunt> A = LOAD 'students' AS (ST: {T:tuple(name:chararray,age:int,score:int)});
```

使用 DESCRIBE 命令查看关系 A 的模式结构：

```
grunt> DESCRIBE A;
A: {ST: {T: (name: chararray,age: int,score: int)}}
```

使用 DUMP 命令查看 A 保存的结果：

```
grunt> DUMP A;
({(John,18,88)})
({(Mary,19,98)})
({(Bill,20,89)})
({(Joe,18,98)})
```

（3）map 模式

map 由一系列键值对集合构成，键 key 必须为 chararray 类型，值 value 可以为任意合法类型（如 int、tuple、bag 类型）key 和 value 之间以符号 "#" 分隔开，位于中括号[]类。

语法：(alias: <map> [<type>])

说明：alias 为 map 别名，map 为 map 类型，可选，map 关键字不区分大小写。[]为 map 类型标志。type 为 value 类型，可选，默认为 bytearray 类型，所有 value 的类型必须一致。

实例：

① 为 value 不指定类型。

假设当前 HDFS 目录下存在一个 data 文件，使用 cat 命令输出文件内容为

```
grunt> cat data
[DataBase#Oracle]
[NoSQL#HBase]
```

```
[Data#Hadoop]
[No.#11111]
```

使用 LOAD 操作导入数据：

```
grunt> A = LOAD 'data' AS (M:map []);
```

或省略 map 关键字：

```
grunt> A = LOAD 'data' AS (M: []);
```

使用 DESCRIBE 命令查看关系 A 的模式结构：

```
grunt> DESCRIBE A;
A: {M: map[]}
```

使用 DUMP 命令查看 A 保存的结果：

```
grunt> DUMP A;
([DataBase#Oracle])
([NoSQL#HBase])
([Data#Hadoop])
([No.#11111])
```

② 指定 value 类型为 tuple。

假设当前 HDFS 目录下存在一个 students 文件，使用 cat 命令输出文件内容为

```
grunt> cat students;
[John#(18,88)]
[Mary#(19,98)]
[Bill#(20,89)]
[Joe#(18,98)]
```

使用 LOAD 操作导入数据：

```
grunt> B = LOAD 'students' AS (M:map [(age:int, score:int)]);
```

或省略 map 关键字：

```
grunt> B = LOAD 'students' AS (M: [(age:int, score:int)]);
```

使用 DESCRIBE 命令查看关系 B 的模式结构：

```
grunt> DESCRIBE B;
B: {M: map[(age: int,score: int)]}
```

使用 DUMP 命令查看 B 保存的结果：

```
grunt> DUMP B;
([John#(18,88)])
([Mary#(19,98)])
([Bill#(20,89)])
([Joe#(18,98)])
```

（4）包含多种复杂类型的模式

根据数据文件的内容格式，可以为一个关系定义包含多种复杂类型的模式，正如前面为一个关系定义的模式中包含多种简单类型一样。如下面定义的模式中包含 tuple、bag、map 3 种复杂类型：

```
A = LOAD 'mydata' AS (T1:tuple(f1:int, f2:int), B:bag{T2:tuple(t1:float,t2:f
```

```
loat)}, M:map[] );
    A = LOAD 'mydata' AS (T1:(f1:int, f2:int), B:{T2:(t1:float,t2:float)}, M:[] );
```

9.6 Pig 相关函数详解

为了针对不同的应用提出特定的解决方法，Pig 提供了丰富的函数功能，把一些可复用的技术或功能集中放在一起，在需要的时候直接使用函数名进行调用即可，而不必在每一次做数据处理操作时都编写重复的代码。Pig 函数包括内置函数（Built-in Functions）和用户自定义函数（User Defined Functions）。内置函数针对某一类应用提出通用的解决方案，可直接使用；用户自定义函数使用户可以根据自己的应用需要编写特定功能的函数，将一些定制功能封装在自定义函数中，为一个或多个应用提供可复用功能。

1. 内置函数

内置函数包括可重入函数（Eval Functions）、加载/存储函数（Load/Store Functions）、数学函数（Math Functions）、字符串函数（String Functions）和时间函数（Datetime Functions）、Map/Bag/Tuple 函数等。内置函数不需要登记（register），可以直接使用；使用内置函数时，不需要指出其完整名称，只需简单地使用函数名即可使用。有关内置函数的功能说明和使用方法参见附录 B 或 Pig 官网：http://pig.apache.org/docs/r0.14.0/func.html。

2. 用户自定义函数（UDF）

Pig 针对用户特定应用需求提供了丰富的用户自定义扩展功能支持，用户可以根据自己所熟悉的语言编写 Pig 未实现的函数功能，Pig UDF 实现所支持的语言主要包括 6 种分别是 Java、Jython、Python、JavaScript、Ruby、Groovy。目前，Pig UDF 实现语言所支持最好的是 Java，因为 Pig 是用 Java 语言实现的，提供了丰富的 java 接口操作。Pig 还提供了丰富的 java UDF 库 Piggy Bank，是 Pig 编程爱好者自由实现，然后经过多次正确性验证通过后贡献给 Piggy Bank 的。用户在实现自己的 UDF 之前可以先到 Piggy Bank 中查找是否存在相同功能的 UDF，若存在，可以直接使用而避免做重复的工作，若不存在才自己实现。用户也可以把自己实现且测试正确的 UDF 上传到 Piggy Bank 供他人使用或检查正确性。下面分别介绍如何使用 Java、JavaScript、python 语言实现 UDF，并介绍如何使用 Piggy Bank 中现成的 UDF，有关 UDF 的详细介绍可参考 Pig 官网 http://pig.apache.org/docs/r0.14.0/udf.html，或参考"pig 编程指南"。

（1）使用 Java 语言实现可重入函数（Eval Functions）

Eval 函数为 Pig Latin 中最常用的函数，可以用于 FOREACH 语句中，如下述 myscript.pig 脚本文件内容：

```
-- myscript.pig
REGISTER myudfs.jar;
A = LOAD 'student_data' AS (name: chararray, age: int, gpa: float);
B = FOREACH A GENERATE myudfs.UPPER(name);
DUMP B;
```

文件内容第一行为注释，双端横线--表示单行注释符，说明脚本文件名为 myscript.pig。REGISTER myudfs.jar 语句说明包含 UDF 的 jar 文件所在位置，注意 jar 文件名周围没有任何引号，若指定引号会出现语法错误；为了查找 jar 文件所在位置，Pig 会首先检查 classpath 变量中定义的类路径信息，若 myudfs.jar 文件不存在，Pig 会在当前工作目录下查找，若仍未找到，Pig 会抛出异常 java.io.IOException: Can't read jar file: myudfs.jar，说明 myudfs.jar 文件不存在。myudfs.UPPER()用于调用 UDF，注意必须指定包含 UPPER 函数的完整名称，包括所有包名，其中 UPPER 区分大小写，如 UPPER 与 upper 不同。

下面介绍 UPPER 的 java 具体实现，UPPER 函数的功能为接收 ASCII 字符串作为参数，并将原字符串中的所有字符转换为大写。

UPPER.java：

```java
package myudfs;
import java.io.IOException;
import org.apache.pig.EvalFunc;
import org.apache.pig.data.Tuple;
public class UPPER extends EvalFunc<String>
{
public String exec(Tuple input) throws IOException {
        if (input == null || input.size() == 0 || input.get(0) == null)
            return null;
    try{
            String str = (String)input.get(0);
        return str.toUpperCase();
     }catch(Exception e){
            throw new IOException("Caught exception processing input row ", e);
    }
  }
}
```

程序第一行指明 UPPER 类所属的包名。UPPER 类继承 EvalFunc 类，EvalFunc 类为所有 Eval 函数的基类，该类包含一个 exec 方法，针对每一个 tuple 类型的输入执行一次调用操作，然后返回 string 类型的结果。

程序实现后需要编译并打包成 jar 文件，编译 UDF 函数需要 pig.jar 文件，下述命令分别创建 pig.jar 文件和使用 pig.jar 编译 UDF。

使用 svn 命令从 SVN 库中导出代码创建本地的 pig.jar 文件：

```
svn co http://svn.apache.org/repos/asf/pig/trunk
cd trunk
ant
```

使用本地 pig.jar 文件编译包含 UDF 函数的类并打包成 jar 文件：

```
cd myudfs
javac -cp pig.jar UPPER.java
cd ..
jar -cf myudfs.jar myudfs
```

（2）使用 Java 语言实现 Filter 函数

Filter 函数本质上是 Eval 函数，返回值为 boolean 类型，可以用在任何 boolean 表达式应用的地方，包括 FILTER 操作或三元条件操作。

下述操作实现关系 A 和 B 的内连接功能：

```
-- inner join
A = LOAD 'student_data' AS (name: chararray, age: int, gpa: float);
B = LOAD 'voter_data' AS (name: chararray, age: int, registration: chararay, contri: float);
C = COGROUP A BY name, B BY name;
D = FILTER C BY not IsEmpty(A);
E = FILTER D BY not IsEmpty(B);
F = FOREACH E GENERATE flatten(A), flatten(B);
DUMP F;
```

其中 flatten() 函数功能为将嵌套结构的关系 A 或 B 转换为扁平结构，如将 bag 类型的数据转换为 tuple 类型的数据。注意上述操作使用 IsEmpty 函数时既没有指定 REGISTER 关键字，也没有使用包含 IsEmpty 函数的包名，因为 IsEmpty 函数为 Pig 内置函数。

下面为 IsEmpty 的 java 实现，IsEmpty 用于判断 expression 是否为空：

```java
import java.io.IOException;
import java.util.Map;
import org.apache.pig.FilterFunc;
import org.apache.pig.PigException;
import org.apache.pig.backend.executionengine.ExecException;
import org.apache.pig.data.DataBag;
import org.apache.pig.data.Tuple;
import org.apache.pig.data.DataType;
/**
 * Determine whether a bag or map is empty.
 */
public class IsEmpty extends FilterFunc {
    @Override
    public Boolean exec(Tuple input) throws IOException {
        try {
            Object values = input.get(0);
            if (values instanceof DataBag)
                return ((DataBag)values).size() == 0;
            else if (values instanceof Map)
                return ((Map)values).size() == 0;
            else {
                int errCode = 2102;
                String msg = "Cannot test a " +
                DataType.findTypeName(values) + " for emptiness.";
                throw new ExecException(msg, errCode, PigException.BUG);
            }
```

```
        } catch (ExecException ee) {
            throw ee;
        }
    }
}
```

IsEmpty 类继承 FilterFunc 类,实际上 FilterFunc 类继承自 EvalFunc 类。

(3)使用 JavaScript 语言实现 UDF

Pig 操作使用 JavaScript 语言实现的 UDF 函数步骤如下:

编写 JavaScript 程序,名为 udf.js,实现相应的 js 函数,使用 outputSchema 参数为相应 js 函数指定返回的结果类型和变量名,实现 Pig 与 js 函数之间的类型转换。

```
helloworld.outputSchema = "word:chararray";
function helloworld() {
    return 'Hello, World';
}
complex.outputSchema = "word:chararray,num:long";
function complex(word){
    return {word:word, num:word.length};
}
```

其中 helloworld()返回给 Pig 的值类型为 chararray,值标识符为 word。complex()返回给 Pig 的值包括 word 和 word 的长度,类型分别为 chararray 和 long。

使用 register 语句登记定义在 udf.js 中的函数,javascript 指定 Pig Latin 使用 javascript 或 JsScriptEngine 解析 JavaScript 程序,AS 关键字为定义在 udf.js 文件中的所有函数指定命令空间,在 Pig Latin 中可以使用 myfuncs.helloworld(),myfuncs.complex()方法直接访问函数。

```
register 'udf.js' using javascript as myfuncs;
```
或(两者功能相同)
```
register ' udf.js' using org.apache.pig.scripting.js.JsScriptEngine as myfuncs;
```
如:
```
A = load 'data' as (a0:chararray, a1:int);
B = foreach A generate myfuncs.helloworld(), myfuncs.complex(a0);
... ...
```

(4)使用 Python 语言实现 UDF

Pig 操作使用 Python 语言实现的 UDF 函数步骤如下:

编写 Python 程序,名为 udf.py,实现相应的 Python 函数功能,使用 outputSchema 注解为相应 Python 函数指定返回的结果类型和变量名,实现 Pig 与 Python 函数之间的类型转换。

```
from pig_util import outputSchema
@outputSchema("as:int")
def square(num):
    if num == None:
        return None
```

```
        return ((num) * (num))
@outputSchema("word:chararray")
def concat(word):
        return word + word
```

square 函数计算数值类型数据的平方值，concat 函数连接两个字符串成一个字符串。

使用 register 语句登记 udf.py 文件中的所有函数，指定 Pig Latin 使用 streaming_python 或 PythonScriptEngine 解析 Python 程序，并使用名称 myfuncs 访问文件中的函数。

```
register 'udf.py' using streaming_python as myfuncs;
```

或（两者功能相同）：

```
register 'udf.py' using org.apache.pig.scripting.streaming.python.PythonScriptEngine as myfuncs;
```

使用 udf.py 文件中的函数功能：

```
b = foreach a generate myfuncs.concat('hello', 'world'), myfuncs.square(3);
```

（5）使用 Piggy Bank 中已实现的 UDF

Piggy Bank 为 Pig 编程人员共享自己编写的 java UDF 函数的地方，任何人都可以修正 Piggy Bank 中 UDF 存在的 bug，或将自己编写的 UDF 函数共享给 Piggy Bank。目前 Piggy Bank 中的所有函数都是以源码形式发布的，若要使用相应的函数功能，必须把源代码下载下来自己编译并打包。

（6）如何使用 Piggy Bank 提供的 UDF 方法

创建 jar 文件包括所有 Piggy Bank UDF 的方法如下：

下载 Pig 库源代码创建本地的 pig.jar 文件：

```
svn co http://svn.apache.org/repos/asf/pig/trunk
cd trunk
ant
```

添加 pig.jar 文件到 classpath 变量中：

```
export CLASSPATH=$CLASSPATH:/path/to/pig.jar
```

下载 UDF 源码到本地：

```
svn co http://svn.apache.org/repos/asf/pig/trunk/contrib/piggybank
```

进入 trunk/contrib/piggybank/java 目录执行 ant 命令即可产生 piggybank.jar 文件。若要生成 javadoc 文件，则进入 trunk/contrib/piggybank/java 目录运行 ant javadoc 命令，生成的 javadoc 文件位于 trunk/contrib/piggybank/java/build/javadoc 目录下。

现在指定函数及其对应包名即可使用 Piggy Bank 提供的相应函数的功能，例如使用 UPPER 函数：

```
REGISTER /public/share/pig/contrib/piggybank/java/piggybank.jar ;
TweetsInaug = FILTER Tweets BY
org.apache.pig.piggybank.evaluation.string.UPPER(text)
        MATCHES '.*(INAUG|OBAMA|BIDEN|CHENEY|BUSH).*' ;
STORE TweetsInaug INTO 'meta/inaug/tweets_inaug' ;
```

（7）如何向 Piggy Bank 中贡献自己的 UDF 函数

若向 Piggy Bank 中贡献自己实现的 UDF 函数，可以按照下述步骤进行：

① 查看 javadoc 文件中的"可用函数"部分，确定 Piggy Bank 中不存在相应功能的函数。
② 下载"可以函数"部分所描述的 UDF 源码。
③ 将编写好的 java 代码放在相应合适的分类目录下。
④ 编写的 java 代码具有详细的功能描述。
⑤ 确保代码风格符合 Pig 代码风格。
⑥ 实现的 java 代码包含完整的测试程序。
⑦ 按网址 https://cwiki.apache.org/confluence/display/PIG/HowToContribute 上面的操作方法上传代码。

9.7 小结

Pig 提供了针对具有一定内部格式的数据进行相关分析操作的强大功能，向上对上层应用提供了丰富的 API 和函数功能，向下充分利用 Hadoop 的 MapReduce 分布式计算框架，既简化了分布式处理操作，也拥有高效的数据处理功能。Pig 作为 Hadoop 平台上的一个独立功能组件，既可以作为一个独立进程运行在单独 Linux 机器上，也可以作为 Hadoop 的内置功能充分发挥分布式处理技术的高效性。本章主要介绍了 Pig 的基本安装和相关操作，可以作为读者对了解 Hadoop 平台上众多数据分析功能的一个扩展阅读。若对 Pig 比较感兴趣，其函数操作、模式操作是两个比较难和重要的内容，Pig 的主要优势在于其与 Hadoop 的完美集成，因此操作简易、分布式处理功能强大。

习题

1. 简要描述 Pig 的功能。
2. Pig 的保留关键字包括哪些？
3. Pig 中的 null 功能是如何定义的？
4. Pig 分为哪几种运行模式，其区别分别是什么？
5. Pig 程序的运行方式分为哪几种？
6. Pig 的输入输出操作分别是什么，其功能分别为什么？
7. Pig 的数据模式是什么，其主要用途是什么？
8. Pig 的函数分为哪几种类型，其功能分别是什么？

第 10 章 Hadoop 与 RDBMS 数据迁移工具 Sqoop

知识储备

- 熟悉 Linux 操作系统
- Hadoop 基本理论的清晰理解
- Hadoop 集群体系清晰认识
- 关系型数据库的相关掌握
- SQL 相关知识的掌握

学习目标

- 了解 Sqoop 的基本安装和配置
- 了解 Sqoop 的相关功能
- 掌握 Sqoop 的 import 和 export 操作

Sqoop 是实现 Hadoop 与关系型数据库（RDBMS）之间进行数据迁移的工具，通过 Sqoop 可以简单、快速地从诸如 MySQL、Oracle 等传统关系型数据库中把数据导入（import）到诸如 HDFS、HBase、Hive 等 Hadoop 分布式存储环境下，使用 Hadoop MapReduce 等分布式处理工具对数据进行加工处理，然后可以将最终处理结果导出（export）到 RDBMS 中。Sqoop 最初是作为 Hadoop 的一个 contrib 模块于 2009 年 5 月被添加到 Apache Hadoop，2011 年 6 月升级为 Apache 的孵化器项目（Apache Incubator），最终于 2012 年 3 月成功转化为 Apache 顶级开源项目。可以从 Apache 官网 http://sqoop.apache.org 获取其相关信息。目前 Sqoop 主要分为两个系列版本，分别为 Sqoop1 和 Sqoop2，这两个系列因为目标定位不同，体系结构具有很大的差异，因此完全不兼容。Sqoop1 主要定位方向为功能结构简单、部署方便，目前只提供命令行操作方式，主要适用于系统服务管理人员进行简单的数据迁移操作；Sqoop2 主要定位方向为功能完善、操作简便，支持命令行操作、Web 访问、提供可编程 API，配置专门的 Sqoop server，安全性更高，但结果复杂，配置部署烦琐。本书只讲解 Sqoop1，基本上满足数据迁移功能。

Sqoop 使用存储在 RDBMS 中原数据的模式对数据的大部分操作进行自动转换，使用 MapReduce 并行模型以批处理方式快速地导入（import）、导出（export）数据，支持全表导入和增量导入，同时利用 Hadoop 分布式存储特性使之具有很好的数据容错功能。Sqoop 导入数据时，所操作的目标对象为 RDBMS 表，Sqoop 会按行读取表中的所有数据副本到 HDFS 上的一系列文件中，根据 Sqoop 操作任务并行度（parallel level），被导入的表数据可能会分布在多个文件中，文件类型为以逗号或 tab 符作为表字段分隔符的普通文本文件，或者是以二进制形式存储在的 Avro 文件或序列化文件。Sqoop 导出数据时，会以并行的方式从 HDFS 上读取相应的文件，并以新记录的方式被添加到目标 RDBMS 表中。

本节将详细介绍 Sqoop 的所有导入、导出操作及其对应操作过程。在阅读本节之前，需具备以下条件。

（1）已成功安装、配置好 Hadoop 环境。
（2）熟悉 Hadoop 相关基本操作。
（3）对 RDBMS 比较熟悉。
（4）所有操作都运行在 Linux 系统上。

10.1 Sqoop 基本安装

Sqoop 的安装非常简单，在类 UNIX 系统上需要预先安装好 Java 6 及其后期版本，并已部署 Hadoop 稳定版本的集群环境。

从网站 http://sqoop.apache.org/ 下载最新的 Sqoop 稳定版本。Sqoop 的 Apache 发行包分为源码包和已经编译好的二进制包，下面只介绍 Sqoop 的二进制包安装方法。

下载 Sqoop 二进制包，并解压到相应安装目录，解压后会生成子目录 sqoop-x.y.z.bin（x.y.z 为版本号）：

```
$ tar -xzf sqoop-x.y.z.bin.tar.gz
```

把 sqoop-x.y.z.bin 目录移动到 sqoop-x.y.z 目录：

```
$ mv sqoop-x.y.z.bin/ sqoop-x.y.z/
```

设置环境变量，编辑文件~/.bashrc 或~/.bash_profile 把 Sqoop 的安装路径添加到 PATH 变量中，方便 Sqoop 的使用和管理：

```
$ export SQOOP_HOME=/home/trucy/sqoop-x.y.z
$ export PATH=$PATH:$SQOOP_HOME/bin
```

10.2 Sqoop 配置

Sqoop 实现 Hadoop 分布式存储平台与 RDBMS 之间的数据传输，因此，只需要在 Hadoop 平台各相关组件与 RDBMS 之间搭起桥梁即可实现。Sqoop 获取 Hadoop 平台各相关组件的配置信息是通过读取环境变量实现的，如获取 Hadoop 相关信息可以通过读取变量 ${HADOOP_HOME} 的值，获取 Hive 相关信息可以通过读取变量${HIVE_HOME}的值等，因此，需要修改文件~/.bashrc 或~/.bash_profile 配置环境变量，使用 export 命令将上述工具的根目录添加到文件末尾；同时 Sqoop 连接 RDBMS 需要使用相应的数据库驱动工具，如通过 JDBC 连接 MySQL 需要用到 mysql-connector-java-x.y.z-bin.jar 驱动程序（x.y.z 为版本号，该驱动工具可以从 MySQL 官网 http://dev.mysql.com/downloads/connector/上下载）。本节后面假设 Sqoop 所操作的 RDBMS 为 MySQL，因此需要安装 MySQL，相关安装过程参见第 8 章的 MySQL 安装相关章节，此外，需要将 MySQL 的 JDBC 驱动程序 mysql-connector-java-x.y.z-bin.jar 复制到 ${ SQOOP_HOME }/lib 目录下。

使用 sqoop 的 list-databases 命令测试 Sqoop 连接 MySQL 是否成功：

```
$ sqoop list-databases --connect jdbc:mysql://mysql.server.ip:3306/ --username root -P
Enter password:（输入 MySQL 中 root 用户密码）
information_schema
employees
hiveDB
mysql
test
trucyDB
```

sqoop list-databases 命令用于输出 MySQL 数据库中的所有数据库名，如果输出上述结果表示 Sqoop 连接 MySQL 成功，mysql.server.ip 为运行 MySQL 数据库服务器的机器名，也可以是机器 IP 地址，注意不能是 localhost 或 127.0.0.1，因为 Sqoop 的执行方式为分布式，这就使分布式集群中的每个节点都去访问本地 MySQL 数据库，实际上有可能 MySQL 数据库安装在专门的服务器上。

若配置好 Hadoop 相应环境变量后使用 Sqoop 仍无法连接 MySQL，可以执行下述操作。

（1）进入 ${ SQOOP_HOME }/conf 目录（注意第一个 $ 为 Linux 命令提示符，第二个 $ 为系统变量取值符）：

```
$ cd ${SQOOP_HOME}/conf
```

（2）复制 Sqoop 读取环境变量的模板文件到自定义文件：

```
$ cp sqoop-env-template.sh  sqoop-env.sh
```

（3）编辑文件 sqoop-env.sh，修改相应属性值指向相关软件安装目录，如：

```
#Set path to where bin/hadoop is available
export HADOOP_COMMON_HOME=/usr/local/hadoop
#Set path to where hadoop-*-core.jar is available
export HADOOP_MAPRED_HOME=/usr/local/hadoop
#set the path to where bin/hbase is available
export HBASE_HOME=/usr/local/hbase
#Set the path to where bin/hive is available
export HIVE_HOME=/usr/local/hive
#Set the path for where zookeper config dir is
export ZOOCFGDIR=/usr/local/zk
```

10.3　Sqoop 相关功能

Sqoop 提供了一系列工具命令（tools command），包括导入操作（import）、导出操作（export）、导入所有表（import-all-tables）、列出所有数据库实例（list-databases）和列出特定数据库实例中的所有表（list-tables）等，在 Linux 命令提示符下输入 sqoop help 会输出 Sqoop 所支持的所有工具命令（$为 Linux 命令提示符），如：

```
$ sqoop help
usage: sqoop COMMAND [ARGS]
Available commands:
  codegen            Generate code to interact with database records
  create-hive-table  Import a table definition into Hive
  ...
See 'sqoop help COMMAND' for information on a specific command.
```

根据 sqoop help 命令输出的信息（输出的信息中有一部分内容省略）可以看出 Sqoop 操作主要包括两部分，分别为工具命令（COMMAND）及其相应参数（ARGS）。可以使用命令 sqoop help COMMAND 获取相关工具命令 COMMAND 的详细信息，如查看 import 操作的相关详细信息，执行下述命令会输出与 sqoop import 操作相关的所有详细信息：

```
$ sqoop help import
Common arguments:
--connect <jdbc-uri>                         Specify JDBC connect string
--connection-manager <class-name>            Specify connection manager class name
--connection-param-file <properties-file>    Specify connection parameters file
...
Generic Hadoop command-line arguments:
(must preceed any tool-specific arguments)
Generic options supported are
-conf <configuration file>             specify an application configuration file
-D <property=value>                    use value for given property
-fs <local|namenode:port>              specify a namenode
-jt <local|jobtracker:port>            specify a job tracker
...
```

执行 Sqoop 操作时可以指定一般参数（generic arguments）或 Sqoop 特定工具命令参数（specific arguments），可以为工具命令的某些属性设置自定义值，其中一般参数用于设置 Hadoop 相关属性，参数选项前面用短横线-为标志，如-conf、-D；Sqoop 特定工具命令参数用于设置与 Sqoop 操作相关的属性，参数选项前面用双短横线--为标志，如--connect，除非其如-P 样式的单字符选项。Sqoop 工具命令参数又分为 Sqoop 所有工具命令通用参数（common arguments）和 Sqoop 特定工具命令参数，如--connect、--username、--password 等，这些参数在 Sqoop 所有工具命令中都必须用到；Sqoop 特定工具命令参数为某些操作所有特有的参数，如 import 工具所特有的参数--append、--where 等。一般参数必须位于特定参数前面。

使用 Sqoop 工具命令除了使用完整的命令形式 sqoop(toolname)，还可以使用 toolname 的特定脚本文件名sqoop-(toolname)执行相同的操作，如 sqoop import 与 sqoop-import 功能相同、sqoop export 与 sqoop-export 功能相同等。脚本程序文件 sqoop-(toolname)与 sqoop 都位于 ${SQOOP_HOME}/bin 目录下，实际上脚本程序文件 sqoop-(toolname)调用的是 sqoop (toolname)命令操作。

下面分别详细介绍 Sqoop 所支持的工具命令。新建一个 MySQL 数据库 SqoopDB 和用户 bear,并授予用户 bear 拥有操作数据库 SqoopDB 的所有权限。

(1)使用 root 用户登录 MySQL 数据库:

```
$ mysql -u root -p
```

(2)输入 root 用户密码,创建 MySQL 数据库 SqoopDB:

```
mysql> create database sqoopDB;
```

(3)使用 root 用户登录 MySQL 数据库,创建用户 bear,密码为 123456:

```
$ mysql -u root -p
mysql> create user 'bear' identified by '123456';
```

(4)授权用户 bear 拥有数据库 sqoopDB 的所有权限:

```
mysql> grant all privileges on sqoopDB.* to 'bear'@'%' identified by '123456';
```

(5)刷新系统权限表:

```
mysql>flush privileges;
```

下面使用 bear 用户登录 MySQL 数据库,在数据库实例 sqoopDB 下创建一张 employees 表,后面所有的 Sqoop 相关操作都在 SqoopDB employees 表上进行:

(1)使用 bear 用户登录 MySQL 数据库:

```
$ mysql -u bear -p
```

(2)输入密码,进入 MySQL 数据库 SqoopDB:

```
mysql> use sqoopDB;
```

(3)创建 employees 表:

```
mysql> CREATE TABLE employees (
    ->    id int(11) NOT NULL AUTO_INCREMENT,
    ->    name varchar(100) NOT NULL,
    ->    age int(8) NOT NULL DEFAULT 0,
    ->    place varchar(400) NOT NULL,
    ->    entry_time timestamp NOT NULL DEFAULT CURRENT_TIMESTAMP,
    ->    position varchar(500),
    ->    PRIMARY KEY (id)
    -> )ENGINE=InnoDB DEFAULT CHARSET=utf8;
Query OK, 0 rows affected (0.18 sec)
```

(4)向 employees 表中插入 3 条数据:

```
mysql> INSERT INTO employees(name,age,place,position) VALUES('James',27,'New York','Manager');
mysql> INSERT INTO employees(name,age,place,position) VALUES('Allen',30,'New York','CEO');
mysql> INSERT INTO employees(name,age,place,position) VALUES('Sharen',33,'New York','CTO');
```

（5）查询表 employees，结果如图 10-1 所示。

```
mysql> select * from employees;
+----+--------+-----+----------+---------------------+----------+
| id | name   | age | place    | entry_time          | position |
+----+--------+-----+----------+---------------------+----------+
|  1 | James  |  27 | New York | 2015-01-13 21:55:02 | Manager  |
|  2 | Allen  |  30 | New York | 2015-01-13 21:56:07 | CEO      |
|  3 | Sharen |  33 | New York | 2015-01-13 21:56:41 | CTO      |
+----+--------+-----+----------+---------------------+----------+
3 rows in set (0.00 sec)
```

图 10-1　查询表 employees 结果

10.3.1　sqoop-import 操作

sqoop import 工具导入 RDBMS 中的单个表到 HDFS 上，RDBMS 表中的每一行以单独记录形式存储在 HDFS 中，记录默认以文本文件格式（每个记录一行）进行存储，还可以二进制形式进行存储，如 Avro 文件格式或序列文件格式（SequenceFiles）。

sqoop-import 语法格式为（两种操作功能一样）：

```
$ sqoop import (generic-args) (import-args)
$ sqoop-import (generic-args) (import-args)
```

一般参数（generic arguments）位于 import 参数前面，一般参数包括--connect、--username、--password 等，import 参数包括--where、--warehouse-dir 等。

sqoop-import 操作分为连接数据库服务器和导入数据等步骤。

（1）连接数据库服务器

使用 sqoop import 操作从 RDBMS 中导入表到 HDFS 上，首先需要连接上 RDBMS，使用--connect 选项可以指定 RDBMS 连接参数，连接参数类似于 URL，包括 JDBC 驱动名、数据库类型名、数据库服务器位置、数据库服务器连接端口和数据库实例名等属性信息。如下述命令使用--connect 选项指定连接运行在服务器 database.mysql.node1 上的 MySQL 数据库，连接端口号为 3306，数据库名为 SqoopDB，同时使用--username 选项指定连接用户名，--password 选项指定连接密码：

```
$ sqoop import --connect jdbc:mysql://database.mysql.node1:3306/sqoopDB --username bear --password 123456
```

注意：如果在 Hadoop 分布式集群环境中使用 Sqoop 操作，运行 MySQL 数据库的服务器名不能使用 localhost 或 127.0.0.1，因为 Sqoop 操作会转换成 MapReduce 任务在整个集群中并行执行，连接字符串会被集群中的所有节点用于并发访问 MySQL 服务器，如果连接字符串指定为 localhost，集群中的所有机器节点都将访问不同的 MySQL 数据（各节点访问本地 MySQL 数据库服务器，实质上有可能有些节点并未安装 MySQL 数据库），则会使 Sqoop 操作执行失败。因此，数据库服务器名应该指定为集群中所有节点都能够连接的机器名称或 IP 地址，如该例使用机器名为 database.mysql.node1 的方式访问 MySQL 数据库服务器。

上述操作存在一种安全隐患，因为连接密码被暴露，一种安全的折中方案是将密码保存到文件中并设定文件权限为 400（即只能是文件拥有者才能访问文件中的内容），这样其他用户便不能看到密码，之后在执行 sqoop import 操作时可以通过--password-file 选项指明密码文件所在位置，Sqoop 之后会读取密码文件并获取相应密码。如假设密码所在文件为 ${HOME}/.password，上述 sqoop-import 操作变为

```
$ sqoop import --connect jdbc:mysql://database.mysql.node1:3306/sqoopDB --username
bear --password-file ${HOME}/.password
```

另一种方式是将--password-file 选项换成-P 选项，以交互方式提示用户输入密码：

```
$ sqoop import --connect jdbc:mysql://database.mysql.node1:3306/sqoopDB --username
bear -P
Enter password:
```

（2）导入 MySQL 表 sqoopDB.employees 中的数据到 HDFS 上

```
$ sqoop import --connect jdbc:mysql://database.mysql.node1:3306/sqoopDB
--username bear -P --table employees --target-dir /user/sqoop
Enter password:（输入用户 bear 连接 MySQL 数据库的密码）
```

其中--table 选项指定数据库表名，--target-dir 指定 HDFS 目录（注意，--target-dir 选项指定的目录中最后一个子目录不能存在，否则 Sqoop 执行失败，即上述目录/user/sqoop 中的子目录 sqoop 在 HDFS 上不能存在），上述操作会根据默认的 map 任务个数在--target-dir 选项指定的目录中生成多个文件，可以使用-m 或--num-mappers 选项指定 map 任务个数，如下述操作指定启动 1 个 map 任务执行相关操作，会在--target-dir 选项指定的目录下生成 1 个结果文件：

```
$ sqoop import --connect jdbc:mysql://database.mysql.node1:3306/sqoopDB --username
bear -P --table employees --target-dir /user/sqoop1 -m 1
Enter password:（输入用户 bear 连接 MySQL 数据库的密码）
```

（3）查看导入到 HDFS 上的表数据

Sqoop import 操作的结果保存在--target-dir 选项指定的 HDFS 相应位置，使用 hdfs dfs 命令查看/user/sqoop 目录下的文件：

```
$ hdfs dfs -ls /user/sqoop
Found 4 items
-rw-r--r--   2 trucy supergroup    0 2015-01-14 11:07 /user/sqoop/_SUCCESS
-rw-r--r--   2 trucy supergroup   50 2015-01-14 11:07 /user/sqoop/part-m-00000
-rw-r--r--   2 trucy supergroup   46 2015-01-14 11:07 /user/sqoop/part-m-00001
-rw-r--r--   2 trucy supergroup   47 2015-01-14 11:07 /user/sqoop/part-m-00002
```

查看带-m 1 选项的 sqoop import 操作的结果目录 sqoop1：

```
$ hdfs dfs -ls /user/sqoop1
Found 2 items
-rw-r--r--   2 trucy supergroup      0 2015-01-14 11:08 /user/sqoop1/_SUCCESS
-rw-r--r--   2 trucy supergroup    143 2015-01-14 11:08 /user/sqoop1/part-m-00000
```

可以看出带-m 1 选项的 sqoop import 结果是生成一个单独的文件，而不带-m 1 选项会根据表中的记录行数和 Sqoop 默认的 map 任务个数生成多个文件。

查看导入的表数据保存在 HDFS 上的结果文件内容：

```
$ hdfs dfs -cat /user/sqoop1/part-m-00000
1,James,27,New York,2015-01-13 21:55:02.0,Manager
2,Allen,30,New York,2015-01-13 21:56:07.0,CEO
3,Sharen,33,New York,2015-01-13 21:56:41.0,CTO
```

sqoop-import 操作还支持 --columns、--where 等条件选项用于只导入表中部分数据的功能，可以使用 sqoop help import 命令获取相关详细信息。

（4）sqoop-import 增量导入到 HDFS 上

若 MySQL 数据库中的表内容发生了变化，如执行了 INSERT、UPDATE 等操作，可以使用 Sqoop 的增量导入将发生变化的数据重新导入到 HDFS 上。Sqoop 目前支持两种类型的增量导入，分别为 append 模式和 lastmodified 模式，append 模式主要针对 INSERT 操作，lastmodified 模式主要针对 UPDATE 操作。

Sqoop 增量导入中的 append 模式必须指定 --check-column 选项，在执行 sqoop import 操作之前会根据该选项指定的列内容变化情况确定表中的哪些行需要执行导入操作，通常为 --check-column 选项指定的列具有连续自增功能，如 id 列；还可以为 check-column 列指定选项 --last-value，用于只导入 check-column 列中 last-value 值以后的表行，然后存储在 HDFS 上相应目录下的一个单独文件中，否则会导入原表中的所有数据到 HDFS 上相应目录下的一个单独文件中。如向 employees 表中 INSERT 一条数据，然后执行增量导入。

向 employees 表中插入一条数据：

```
mysql> INSERT INTO employees(name,age,place,position)
            VALUES('Timmy',25,'Chicago','staff');
```

基于表 employees 的 id 列执行增量导入，不指定 --last-value 选项：

```
$ sqoop import --connect jdbc:mysql://database.mysql.node1:3306/sqoopDB --username bear -P --table employees --target-dir /user/sqoop1 --incremental append --check-column id
 -m 1
```

查看新生成的文件内容为

```
$ hdfs dfs -cat /user/sqoop1/part-m-00001
1,James,27,New York,2015-01-13 21:55:02.0,Manager
2,Allen,30,New York,2015-01-13 21:56:07.0,CEO
3,Sharen,33,New York,2015-01-13 21:56:41.0,CTO
4,Timmy,25,Chicago,2015-01-14 14:08:47.0,staff
```

基于表 employees 的 id 列执行增量导入，指定 --last-value 选项，值为 3：

```
$ sqoop import --connect jdbc:mysql://database.mysql.node1:3306/sqoopDB --username bear -P --table employees --target-dir /user/sqoop1 --incremental append --check-column id
 --last-value 3 -m 1
```

查看新生成的文件内容为

```
$ hdfs dfs -cat /user/sqoop1/part-m-00001
4,Timmy,25,Chicago,2015-01-14 14:08:47.0,staff
```

Sqoop 增量导入中的 lastmodified 模式基于 UPDATE 操作会修改表相应列的 timestamp，根据 timestamp 最新值执行增量导入，同样 lastmodified 模式需要指定 --check-column 选项，check 列的类型必须是日期类型（如 timestamp 或 date 类型），可以为 check-column 列指定选项 --last-value，执行此操作来进行增量导入。如更新表 employees 中用户 Sharen 的籍贯为 Shanghai，然后执行 lastmodified 模式增量导入：

更新 employees 表中用户 Sharen 的籍贯为 Shanghai：

```
mysql> UPDATE employees SET place='Shanghai' WHERE name='Sharen';
Query OK, 1 row affected (0.03 sec)
Rows matched: 1  Changed: 1  Warnings: 0
```

执行 lastmodified 模式增量导入：

```
$ sqoop import --connect jdbc:mysql://database.mysql.node1:3306/sqoopDB --username
bear -P --table employees --target-dir /user/sqoop1 --incremental lastmodified
--check-column entry_time --last-value '2015-01-14 00:00:00' --append -m 1
```

lastmodified 模式增量导入的真正设计理念应该是根据数据库表被修改行或被修改列的 timestamp 值执行增量导入，对数据库表行设定一个 timestamp 属性，对表行的所有操作应该会更新相应行的 timestamp 属性值为执行修改操作时的时间值。实际上可能是设计复杂、开销大，lastmodified 模式增量导入的 check 列必须是日期或时间类型，如 timestamp 或 date。因此，除非 check 列是日期类型，否则 Sqoop 增量导入方式应该选择 append 模式，而不是 lastmodified 模式。

（5）导入 MySQL 表 sqoopDB.employees 中的数据到 Hive

sqoop import 的主要功能是将 RDBMS 中的表数据导入到 HDFS 上的文件中，如果在 Hadoop 平台上部署了 Hive，也可以将表数据导入到 Hive 表中。实现表数据导入到 Hive 中，可以简单地为 sqoop import 指定--hive-import 选项即可实现；使用--hive-table 选项可以指定 hive 表名，若省略该选项，默认使用原 RDBMS 表名；如果 Hive 存在同名的表，使用 --hive-overwrite 选项可以覆盖原 Hive 表中的内容；使用--create-hive-table 选项可以将原 RDBMS 表结构复制到 Hive 表中。

sqoop import 实现导入 RDBMS 表数据到 Hive 中的过程如下：

① 将相应 RDBMS 表数据导入到 HDFS 上的文件中；

② 把 RDBMS 表数据类型映射成 Hive 数据类型，然后根据 RDBMS 表结构在 Hive 上执行 CREATE TABLE 操作创建 Hive 表；

③ 在 Hive 中执行 LOAD DATA INPATH 语句将 HDFS 上的 RDBMS 表数据文件移动到 Hive 数据仓库目录（该目录位置由定义在文件${HIVE_HOME}/conf/hive-site.xml 中的属性${ hive.metastore.warehouse.dir}设置）。

如导入 RDBMS 表 employees 中的数据到 Hive 中，相应 Hive 生成表名默认为 employees（注意：下述操作使用-m 1 参数只指定一个 map 任务，若使用默认的方式可以省略）：

```
$ sqoop import --connect jdbc:mysql://database.mysql.node1:3306/sqoopDB
--table employees --username bear -P --hive-import -m 1
```

执行上述操作后，Hive 会在数据仓库目录下新建一个 employees 子目录，数据内容保存在 employees 目录下。查看新建的文件内容：

```
$ hdfs dfs -cat /hive/warehouse/employees/part-m-00000
1James27New York2015-01-13 21:55:02.0Manager
2Allen30New York2015-01-13 21:56:07.0CEO
3Sharen33Shanghai2015-01-13 21:56:41.0CTO
4Timmy25Chicago2015-01-14 14:08:47.0staff
```

可以看出原 RDBMS 表中的每行数据各字段被连接在一起。

进入 Hive 命令提示符下，查看生成的 hive 表内容：

```
hive> select * from employees;
OK
1       James   27      New York        2015-01-13 21:55:02.0   Manager
2       Allen   30      New York        2015-01-13 21:56:07.0   CEO
3       Sharen  33      Shanghai        2015-01-13 21:56:41.0   CTO
4       Timmy   25      Chicago         2015-01-14 14:08:47.0   staff
```

（6）导入 MySQL 表 sqoopDB.employees 中的数据到 HBase

除了上面介绍的 Sqoop 支持将 RDBMS 表数据导入到 HDFS 和 Hive 中，Sqoop 还支持将 RDBMS 表数据导入到 HBase 表中，Sqoop 将 RDBMS 表中的每一行数据使用 HBase 的 put 操作插入到 HBase 表中，HBase 生成表的行键默认使用 RDBMS 表的主键，可以使用 --hbase-row-key 选项指定使用 RDBMS 表某一特定的列作为 HBase 生成表的行键，若 RDBMS 表的主键为组合键，则必须使用 --hbase-row-key 选项将 RDBMS 表的组合键以逗号分隔开，然后设置成 HBase 生成表的行键；使用 --column-family 选项指定目标 HBase 表的列族名，将 RDBMS 表数据导入到 HBase 表的特定列族下；使用 --hbase-table 选项指定目标 HBase 表名，若不存在，操作错误返回；使用 --hbase-create-table 选项，若目标 HBase 表不存在，则创建。若无法确定目标 HBase 表是否存在，可以在 Sqoop 导入操作中结合使用 --hbase-table 选项和 --hbase-create-table 选项，当 HBase 表不存在时，Sqoop 会使用 HBase 的配置信息自动创建 HBase 表和相应的列族。

如导入 RDBMS 表 employees 中的数据到 HBase 中。

进入 hbase shell 创建 HBase 表 hbase_employees，定义列族为 col_family：

```
hbase(main):001:0> create 'hbase_employees', 'col_family'
0 row(s) in 2.1710 seconds
=> Hbase::Table - hbase_employees
```

该操作会在 HBase 位于 HDFS 上保存 HBase 表数据的目录 /hbase/data/default 下（其中根目录 /hbase 由定义在 ${HBASE_HOME}/conf/hbase-site.xml 文件的属性 ${hbase.rootdir} 指定）创建一个子目录 hbase_employees，用于保存 hbase_employees 表数据。

创建的 hbase_employees 表逻辑结构如表 10-1 所示。

表 10-1 创建的表 hbase_employees 表逻辑结构

row-key（行键）	col_family:（列族）

导入 RDBMS 表数据到 HBase 表 hbase_employees 中：

```
$ sqoop import --connect jdbc:mysql://database.mysql.node1:3306/sqoopDB
--username bear -P --table employees --hbase-create-table --hbase-table
hbase_employees --column-family col_family --hbase-row-key id
```

进入 hbase shell，查询表 hbase_employees 中的数据（为了显示输出结果的需要，对输出内容进行了调整。timestamp 为执行 HBase 表操作时自动生成的时间戳，内容形式为 "1421244516134"，所有替换为 "xxxx"。输出结果中的 ROW 列为 HBase 表行键 row-key 列，COLUMN+CEIL 列为 HBase 表属性列，格式为 "列族：属性列"）：

```
$ hbase shell
```

```
hbase(main):002:0> scan 'hbase_employees'
ROW                     COLUMN+CELL
 1    column=col_family:age, timestamp=xxxx, value=27
 1    column=col_family:entry_time, timestamp= xxxx, value=2015-01-13 21:55:02.0
 1    column=col_family:name, timestamp= xxxx, value=James
 1    column=col_family:place, timestamp= xxxx, value=New York
 1    column=col_family:position, timestamp= xxxx, value=Manager
 2    column=col_family:age, timestamp= xxxx, value=30
 2    column=col_family:entry_time, timestamp= xxxx, value=2015-01-13 21:56:07.0
 2    column=col_family:name, timestamp= xxxx, value=Allen
 2    column=col_family:place, timestamp= xxxx, value=New York
 2    column=col_family:position, timestamp= xxxx, value=CEO
 3    column=col_family:age, timestamp= xxxx, value=33
 3    column=col_family:entry_time, timestamp= xxxx, value=2015-01-13 21:56:41.0
 3    column=col_family:name, timestamp= xxxx, value=Sharen
 3    column=col_family:place, timestamp= xxxx, value=Shanghai
 3    column=col_family:position, timestamp= xxxx, value=CTO
 4    column=col_family:age, timestamp= xxxx, value=25
 4    column=col_family:entry_time, timestamp= xxxx, value=2015-01-14 14:08:47.0
 4    column=col_family:name, timestamp= xxxx, value=Timmy
 4    column=col_family:place, timestamp= xxxx, value=Chicago
 4    column=col_family:position, timestamp= xxxx, value=staff
4 row(s) in 0.2290 seconds
```

生成的 HBase 表 hbase_employees 的逻辑结构如表 10-2 所示。

表 10-2　生成的 hbase_employees 表逻辑结构

row-key（行键）	col_family:（列族）				
	name	age	place	entry_time	position
1	James	27	New York	2015-01-13 1:55:02.0	Manager
2	Allen	30	New York	2015-01-13 1:56:07.0	CEO
3	Sharen	33	Shanghai	2015-01-13 1:56:41.0	CTO
4	Timmy	25	Chicago	2015-01-14 4:08:47.0	taff

10.3.2 sqoop-import-all-tables 操作

sqoop import-all-tables 工具的语法与 sqoop-import 语法大致相同，唯一的区别是 sqoop import-all-tables 操作导入多个 RDBMS 表到 HDFS 上，每个 RDBMS 表数据分别位于 HDFS 上的一个单独目录下。

执行 sqoop import-all-tables 操作必须满足以下条件。

（1）每个 RDBMS 表中只有一个单独列作为主键，即不能是多个列的组合键作为主键。

（2）执行导入操作时，每个 RDBMS 表的所有列都将被导入到 HDFS 上。

（3）不能在 RDBMS 表上附加任何诸如 WHERE 条件的子句。

Sqoop-import 语法格式为（两种操作功能一样）：

```
$ sqoop import-all-tables (generic-args) (import-args)
$ sqoop-import-all-tables (generic-args) (import-args)
```

如前所述，程序 sqoop-import-all-tables 实际上调用的是 sqoop import-all-tables 命令。在执行 sqoop-import-all-tables 操作时，不能使用 sqoop-import 操作中的--table、--split-by、--columns 和--where 选项，但可以在 sqoop-import-all-tables 操作中指定--exclude-tables 选项用于排除必须导入的 RDBMS 表。如在 MySQL 数据库实例 SqoopDB 下创建一张商品信息表 items_info，如下：

```
mysql> CREATE TABLE items_info (
    ->     id int(11) NOT NULL AUTO_INCREMENT,
    ->     name varchar(50) NOT NULL,
    ->     price float(10,5) NOT NULL DEFAULT 0.0,
    ->     brand varchar(50) NOT NULL,
    ->     stock int(11),
    ->     PRIMARY KEY (id)
    -> )ENGINE=InnoDB DEFAULT CHARSET=utf8;
Query OK, 0 rows affected (0.38 sec)
```

向 items_info 表插入 4 条数据：

```
mysql> INSERT INTO items_info(name,price,brand,stock)
            VALUES ('shoes',325,'playboy',32);
Query OK, 1 row affected (0.03 sec)


mysql> INSERT INTO items_info(name,price,brand,stock)
            VALUES ('shoes',400,'camel',100);
Query OK, 1 row affected (0.04 sec)


mysql> INSERT INTO items_info(name,price,brand,stock)
            VALUES ('clothes',800,'camel',120);
Query OK, 1 row affected (0.05 sec)


mysql> INSERT INTO items_info(name,price,brand,stock)
            VALUES ('clothes',600,'playboy',120);
Query OK, 1 row affected (0.06 sec)
```

查询表 items_info，显示结果如图 10-2 所示。

图 10-2　查询表 items_info 显示结果

查看数据库实例 SqoopDB 中的所有表，如图 10-3 所示。

图 10-3　查看数据库实例 SqoopDB 中的所有表

从输出结果中可以看到数据库实例 SqoopDB 中包含 employees 和 items_info2 张表。执行 sqoop import-all-tables 操作将数据库实例 SqoopDB 中的所有表导入到 HDFS 上：

```
$ sqoop import-all-tables --connect jdbc:mysql://database.mysql.node1:3306/sqoopDB --username bear -P
```

执行上述 sqoop import-all-tables 命令后，会在 HDFS 上的/user/${username}/路径下（${username}为当前 Linux 用户名，如当前登录的 Linux 用户为 trucy）生成两个目录 employees 和 items_info，原各 RDBMS 表中的数据保存在相应目录下。如 employees 目录保存原 RDBMS employees 表数据，items_info 目录保存原 RDBMS items_info 表数据。

10.3.3　sqoop-export 操作

sqoop-export 操作与 sqoop-import 的操作是相反的，即把 HDFS、Hive、HBase 中的文件或数据导出到 RDBMS 数据库中，RDBMS 表必须存在，否则 sqoop-export 操作执行出错。sqoop-export 操作包括 3 种模式，分别为 INSERT 模式、UPDATE 模式和 CALL 模式，执行 Sqoop 导出操作时，Sqoop 将 HDFS 上输入文件中的数据根据用户指定的分隔符解析成一系列记录和记录字段。sqoop-export 操作默认将这些记录以 INSERT 方式插入到指定的 RDBMS 目标表中，用户可以指定 UPDATE 方式替换目标 RDBMS 表中已存在的记录，或指定 CALL 模式调用目标 RDBMS 存储过程。

sqoop-export 语法格式为（两种操作功能一样）：

```
$ sqoop export (generic-args) (export-args)
$ sqoop-export (generic-args) (export-args)
```

执行 sqoop-export 操作时，组合选项--export-dir、--table 和组合选项--export-dir、--call 之一必须指定，--export-dir 选项用于指定执行 sqoop-export 操作时 HDFS 目录位置（Hive 表数据和 HBase 表数据都是以文件形式存储在 HDFS 上，因此针对 Hive 和 HBase 的导出操作，数据源仍是通过--export-dir 选项进行指定），--table 选项指定目标 RDBMS 表名，

--call 用于指定 sqoop-export 操作调用 RDBMS 存储过程。在默认情况下，会针对 RDBMS 表的所有列执行导出操作，可以使用--columns 选项指定以逗号分隔的 RDBMS 表中某些特定列执行数据导出操作，指定的列顺序与 HDFS 上的记录字段按顺序对齐，注意，RDBMS 表中那些没有被选中的列或者在定义时指定了默认值，或者允许为 NULL 值，否则 sqoop-export 操作会以失败返回；可以指定-m 选项设置导出操作并行度，默认启动 4 个 map 任务执行 export 操作。Sqoop-export 操作默认以 INSERT 方式将 HDFS 上的数据插入到 RDBMS 表中，若导出的数据违反了 RDBMS 表的相关约束（如主键唯一约束），在 RDBMS 表中包含了相同的数据，则 sqoop-export 操作执行失败，因此使用该方式接收 HDFS 数据的 RDBMS 表最好的方法是新建的空表。如果指定了--update-key 选项以 UPDATE 方式导出数据，sqoop-export 操作会根据--update-key 选项指定的 RDBMS 表列更新表中已存在的数据行，若表中不存在相应的记录行，则 sqoop-export 操作默认跳过，不会返回任何错误信息，同样，若表中存在多行满足--update-key 选项指定条件的记录行，sqoop-export 操作会更新所有满足条件的表记录，--update-key 选项可以指定多个列，各列之间以逗号分隔开。如前所述，若 RDBMS 表中不存在由--update-key 选项指定条件的记录行，则 sqoop-export 默认不会执行任何操作，也不会输出任何错误信息，可以指定--update-mode 选项，选项属性值设置为 allowinsert 模式，若表中不存在相应记录行，则 sqoop-export 允许--update-key 选项执行插入操作，将原 RDBMS 表中不存在的记录插入到表中（另一种模式即默认模式 updateonly，不执行任何操作）。若存储在 HDFS 上的数据字段分隔符与 RDBMS 表的字段分隔符不兼容（例如 MySQL 数据库表中的各字段分隔符为逗号","，记录行结束符为"\n"；HDFS 文件内部各数据字段分隔符为指定为":"，记录行结束符为"\r\n"），可以使用--input-fields-terminated-by 选项说明 HDFS 文件内部各数据字段的分隔符（如 Hive 表的默认字段分隔符为'\0001'，因此若导出 Hive 表数据到 RDBMS 表需要指定--input-fields-terminated-by '\0001'选项），使用选项--input-lines-terminated-by 说明 HDFS 文件内部各数据的记录行结束符；使用--fields-terminated-by 选项可以指定目标 RDBMS 表的字段分隔符，--lines-terminated-by 选项指定目标 RDBMS 表的记录行结束符。如果指定的分隔符与 HDFS 文件内容不匹配或与 RDBMS 表不兼容，Sqoop 会发现 HDFS 文件内容中各字段数目与 RDBMS 表列数不相等从而抛出 ParseExceptions 错误信息，然后出错返回。

如创建一张与 employees 表前 4 个字段结构相同的表 users_info：

```
mysql> CREATE TABLE users_info (
    ->     id int(11) NOT NULL AUTO_INCREMENT,
    ->     name varchar(100) NOT NULL,
    ->     age int(8) NOT NULL DEFAULT 0,
    ->     place varchar(400) NOT NULL,
    ->     PRIMARY KEY (id)
    -> )ENGINE=InnoDB DEFAULT CHARSET=utf8;
Query OK, 0 rows affected (0.25 sec)
```

查看前面使用 sqoop-import 操作导入 RDBMS 表 employees 到 HDFS 上的数据（该操作分别生成了两个文件，分别为 part-m-00000 和 part-m-00001）。

文件 part-m-00000 内容：

```
$ hdfs dfs -cat /user/sqoop1/part-m-00000
```

```
1,James,27,New York,2015-01-13 21:55:02.0,Manager
2,Allen,30,New York,2015-01-13 21:56:07.0,CEO
3,Sharen,33,New York,2015-01-13 21:56:41.0,CTO
```

文件 part-m-00001 内容：

```
$ hdfs dfs -cat /user/sqoop1/part-m-00001
4,Timmy,25,Chicago,2015-01-14 14:08:47.0,staff
```

使用 sqoop-export 操作导出上述文件 part-m-00000 和 part-m-00001 中的内容到 uses_info 表，指定 --columns 选项导出记录行中前 4 个字段的值：

```
$ sqoop export --connect jdbc:mysql://database.mysql.node1:3306/sqoopDB
 --table users_info --columns "id,name,age,place" --username bear -P --export-dir /user/sqoop1/
```

进入 MySQL 数据库，查看表 users_info 的内容，如图 10-4 所示。

图 10-4　查看表 users_info 的内容

sqoop-export 执行方式为启动多个 map 任务并行地执行，各个 map 任务与 RDBMS 都建立一个单独的连接，因此，有多少个 map 任务就有多少个事务连接，各个 map 任务之间互不影响，每个 map 任务因为处理进度不同造成在 Sqoop-export 操作返回之前就可以在 RDBMS 中看到完成的局部结果。此外，只有当所有的 map 任务都成功处理完成，sqoop-export 才会成功返回，若有一个 map 任务执行失败，sqoop-export 操作出错返回，执行失败的 map 任务结果是未知的。由于不同的 map 任务都运行在一个单独的事务中，运行完成的 map 任务会 commit（提交）处理结果，运行失败的 map 任务会回滚执行到截至当前位置的所有操作到初始状态，所有已成功完成的 map 任务的处理结果都会持久化存储到 RDBMS 表中，因此，当前看到的结果都是 sqoop-export 操作的局部完成结果。

10.3.4 sqoop-list-databases 操作

sqoop-list-databases 用于列举出指定数据库服务器中的数据库模式。

```
$ sqoop list-databases --connect jdbc:mysql://database.mysql.node1/sqoopDB
--username bear -P
  Enter password:
  information_schema
  mysql
  performance_schema
  sqoopDB
```

10.3.5 sqoop-list-tables 操作

sqoop-list-tables 用于列举出指定数据库服务器中的数据库表。

```
$ sqoop list-tables --connect jdbc:mysql://database.mysql.node1/sqoopDB
--username bear -P
Enter password:
employees
items_info
users_info
```

上述 sqoop-list-databases 操作和 sqoop-list-tables 操作中指定--onnect 选项连接数据库服务器时未指定服务器端口号，Sqoop 端口号默认为 3306。

10.4 Hive、Pig 和 Sqoop 三者之间的关系

通过第 8 章和第 9 章的介绍，了解到 Hive 和 Pig 都是基于 Hadoop 进行大数据分析，但两者却具有完全不同的处理方式，Hive 诞生于 Facebook，Pig 诞生于 Yahoo!，两者的应用侧重方向和面向的使用者不同，Hive 主要面向对 SQL 技术比较熟悉的开发人员进行数据分析，Pig 采用基于数据流的全新方式对数据进行分析，因此，两者处理方式差异很大。本章通过对 Sqoop 的学习，进一步了解了各种数据处理方式的特点和应用方向，因此，本节对 Hive、Pig、Sqoop 三者之间的关系或联系进行简单地说明，以便读者能够更清晰地理解各种数据分析、处理技术。

目前数据的爆发式增长造成了大数据技术人员需求的供不应求，同时也提出了一系列新的数据理解思维模式和处理方式，传统相关数据技术却因处理方式、技术特点而无用武之地。Hive 技术因此在 Facebook 中诞生，为大数据技术与传统数据处理方式搭起了一座桥梁，对传统的数据处理方式进行了封装，将上层应用的所有 SQL 操作转换为底层的分布式应用，使对 SQL 技术比较擅长的技术人员也能处理大数据。Pig 在另一方面充分利用分布式特性，所有操作都基于 Hadoop 的固有特性，在处理数据方面，不同处理操作可以根据数据特点编写相应的分布式应用程序，对数据原始结构要求很低。Pig Latin 提供了一系列丰富的功能操作命令，使用 Pig Latin 功能操作命令可以方便地对数据进行分析，支持数据加载、萃取、转换等功能，实现传统 SQL 技术在数据仓库方面的所有应用，同时也能够灵活地处理大数据。因此，Pig 在处理大数据过程中具有更大的灵活性，但学习梯度比较大；Hive 学习成本低，只要熟悉 SQL 技术，可以很容易上手，但处理方式受传统结构化处理技术的限制。Sqoop 的主要功能是实现 Hadoop 分布式存储平台上的数据与传统关系型数据库中的数据进行迁移操作，如传统的业务数据存储在关系型数据库中，如果数据量达到一定规模后需要对其进行分析或统计，单纯以关系型数据库作为存储采用传统数据技术对数据进行处理可能会成为瓶颈，这时可以将业务数据从关系型数据库中导入(import)到 Hadoop 平台进行离线分析；对大规模的数据在 Hadoop 平台上进行分析以后，可以将结果导出（export）到关系型数据库中作为业务的辅助数据。因此，Hive、Pig、Sqoop 三者之间的关系相辅相成，针对不同的应用需求互为补充。

10.5 小结

本章主要介绍了实现 RDBMS 与 Hadoop 平台上各功能组件之间进行数据相互迁移的工具 Sqoop，该工具既可以快速地从诸如 MySQL、Oracle 等传统关系型数据库中把数据导入（import）到诸如 HDFS、HBase、Hive 等 Hadoop 分布式存储环境下，也可以将 Hadoop 平台上的分布式数据导出（export）到 RDBMS 中，是一个极其方便、好用的工具。本章首先介绍了 Sqoop 的基本安装，然后介绍了其所支持的相关操作，最后对 Hive、Pig 和 Sqoop 三者之间最容易使人混淆的地方进行了分析和总结，读者可根据自身需要选择相关工具进行数据分析操作。

习 题

1. 简要描述 Sqoop 的功能。
2. 简要描述 Sqoop 所支持的功能操作有哪些。

选做

分别安装 MySQL 数据库和 Sqoop 工具，实现 MySQL 数据库和 HDFS 之间的数据导入、导出操作。

第 11 章
Hadoop1.x 与 Hadoop2.x 的比较

知识储备

- Hadoop 基本理论的清晰理解
- Hadoop 集群体系的清晰认识
- Zookeeper 集群管理方式的理解

学习目标

- 了解 Hadoop 的发展历程
- 了解 Hadoop1.x 与 Hadoop2.x 之间的区别
- 掌握 Hadoop Yarn 集群管理机制
- 了解 HDFS 联邦机制

11.1 Hadoop 发展历程

Apache Hadoop 作为开源项目,其各功能部分的源码分别由全世界各种组织或自由软件爱好者共同实现和维护,然后由 Hadoop 发起人组成的自由软件同盟对这些来自全世界各地的贡献代码进行最终单独测试和添加到 Hadoop 整个项目中进行集成测试,整个测试流程都通过后,再进行一轮网络投票决定是否将相应功能添加到整个 Hadoop 项目中。尽管 Hadoop 相关功能实现或添加的审查流程比较严格,正如 Linux 操作系统等自由软件一样,Hadoop 是各个自由软件志愿者作为业余爱好共同实现和维护的,对软件的质量、安全没有专门的保障体系,若软件出现错误或 bug 造成的经济损失不会承担任何后果,正因如此,目前出现了一些专门针对 Hadoop 提供商业技术支持的软件公司,包括著名的 Cloudera、微软、IBM、Hortonworks等。然而 Hadoop 的多个版本发行系列对于初学者来说,很难选择出适合自己的版本。当然可以考虑 Cloudera 的 Hadoop 发行版,Cloudera 将 Hadoop 的所有配置信息进行了自动化管理,使用者只需要下载相应的安装包,像安装一般普通软件一样执行几个简单的操作即可自动安装和配置好 Hadoop，但不利于对 Hadoop 的体系结构进行深入地了解。本节将从 Hadoop 的发展历程及其演化过程中所添加的功能进行描述，对 Hadoop 的各个版本系列差异进行分析说明。

Hadoop 的发行版本目前分为 3 个系列，分别为 Hadoop 0.23.x 系列、Hadoop 1.x 系列和 Hadoop 2.x 系列，其功能对比说明如表 11-1 所示。

表 11-1　Hadoop 各个系列对比描述

名称	功能组件	说明
Hadoop 1.x 系列	HDFS MapReduce	仍保留传统架构，包括 Hadoop 的核心功能 HDFS 和 MapReduce 等，结构简单，功能稳定，主要定位方向为企业级定制化分布式服务，当前稳定版本为 1.2.x
Hadoop 2.x 系列	HDFS MapReduce YARN HDFS HA HDFS Federation	与 Hadoop 1.x 系列相比，在体系结构上发生了重大变化，如提供了 HDFS HA、YARN 功能，为 Hadoop 的发展方向和功能模式进行了重新定位，主要为部署多种不同应用程序提供分布式容器服务和自动优化管理服务，简化各种分布式任务的配置和管理，计划成为未来云计算平台中的主流，当前稳定版本为 2.6.x
Hadoop 0.23.x 系列	HDFS MapReduce YARN HDFS Federation	Hadoop 0.23.x 系列的功能介于 1.x 与 2.x 系列之间，除了不支持 HDFS HA 功能，其他功能与 2.x 系列相似，该系列可以看作是在将新功能添加到 2.x 系列之前用于对新增功能进行测试用途

关于 Hadoop 的框架结构和应用目标可以从其版本号进行区分。

（1）第一个数字为主版本号，表示具有重大特性差异，如整体基础框架结构的变更。

（2）以点"."作为分隔符的第二个数字为次版本号，表示在原有整体基础框架不变的情况下新增了一些功能或者对原有功能中的一些重大问题（bug）进行了修正，如在 Hadoop 1.x 或 Hadoop2.x 上增加了 HBase 组件或者使用更安全的加密方法修正了 Hadoop 中的安全认证技术。

（3）以点"."作为分隔符的第三个数字为修正版本号，表示针对次版本号中的错误修正次数。

在明白了 Hadoop 版本号中各个数字的含义之后，可以回看第 1 章第 1 节 Hadoop 的发展历程，有助于更好地了解和学习 Hadoop。尽管 Hadoop 分为 0.23.x、1.x、2.x3 个系列，但目前应用中主要用到的系列版本为 Hadoop 1.x 和 Hadoop 2.x。Hadoop 0.23.x 系列除了不支持 NameNode HA 特性，很多功能与 Hadoop 2.x 系列相同，因此本章主要对 Hadoop 1.x 系列和 Hadoop 2.x 系列进行比较说明。

11.2　Hadoop 1.x 与 Hadoop 2.x 之间的差异

任何商业软件和开源软件都可以从其版本更新周期或其相应社区的活跃程度分析得出其生命活力，更是可以从其前后版本的功能变化程度预测出其未来发展方向。软件版本更新周期是指其发布前后版本的时间间隔，周期越短，说明其目标定位越明确，用户需求定义越清晰，问题解决很及时，功能也逐渐完善；社区活跃程度是指使用该软件产品的人数多少，用户反馈问题的积极性，对相应软件进行共同维护的人数多少，一般该项指标用于衡量开源软件的生命活力；前后版本的功能变化程度越大，说明该软件产品为了满足新的应用需求必须对软件的功能进行重新定义，使其可以应用到更广的领域，让更多的用户受益。

Hadoop 2.x 系列与 Hadoop 1.x 系列相比，在整体框架结构上发生了重大变化，使 Hadoop2 变得更通用，在未来目标定位中变得更明确。Hadoop1 仍就延续了功能简单、结构紧凑的特点获得了 Hadoop 社区的延续维护，主要应用于科研或教育领域，以及对已将 Hadoop 应用到实际产品中的前期版本继续提供技术支持。

因为 Hadoop 2.x 系列包含了 Hadoop 1.x 系列中的所有功能，因此本节在描述两者之间的差异时只介绍 Hadoop 2.x 所特有的功能组件，如 HDFS 联邦机制（Federation）、YARN 等，其他内容参见相关章节的介绍。此外，正文中的某些部分，分别用 Hadoop 1 代表 Hadoop 1.x 系列，Hadoop 2 代表 Hadoop 2.x 系列。

11.2.1 Hadoop 1 与 Hadoop 2 体系结构对比

HDFS 和 MapReduce 是 Hadoop 系统的两个主要核心，HDFS 提供分布式存储，MapReduce 提供分布式处理，客户端在 Hadoop 上进行的几乎所有操作在底层都转化为分布式的 MapReduce 任务进行实际处理，然后将处理结果使用 HDFS 进行分布式存储。Hadoop 1 系列在使用 MapReduce 进行分布式任务处理时，将所涉及的资源管理和任务调度/监控都由 MapReduce 作业管理进程 JobTracker 负责，这种处理方式随着分布式系统的集群规模和其工作负荷的增长存在的问题如下。

（1）JobTracker 是 MapReduce 的集中处理点，存在单点故障。

（2）JobTracker 肩负了太多的任务，造成了过多的资源消耗，当 MapReduce 作业非常多的时候，会造成很大的内存开销，潜在地增加了 JobTracker 出错的风险，这也是业界普遍总结出 Hadoop 1 系列的 Map/Reduce 只能支持 4000 节点主机的上限。

（3）在 TaskTracker 端，以 Map/Reduce 任务的数目作为分配资源的依据表示过于简单，没有考虑到 CPU、内存、磁盘、网络等资源的占用情况，如果两个需要消耗很多内存的任务被调度到了一块，很容易出现内存空间不足的情况。

（4）在 TaskTracker 端，把资源强制划分为 Map 任务个数和 Reduce 任务个数，如果当前系统中只有 Map 任务或者只有 Reduce 任务的时候，会造成资源的浪费，也就是前面提过的集群资源利用的问题。

（5）源代码层面分析的时候，会发现代码非常的难读，常常因为一个 Java 类做了太多的事情，代码量达 3000 多行，造成相关类的任务不清晰，增加 bug 修复和版本维护的难度。

（6）从操作的角度来看，Hadoop 1 系列中的 Map/Reduce 框架在有任何变化（如 bug 修复、性能提升或新增特性）时，进行更新或升级操作时都会强制进行系统级别的升级更新，增加了用户使用 Hadoop 的难度和用户为了验证以前的应用程序是否适合新版 Hadoop 而浪费了大量时间。

基于 Hadoop 1 系列存在的上述问题，Hadoop 社区从版本 0.23.0 开始针对原有 Map/Reduce 可扩展性受限的情形对 Hadoop 整体框架进行了重新定义，为了与原有 Map/Reduce 进行区分，新 Map/Reduce 称为 Map/Reduce2 或 MRv2、YARN，相应地称原有 Map/Reduce 为 Map/Reduce1 或 MRv1。MRv2 或 YARN 将 MRv1 中的 JobTracker 所兼有的资源管理和作业任务调度/监控两项主要功能拆分两个独立的模块，分别为基于整个集群进行资源管理的 ResourceManager（RM）和针对每个特定应用进行任务调度/监控的 ApplicationManster（AM）。

ResourceManager 和与其相对应运行在每个从节点上的 NodeManager（NM）用于负责整

个集群任何资源的分配操作，ResourceManager 管理整个集群任何资源的分配信息，NodeManager 根据 ResourceManager 提供的资源分配信息，在每台机器节点上执行实际资源分配或回收操作。

ApplicationMaster 相当于框架的一个特殊类库，每个可运行的应用都有一个独立的 ApplicationMaster，在可运行应用的整个生命周期中（可运行应用从启动开始到退出结束）一直存在，用于为特定应用向 ResourceManager 申请所需要的资源，以及整个应用运行期间与 NodeManager 共同监控和管理任务的执行过程。

2012 年 5 月，Hadoop 社区通过对 Hadoop 0.23.1 的所有功能进行了重新整合，发布版本 0.23.2，然后在 Hadoop 0.23.2 中添加 HDFS NameNode HA（High Availability）功能衍生出 Hadoop2 系列的第一个 alpha 版 Hadoop 2.0.0。Hadoop1 系列的体系结构如图 11-1 所示，Hadoop2 系列的体系结构如图 11-2 所示。

图 11-1 Hadoop 1 体系结构图

图 11-2 Hadoop 2 体系结构图

通过对比图 11-1 和图 11-2 可以看出 Hadoop2 将对整个集群进行资源管理的功能从 MapReduce 中分离出来形成一个独立的功能组件——YARN(Yet Another Resource Negotiator)，专门对集群中的 CPU、内存等资源进行管理，这样 Hadoop2 平台包括 HDFS、YARN、MapReduce 3 个核心组件，将分布式系统的 3 个复杂特性分布式存储、分布式资源调度、分布式计算分离成 3 个独立的功能组件，提高了 Hadoop 系统的整体结构清晰度和功能维护的灵活性。

11.2.2 Hadoop1 与 Hadoop2 之间配置差异

Hadoop2 与 Hadoop1 之间不但体系结构存在很大差异，配置信息的管理方式和 Hadoop 相关命令的功能也存在很大差异，如配置文件路径的变更、配置文件名的变化、配置属性变量功能的分离、Hadoop2 相关命令的功能变化等。

1．配置文件路径的变化

Hadoop1 的配置文件位于 $HADOOP_HOME/conf 目录下，主要的配置文件在 $HADOOP_HOME/src 目录都存储有对应的默认配置信息文件，如表 11-2 所示。

表 11-2 Hadoop1 主要配置文件及其对应的默认配置信息文件

配置文件	默认值配置文件
$HADOOP_HOME/conf/core-site.xml	$HADOOP_HOME/src/core/core-default.xml
$HADOOP_HOME/conf/hdfs-site.xml	$HADOOP_HOME/src/hdfs/hdfs-default.xml
$HADOOP_HOME/conf/mapred-site.xml	$HADOOP_HOME/src/mapred/mapred-default.xml

若修改了 conf 目录下某一配置文件的某些属性，Hadoop1 读取配置信息时会覆盖 src 目录下相应配置文件中的对应属性，如修改了 core-site.xml 文件中的 fs.default.name 属性值会覆盖 core-default.xml 文件中的 fs.default.name 属性指定的默认值。

Hadoop2 的所有配置文件位于 $HADOOP_HOME/etc/hadoop 目录下，去除了 Hadoop1 中的 src 目录。默认不存在 mapred-site.xml 配置文件，而是 mapred-site.xml.template 文件，因此需要自己新建 mapred-site.xml 配置文件，或复制 mapred-site.xml.template 文件的内容到新文件 mapred-site.xml 中。

2．配置文件名的变化

新增了 yarn-site.xml 配置文件和 yarn-env.sh 文件，去除了 Hadoop1 中 masters 文件，将 masters 文件的功能定义在 hdfs-site.xml 文件的 dfs.namenode.secondary.http-address 属性中。

3．配置文件功能变化

新增 yarn-site.xml 文件，用于设置 ResourceManager 相关配置信息；新增 yarn-env.sh 文件，用于设置 ResourceManager 所需要的环境变量，主要设置指向 Java 安装路径的 JAVA_HOME 变量，用于获取 Java 相关程序信息；在配置文件 mapred_site.xml 中新增使用 yarn 框架的属性 mapreduce.framework.name。

4．相关命令目录的变化

Hadoop1 的所有相关命令都存储在 $HADOOP_HOME/bin 目录，如 start-all.sh、start-dfs.sh、hadoop 等；Hadoop2 的系统相关启动命令和停止命令存储在 $HADOOP_HOME/sbin 目录，即系统 bin 目录（system bin），如 start-all.sh、start-dfs.sh、start-yarn.sh 等，普通操作命令存储在 $HADOOP_HOME/bin 目录，如 hadoop、yarn 等。

5．相关命令功能的变化

Hadoop2 针对 Hadoop1 中的某些命令进行了功能分离。Hadoop1 中的 ./bin/hadoop 命令具有 NameNode 管理、DataNode 管理、TaskTracker 及 JobTracker 管理和文件系统的管理等；Hadoop2 中的 ./bin/hadoop 命令只保留了这些功能，如对文件系统的操作、执行 Jar 文件、远程复制、执行文件归档压缩操作、为每个守护进程设置优先级及执行类文件等普通操作功能，以上详情可以通过命令"hadoop -help"查看。

Hadoop2 将 Hadoop1 中的 NameNode 管理、DataNode 管理、文件系统管理功能移动到 ./bin/hdfs 命令中，通过 ./bin/hdfs 命令可以对 NameNode 执行格式化及启动操作、启动 DataNode、启动集群平衡工具、获取用户所在组等操作，详情可以通过命令"hdfs -help"查看。

Hadoop2 新增 ./bin/yarn 命令，将 Hadoop1 中对 JobTracker 及 TaskTracker 的管理，放到了新增的 yarn 命令中，该命令可以启动及管理 ResourceManager、在每台 slave 上面都启动一个 NodeManager、执行一个 JAR 或 CLASS 文件、打印需要的 classpath、打印应用程序状态报告信息或者杀死应用程序、打印节点状态报告信息等，详情可以通过命令"yarn -help"查看。

Hadoop2 新增 ./bin/mapred 命令，该命令具有执行一个基于管道的任务、控制 MapReduce 任务的运行、获取队列的信息、独立启动任务历史服务、远程目录的递归复制、创建 Hadooop 归档文件等功能，详情可以通过"./mapred -help"查看。

11.2.3 YARN

YARN，即 Yet Another Resource Negotiator 或 NextGen MapReduce，另一种资源协调者或下一代 MapReduce，将原有 MapReduce 的整体功能分离成各个单独的功能以提高各个组件的灵活性，分别为管理资源分配/回收的 ResourceManager 和针对特定分布式应用进行任务调度/监控的 ApplicationMaster。ResourceManager 通过每台机器上的资源管理器代理

NodeManager 管理每个节点上所有应用的 CPU、内存、磁盘、网络等资源使用情况，然后 NodeManager 将资源使用信息反馈给 ResourceManager，ResourceManager 根据 NodeManager 的反馈信息确定是否为运行在每台机器上的应用分配资源或撤销其占有的资源，分配方式为 ResourceManager 将资源管理信息发送给每台机器上的 NodeManager，授权其执行实际的资源分配或回收操作。ApplicationMaster 根据每个应用程序的资源需求情况通过 NodeManager 代理向 ResourceManager 申请资源，同时追踪每个应用程序的运行状态以及监控其运行进度，对相应任务发出的状态消息做出响应操作，如应用运行失败执行任务失败终止操作，应用运行结束执行任务成功完成操作等。

ApplicationMaster 向 ResourceManager 申请资源的方式是以容器为单位限定的，通过为每个容器指定一类资源的分配限额，如分配 1024 MB 的内存，然后特定的应用运行在指定的容器内且只能使用为该容器分配的所有资源，使各个运行的任务相互独立，互不干扰，可以提高并行运行的任务数量，同时也简化了 ResourceManager 管理资源的方式。使用 YARN 方式执行 MapReduce 程序的过程如图 11-3 所示。使用 YARN 执行 MapReduce 程序的过程如下。

（1）客户端 client 从 ResourceManager 获取程序运行的作业 ID，计算程序运行的分片信息，复制程序运行所需要的相关资源信息（程序 JAR 文件、配置信息、分片信息）到 HDFS 上，最后通过 ResourceManager 提交作业。

（2）YARN ResourceManager 获取整个集群的当前资源分配状态信息，根据集群的资源分配情况为客户端提交的作业分配相应的资源，并将资源分配信息发送给集群中特定节点上的 NodeManager。

（3）各节点上的 NodeManager 根据 ResourceManager 提供的资源分配信息进行实际的资源分配操作，即为提交的客户端作业提供包含预分配好相应资源的容器 container，并监控该节点上的 container 占用资源情况，若出现 container 非法占用额外资源或其他资源，NodeManager 将向 ResourceManager 报告并终止该节点上相应作业的运行。

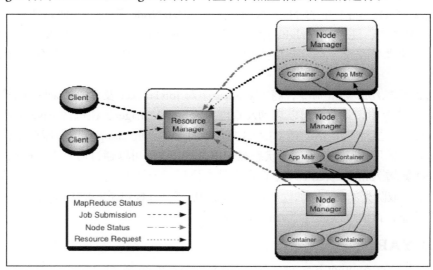

图 11-3　使用 YARN 框架执行 MapReduce 程序过程

（4）ApplicationMaster（App Mstr）向 ResourceManager 申请适当的资源容器、调度 MapReduce 作业执行相应任务、运行任务、跟踪应用程序的状态和监控它们的执行进程、处理任务的失败原因等。ApplicationMaster 和 MapReduce 作业运行在容器 container 中，由 ResourceManager 和 NodeManager 管理和监督 container。

如前所述，YARN 比 MapReduce1 变得更通用，实际上，Hadoop2 中的 MapReduce 成为 YARN 的一类上层应用。此外，还有很多 YARN 的上层应用，如在集群中一部分机器节点上执行的分布式 Shell 命令、HBase 分布式数据库、Hive 分布式数据仓库等。YARN 的成功之处在于可以同时在一个集群中运行多个 YARN 应用程序，而不会担心整个应用在执行过程中因为资源分配受限导致失败，因为集群中的所有资源都是由 ResourceManager 根据集群运行状态和应用需求进行动态管理的，提高了集群的可扩展性和利用率，因此，当集群中正运行着 MPI 程序的同时可以执行 MapReduce 程序。此外，还可以在 YARN 上运行 MapReduce1 程序，简化了集群进行功能升级的可控性。

11.2.4 HDFS 联邦机制（Federation）

HDFS 是 Hadoop 所有组成部分中最核心的部分，提供 Hadoop 所有上层应用的底层分布式存储管理。HDFS 架构分为两个功能组成部分，分别为命名空间管理（NameSpace Management）和块/存储管理（Block/Storage Management），其体系结构如图 11-4 所示。

图 11-4　HDFS 体系结构

HDFS 的命名空间包含目录、文件、块，HDFS 的命名空间管理是指对 HDFS 上的目录、文件、块等支持类似文件系统中的创建、删除、修改操作，以及列举出相应 HDFS 目录下的所有文件和目录名。HDFS 的块/存储管理包括块管理和物理存储管理两部分。HDFS 块管理功能由 NameNode 负责执行，包括以下操作。

（1）处理 DataNode 向 NameNode 发出的注册请求，将 DataNode 加入到集群机器节点成员中，处理来自 DataNode 周期性的心跳信息。

（2）处理来自块的报告信息，维护块的位置信息。

（3）处理与块相关的操作：块的创建、删除、修改及获取块的位置信息。

（4）管理块副本放置（replica placement）策略和块副本的复制及多余块副本的删除。

HDFS 物理存储是指 DataNode 把块存储到本地文件系统中，支持对块进行实际的读、写访问操作。

1. Hadoop1 的 HDFS 架构

在 Hadoop 0.23.0 之前，包括现在的 Hadoop1，整个 HDFS 集群中只有一个命名空间（NameSpace），并且只有单独的一个 NameNode，这个 NameNode 通过一个单独的命名空间对整个集群进行管理，这也正是 NameNode 单点失效（Single Point Failure）的隐患所在。

下面简单回顾一下 Hadoop1 的 HDFS 架构（有关 HDFS 的详细介绍参见本书相关章节），如图 11-5 所示。在整个 HDFS 集群中只有一个 NameNode，还有一个备份 NameNode——SecondaryNameNode。Namenode 会实时将变化的 HDFS 信息同步到 SecondaryNameNode。SecondaryNameNode 顾名思义是用来备份 NameNode 上的 NameSpace 信息的，一旦 NameNode 挂掉，可以通过其保存的 NameSpace 信息恢复集群到 NameNode 失败时的状态。

NameNode 中的命名空间以层次结构组织文件名与块 ID 之间的对应关系、块 ID 与块实际存储位置之间的对应关系。这个单独的 NameNode 管理着整个集群中的所有 DataNode，块 Block 分布在各个 DataNode 中，每个 DataNode 会周期性的向 NameNode 发送心跳消息，用于报告自己的当前运行状态和块 Block 存储情况。Block 是用来存储数据的最小单元，通常一个文件会存储在一个或者多个 Block 中，Block 默认大小为 64 MB。

图 11-5　Hadoop 1 的 HDFS 架构

SecondaryNameNode 虽然存储了 NameNode 上的命名空间信息，但不能与 NameNode 之间进行热切换，即自动由失败的 NameNode 切换到 SecondaryNameNode 继续维护集群运行，尽管如此，SecondaryNameNode 与 NameNode 上保存的命名空间信息并不是完全同步的，总有一定的时延。因此，一旦 NameNode 失效，必须复制出其备份的 NameSpace 信息到新节点进行重新配置 NameNode 或直接将 SecondaryNameNode 配置成 NameNode，整个过程是手动进行的，因此必然会造成原有集群中的一大部分信息丢失，并增加了集群维护的难度。

2．Hadoop1 单 NameNode HDFS 架构的局限性

（1）NameSpace（命名空间）的限制：由于 NameNode 在内存中存储集群的所有元数据（Metadata）信息，单个 NameNode 所能存储的对象（文件名+块 ID）数目受到 NameNode 所在 JVM 的堆大小（heap size）的限制。50 GB 大小的堆能够存储 20 亿个对象，这 20 亿个对象支持 4000 个 DataNode 的元数据信息管理总共 12 PB 的块数据存储（假设文件平均大小为 40 MB）。随着数据量的飞速增长，存储需求也随之增加，使单个 NameSpace 的管理能力越来越受限。

（2）性能的瓶颈：由于是单个 NameNode 的 HDFS 架构，因此整个 HDFS 文件系统的吞吐量受限于单个 NameNode 的吞吐量，毫无疑问，这将成为下一代 Map/Reduce 的性能瓶颈。

此外，若 NameNode 在运行过程中突然挂掉，整个集群都将变得不可用，所有保存在内存中的信息都将丢失。在 HDFS Federation 中，通过增加 NameNode 数量可以分流来自客户端的大量读、写请求，提高了整个系统的吞吐量。

（3）隔离问题：由于整个 Hadoop 集群仅有一个 NameNode，无法隔离各个程序，因此 HDFS 上的一个实验程序就很可能影响整个 HDFS 上运行的程序。在 HDFS Federation 中，可以用不同的 NameSpace 来隔离不同的用户应用程序，使得不同 NameSpace 中的程序相互不影响。

3．Hadoop2 的 HDFS Federation 架构

本节所讲的 HDFS Federation 就是针对 Hadoop1 中 HDFS 架构上的缺陷所做的改进，简单地说 HDFS Federation 就是使得 HDFS 支持多个命名空间，并且允许在 HDFS 中同时存在多个 NameNode。

HDFS Federation 使用了多个独立的 NameNodes/NameSpaces 来使得 HDFS 的命名服务能够水平扩展。在 HDFS Federation 中，所有 NameNode 之间是联盟关系，它们之间相互独立且不需要通信或协调，不同 Namenodes 拥有独立的命名空间和块管理功能，集群中的 DataNode 被所有 NameNode 用作存储块的公共位置，每一个 DataNode 都会向集群中的所有 NameNode 进行注册，并且向所有 NameNodes 周期性地发送心跳信息和块信息报告，同时处理来自所有 NameNode 发送的指令。HDFS Federation 的体系结构如图 11-6 所示。

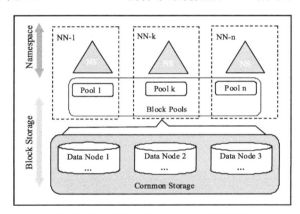

图 11-6　HDFS Federation 体系结构

图 11-6 中的块池（Block Pools）包含了属于某个单独命名空间 NS 的一组块，是所有 NameNodes 对块进行管理的逻辑抽象，集群中的 DataNodes 为所有块池提供块直接存储功能，不同块池隶属于某个命名空间 NS 进行单独管理，相互之间互不影响，这就使得隶属于某个 NameNode 的 NameSpace 可以为新块指定块 ID 而不需要与其他 NameSpaces 进行通信执行某些协商操作。若某个 NameNode 失效，并不会影响 DataNodes 向其他 NameNodes 提供块存储和获取数据服务。

NameSpace 与其对应的块池一起被称作 NameSpace 卷（Namespace Volume），是所有 NameNodes 管理整个集群的基本单元。若删除某个 NameNode/NameSpace，相应的块池也会被自动删除；若对整个集群执行升级操作，每个 NameSpace 卷作为整体被执行升级操作。

4．单 NameNode HDFS 架构与 HDFS Federation 之间的兼容性

HDFS Federation 架构的配置向后兼容，支持运行单 NameNode 配置的 Hadoop 集群，这

种兼容性使得已有的 Hadoop 集群配置不需要任何改变就可以继续工作，简化了升级操作。

11.3 小结

本章首先概要介绍了 Hadoop 的出现背景和发展历程，使读者对 Hadoop 的来源、发展以及应用环境有一个大概的认识，从而使读者在学习 Hadoop 的过程中有一个明确的目标和方向，提高学习 Hadoop 的兴趣和效率。其次，本章对 Hadoop 的两个不同分支（Hadoop 1.x 和 Hadoop 2.x）做了简要的分析比较，对 Hadoop 的重要组件 YARN 和集群管理的 HDFS 联邦机制做了详细说明。相信读者在阅读了本章之后对 Hadoop 体系框架的未来发展方向有一定的把握，同时能够针对自己的学习兴趣和需要选择特定体系框架的 Hadoop 版本。

习题

1. Hadoop 主版本号与次版本号是如何区分的，两者的功能分别是什么？
2. Hadoop1 与 Hadoop2 之间最主要的区别是什么？
3. YARN 的名称解释以及简要阐述其管理集群资源的方式。

选做

查阅国内外相关文献或网站，了解 HDFS 联邦机制在当前 Hadoop 体系中的发展现状。

第 12 章
Hadoop 实时数据处理技术

知识储备

- Linux 操作系统的熟练掌握
- Hadoop 基本框架理论的清晰理解
- Hadoop 集群体系的清晰认识
- Hadoop MapReduce 批处理模型的理解
- Hadoop Yarn 框架的理解
- Zookeeper 集群管理方式的理解

学习目标

- 了解 Hadoop 实时处理技术的进展
- 了解 Storm 实时处理技术
- 了解 Storm-Yarn 实时处理技术
- 了解 Spark 实时处理技术

  过去十年的数据处理技术革命很好地解决了 Web 2.0 时代所引发的数据爆发式增长产生的处理瓶颈问题，如 Hadoop、Map/Reduce 等相关技术实现了针对大量数据的分布式存储和处理操作，极大地提高了处理效率，并降低了传统技术的处理成本。然而近几年随着移动智能设备的普及，互联网中的数据增长速度出现了前所未有的突破，数据量越来越大，数据的价值却呈现出昙花一现，若不及时对其进行处理，很容易被海量的数据集弱化，同时被新生成的大量数据所湮没。Hadoop 和 Map/Reduce 主要是针对大量数据进行批处理而设计的，在处理效率和响应速度上都不能满足数据实时处理的要求。因此，有必要设计一种新的数据实时处理技术，以对即时产生的大量数据进行快速、有效地处理，使数据中的价值尽快显现出来以获得充分利用。

  Storm 正是应数据的实时处理需求而诞生。Storm 起源于 Twitter，后来贡献给 Apache 自由软件基金会，目前已升级为 Apache 顶级项目。Storm 简化了传统方法对无边界流式数据的处理过程，可以对数据进行实时分析、在线机器学习、持续计算、数据仓库技术以及可以简化分布式 RPC 的处理过程等。正是 Storm 存在这些优点，同时基于 Hadoop 分布式平台的通用性，Yahoo! 实现了可以部署在 Hadoop 平台上的 Storm——Storm-YARN。本章主要介绍

Yahoo！实现的 Storm-YARN，除此之外还会介绍与 Hadoop 分布式平台进行很好集成且功能很强大的另一种开源实现的实时处理技术——Spark，并针对 Storm-YARN 和 Spark 两者之间的差异进行比较说明。

12.1 Storm-YARN 概述

由于 Storm-YARN 是基于 Apache Storm 实现的，两者的框架结构和数据处理方式基本上一致，只是 Storm-YARN 将 Apache Storm 的相关组成部分与 Hadoop 的资源管理器 Yarn 中各个功能部分相关联起来。因此，为便于理解，在介绍 Storm-YARN 之前先介绍 Apache Storm 的结果组成部分和处理数据的方式。

12.1.1 Apache Storm 组成结构

Storm 集群中的各个功能组成部分与 Hadoop 集群中的一个 MapReduce 作业（Job）的各个功能组成部分相似。Hadoop 集群中运行的一个 Map/Reduce 程序成为一个作业，而 Storm 集群中运行的一个实时应用程序称为一个拓扑（Topology），这是因为各个 Storm 组件之间的数据流动形成逻辑上的一个拓扑结构。Map/Reduce 中的 Job 与 Storm 中的 Topology 区别是 Job 运行到最后会结束，而 Topology 会一直运行，除非对其执行 kill 操作。

Storm 集群的节点类型包括 Master 和 Worker 两种。Master 节点运行着一种称为 Nimbus 的守护进程，类似于 Map/Reduce 作业中的 JobTracker 进程的功能，Nimbus 负责集群资源的申请、集群中任务分配以及任务失败监控等操作。Worker 节点上运行着一种称为 Supervisor 的守护进程，Supervisor 负责执行 Nimbus 分配的任务，并按 Nimbus 的指示对失败任务进行重新执行等操作。

Storm 集群中的 Nimbus 和 Supervisor 是无状态的，两者之间的所有协调操作是由 Zookeeper 集群实现的，Storm 集群的组成结构如图 12-1 所示。守护进程 Nimbus 和 Supervisor 的状态信息都保存在 Zookeeper 集群中，或保存在相应守护进程所在节点的本地磁盘中，这就使 Storm 集群在运行过程中非常稳定。如执行命令 kill -9 Nimbus 或 kill -9 Supervisors 后，Zookeeper 会立即启动备份 Nimbus 或 Supervisors，使 Storm 集群保持当前的运行状态，好像什么也没有发生一样。

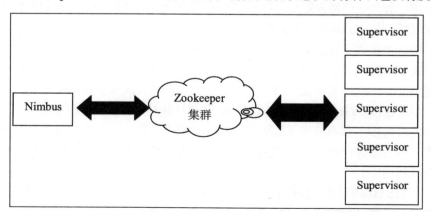

图 12-1 Storm 集群组成结构

12.1.2 Storm 数据流

Storm 处理的数据被称为流（Stream），流在 Storm 内各组件之间的传输形式是一系列元组(tuple)序列,传输过程如图 12-2 所示,每个元组内可以包含不同类型的数据,如 int、string 等类型,但不同元组间对应位置上数据的类型必须一致,这是因为元组中数据的类型由各组件在处理前事先定义明确的。

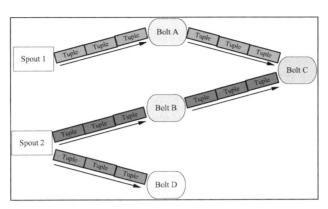

图 12-2　Storm 处理数据流结构拓扑

Storm 集群中每个节点每秒可以处理成百上千个元组,数据流在各个组件成分间类似于水流源源不断地从前一个组件流向后一个组件,而元组则类似于转载水流的管道。图 12-2 中各个组成成分的功能或角色如表 12-1 所示。

表 12-1　Storm 集群中各组成成分或角色的功能描述

组件或角色名称	功能描述
Topology(拓扑)	Storm 中运行的一个实时应用程序,因为各组件间消息流动形成逻辑上的一个拓扑结构
Spout(数据源)	在一个 Topology 中产生源数据流的组件。通常情况下 Spout 会从外部数据源中读取数据,然后转换为 Topology 内部数据形式的源数据,Spout 是一个主动的角色,其接口中有个 next 元组()函数,Storm 框架会不停地调用此函数,用户只要在其中生成源数据即可
Bolt(数据处理)	在一个 Topology 中接收数据然后执行处理操作的组件。Bolt 可以执行过滤、函数操作、合并、写数据库等任何操作,Bolt 是一个被动的角色,其接口中有个 execute(元组 input)函数,在接收到消息后会调用此函数,用户可以在其中执行自己想要的操作。一个 Bolt 的输出可以作为另一个 Bolt 的输入对数据进行进一步处理,如图 12-2 中的 Bolt A、Bolt B 和 Bolt C
Tuple(元组)	一次数据传输的基本单元。本来应该是一个 Key-Value 形式的 Map 结构,但是由于各个组件间传递的元组的字段名称和字段类型已经事先定义好,所以元组中只要按序填入各个 Value 就行了,所以就是一个 Value List
Stream(数据流)	源源不断传输的数据就组成了 Stream
Stream Grouping	即数据流的分割方法。基于 Storm 集群处理数据的方式,需要事先将 Spout 产生的数据源分割成不同的块,然后交由不同节点上的 Bolt 进行处理。Storm 中提供若干种实用的 Grouping 方式,包括 shuffle、fields、hash、all、global、none、direct 和 localOrShuffle 等

12.1.3 Storm-YARN 产生背景

Storm 具有很强的数据实时处理功能，其整体架构借鉴了 Hadoop 的多节点分布式同时处理功能来解决单机面临大量数据处理能力受限的瓶颈，其分布式集群的管理方式也是采用 Hadoop 的 Master-Slave 模式，具有高容错性和可扩展性。

由于 Hadoop 起步较早，其底层的 HDFS 分布式文件系统和 Map/Reduce 分布式处理框架已趋于成熟和完善，这就促使其在分布式领域变得越来越通用，所支持的上层应用也越来越丰富多样。目前 Hadoop 正逐步奠定其在分布式处理技术领域的地位，开始实施其定义分布式处理技术规范这一远大计划，其所构建的分布式生态系统受到了微软、Yahoo!、阿里巴巴、Cloudera、百度等大型公司的支持，尤其是 Hadoop2 中重新定义的 YARN 通用框架，为上层应用提供底层系统资源的自动化管理，极大地简化了分布式应用资源管理。

Yahoo! 基于 Hadoop 分布式平台实现 Storm-YARN，将 Storm 实时处理技术整合到 Hadoop 生态系统中，使 Storm 可以访问 Hadoop 的存储资源（如 HDFS、HBase）从而利用其集群计算资源进行更广泛的实时数据处理。

基于 Hadoop YARN 实现 Storm 主要有下述优点。

（1）Storm 利用 YARN 功能具有很强的弹性支持。Storm 因其实时处理特性，其处理负荷因数据流的特征和数量而具有不同差异，因此很难预测其具体负载情况，即 Storm 集群的负载具有不可控性。使用集群隔离功能将 Storm 集群部署到 Hadoop 的 YARN 框架上，可以充分利用 Hadoop 的易扩展特性进行弹性增加或释放系统资源，自动获取 Hadoop 上其他批处理应用的未使用的空闲资源，使用完成后释放或中途归还给 Hadoop 批处理应用，提高了整个集群的资源利用率。

（2）实现应用迁移、数据共享的大数据技术处理要求。可以根据应用的处理需求，针对同一数据实现在实时处理和批处理应用范围的数据共享需求，如对用户即时产生的实时数据进行在线处理并立即获得处理结果可以采用低延迟的 Storm 实时处理功能；若需要对用户产生的同类数据进行后期深层次挖掘，可以将数据暂时存储起来，然后采用 MapReduce 批处理功能进行线下处理，挖掘出数据中更有用的信息。这样就实现了同一数据多方面利用的需求。

12.1.4 Storm-YARN 功能介绍

Storm-YARN 与 Apache Storm 中的各个组件功能基本一致，只是将 Apache Storm 中的各组件角色进行了明确分离，以使其同 YARN 有效结合。Storm-YARN 的组成结构如图 12-3 所示。

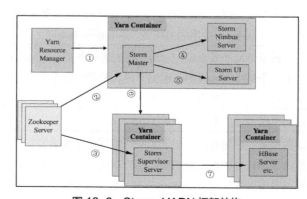

图 12-3 Storm-YARN 框架结构

Storm-YARN 首先向 Yarn Resource Manager 发出请求启动一个 Storm Master 应用（图 12-3 中的第①步操作），然后 Storm Master 在本地启动 Storm Nimbus Server 和 Storm UI Server（图 12-3 中的第④步和第⑤步操作），并使用 Zookeeper Server 维护 Storm-Yarn 集群中 Nimbus 和 Supervisor 之间的主从关系（图 12-3 中的第②步和第③步操作），其中 Nimbus 和 Supervisor 分别运行在 Yarn Resource Manager 为其分配的各个单独的资源容器（Yarn Container）中。此外，Storm-Yarn 还可以操作或访问运行在 Hadoop 上的分布式数据库 HBase（图 12-3 中的第⑦步操作）。

有关 Storm-YARN 的最新进展可以参考网址 https://github.com/yahoo/storm-yarn。

12.2 Apache Spark 概述

Apache Spark 最初是由 UC Berkeley AMPLab 开发的一款类似于 Hadoop Map/Reduce 的开源分布式集群计算框架，后来贡献给 Apache 自由软件基金会，目前已升级为 Apache 顶级项目。

Spark 与 Hadoop Map/Reduce 的区别在于 Map/Reduce 主要是基于两阶段访问磁盘数据的批处理计算，Spark 是基于内存的实时计算。针对相同应用的处理目标，Spark 的性能会比 Map/Reduce 快 100 多倍，因为 Spark 应用在处理数据前即预先定义好数据的分配操作，数据一直位于内存中，任务进行过程中除了存储最终处理结果不会涉及任何磁盘访问操作。Spark 比较适合于分布式环境下的数据挖掘算法与机器学习算法。

12.2.1 Apache Spark 组成结构

Spark 需要底层文件系统支持，其集群运行环境需要一个集群管理者（Cluster Manager）负责资源的管理。Spark 所支持的文件系统有 Hadoop HDFS、Cassandra、OpenStack Swift 和 Amazon S3，Spark 可运行在本地模式下，可以使用本地文件系统代替分布式文件系统。关于 Spark 的集群资源管理系统 Cluster Manager 可以使用 Hadoop Yarn 或 Apache Mesos，若运行在本地模式下，可以不需要 Cluster Manager。

Spark 应用程序的集群结构如图 12-4 所示，Spark 应用程序由运行于用户主程序中的 SparkContext 对象根据集群使用情况分为多个相互独立的进程集，然后访问 Cluster Manager 为各个进程分配其运行所需要的资源（图 12-4 所示中的第①步），其中 SparkContext 可以同时连接多个 Cluster Manager 为 Spark 应用程序分配所需的运行资源，如 Spark 单机模式内含的资源管理程序、Yarn 资源管理程序或 Mesos 资源管理程序。若 SparkContext 连接 Cluster Manager 获取资源成功，会在集群中的相应空闲 Worker Node 节点上为各个单独 Spark 进程建立独立的运行空间 Executor（图 12-4 中的第②、③、④步），Executor 分为多个区，分别为任务区（Task）和数据缓存区（Cache），都位于内存中。不同运行空间 Executor 相互独立，但可以在 SparkContext 的控制下实现 Cache 中的数据共享，这也是为什么 Spark 可以基于内存支持高效的多次迭代计算操作。

为进程创建好工作空间 Executor 后，SparkContext 将 Spark 应用程序的代码或任务计划分发到任务区 Task 中，最后一切准备过程就绪后即可执行 Spark 程序。

启动 Spark 应用程序后，该程序会一直接收输入数据，即时处理并输出结果，整个处理过程犹如流水一样源源不断地进行，除非 SparkContext 发出 kill 命令即可终止该程序的运行，否则会一直运行下去。

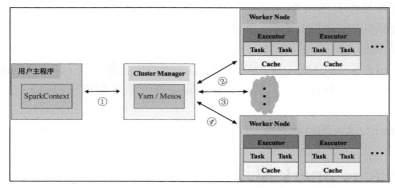

图 12-4　Spark 应用程序集群结构

图 12-4 中有几个需要注意的地方如下。

（1）每个应用程序拥有自己的运行空间 Executor，Executor 在应用程序的整个生命周期一直存在，Task 以多线程的方式处理数据流。这种处理方式的优点是可以隔离不同的进程空间，避免相互之间的干扰。

（2）Spark 应用独立于底层集群资源管理器（Cluster Manager），并不受限于某一 Cluster Manager，提高了其抽象灵活性。Spark 只需要获得 Executor 进程运行空间以及 Executor 与 SparkContext 相互间的通信连接即可运行，这说明 Spark 应用程序可以根据资源需求情况进行动态申请，运行在任意一种集群资源管理器 Cluster Manager 上（如 YARN、Mesos），从而与运行其上的其他应用程序共存，提高集群资源的利用率。

（3）SparkContext 可以根据数据在集群中各 Worker Node 的分布情况，向集群资源管理器所申请的 Executor 尽量与数据位于相同的节点，实现数据本地化、应用程序迁移的方式降低网络通信开销。

12.2.2 Apache Spark 扩展功能

Spark 是一个通用的基于内存的高效集群计算系统，提供了丰富的 Java、Scala、Python 上层 API，可以在其上编写自己特定的应用程序。此外，Spark 还提供了丰富的上层应用处理工具，包括处理结构化或半结构化数据的 Spark SQL、机器学习算法库 MLlib、图形处理框架 GraphX、数据流式处理功能 Spark Streaming。其中，Spark 上的所有处理操作都会转换为底层的流式处理操作，因此，Spark Streaming 是 Spark 处理数据的基础功能之一。

Apache Spark 所支持的功能组件形成的框架结构如图 12-5 所示，可以将 Spark SQL、MLlib、GraphX、Spark Streaming 等功能完全无缝集成在同一个 Spark 应用中，提高相应应用程序的处理功能。若想了解更多有关 Spark 的原理和功能，可以参考官网 http://spark.apache.org/。

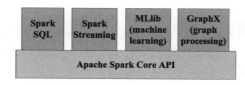

图 12-5　Spark 扩展功能

12.3　Storm 与 Spark 的比较

Storm 与 Spark 都是开源的分布式流处理框架，两者在处理海量数据方面具有很多共同点，当然也存在很大差异。

两者的共同点如下。

（1）开源的分布式集群计算框架。

（2）基于内存的高效实时数据处理功能，处理过程中途无磁盘访问操作。

（3）集群资源可扩展性好，数据容错性高。

（4）相对于 Hadoop MapReduce 批处理模型，两者在处理数据方面都具有低延迟性。

（5）两者都提供了丰富的 Java、Python 上层 API。

（6）目前两者都对 Hadoop 分布式存储平台提供了良好支持。

两者之间的差异如下。

（1）Storm 是专门针对大量数据进行实时处理的一个框架，数据在 Storm 框架内是一个个连续不断事件流从其中一个组件流向另一个组件；Spark 拥有丰富的数据处理扩展功能，包括针对结构化或半结构化数据进行处理的 SQL 功能、机器学习算法库 MLlib、图像处理库 GraphX 等，其主要目标是解决 Map/Reduce 批处理模型的低效率问题。

（2）Storm 集群没有专门的文件系统支持，可以直接部署在一般通用文件系统上，因为其所有的操作和数据都是在内存中，程序的最终状态和结构都返回到上层应用中，不需要访问文件系统，但目前的 Storm-YARN 实现可以支持访问分布式数据库和分布式文件系统 HDFS；Spark 集群一般需要专门的分布式文件系统支持，如 HDFS、Amazon S3 等（单机模式一般只需要通用文件系统即可支持），因此，可以将其处理的最终结果保存在分布式文件系统或分布式数据库中。

（3）由于 Storm 可以不用专门的文件系统支持，数据在不同组件间的传输方式为一个个事件流，其处理结果可以不用保存在磁盘中，因此，其处理数据的效率一般可以达到秒内的延迟；而 Spark 虽然宏观上是基于内存的实时数据处理，但其集群间管理和传输数据的方式仍是将数据事先分成很多块发送到相应处理节点，微观上仍是一个小的批处理过程，其处理效率有几秒的延迟。时间性能上，Spark 比不上 Storm，Storm 处理的是每次传入的数据流，Spark 处理的是某个时间段窗口内的数据流。

（4）Storm 作为一个独立的产品架构在大型互联网公司 Twitter 中诞生且从 2011 年一直运行至今，并且获得了很多大型 IT 公司的支持，其性能和稳定性得到了很好的实际性验证；Spark 为最近两年诞生于 UC Berkeley AMPLab，虽然获得了很多公司的技术支持，但目前仍处于商业实际应用的实验阶段，还存在很多技术缺陷。尽管如此，Spark 因其丰富、强大的功能，且能够与 Hadoop 实现无缝集成，相信其会不断完善和强大，成为大数据处理技术的一个重要分支。

12.4　小结

基于目前大量数据快速产生的特点和人们生活节奏的日益加快，过去十年的大数据批处理技术已不能完全解决数据价值的即时响应需求，需要对海量数据进行实时、高效的处理，并将处理结果及时反馈给上层应用以获得数据价值的充分利用，Storm 和 Spark 正是为解决实时数据处理需求而产生的，两者既可以单独地部署在普通 Linux 集群中，也可以部署在 Hadoop

集群环境下，充分利用 Hadoop 分布式文件系统的功能获取和保存数据，弥补了两者自身没有文件系统支持功能的缺陷。本章简要描述了基于 Hadoop 平台的实时处理技术 Storm-YARN 和 Spark，这两个实时数据处理功能作为独立的功能组件可以简单、快速地部署在 Hadoop 平台的 YARN 框架下，体现了 Hadoop 平台的通用性。

习题

1. Storm 和 Spark 的功能分别是什么？
2. Storm 集群的组成及其对应功能分别是什么？
3. Storm 数据流对象的组成成分有哪些？简要描述各成分的功能。
4. 简要描述 Storm 与 Storm-YARN 的区别。
5. Spark 框架处理数据的各组成成分包含哪些？简要描述 Spark 处理数据的过程。
6. Spark 所支持的扩展功能有哪些，并说明其作用。
7. 简要描述 Storm 与 Spark 的异同点。

选做

查看国内外相关文献或网站，总结当前的实时处理技术有哪些，并对比分析各自的特点和优缺点。

附录A 使用Eclipse提交Hadoop任务相关错误解决

A.1 提交任务时出现 Failed to locate the winutils binary in the hadoop binary path

java.io.IOException: Could not locate executable null\bin\winutils.exe in the Hadoop binaries 错误。

该错误出现，说明编译没有通过，这里是由于Hadoop-2.x源文件bin目录下的相关文件与Windows不兼容，需要使用如下操作进行修复。

（1）下载hadoop-common-2.2.0-bin-master.zip，下载地址：

https://github.com/srccodes/hadoop-common-2.2.0-bin

（2）解压hadoop-common-2.2.0-bin-master.zip，用\hadoop-common-2.2.0-bin-master\bin目录下的所有文件覆盖掉E:\hadoop-2.2.0\bin中的文件。

（3）复制E:\hadoop-2.2.0\bin\hadoop.dll文件到C:\Windows\System32中。

（4）将E:\hadoop-2.2.0\bin添加到环境变量Path中。

A.2 提交任务时出现 org.apache.hadoop.util.Shell$ExitCode Exception: /bin/bash: line 0: fg: no job control 错误

这其实是Hadoop-2.2.0本身的bug所致，这个问题同样发生在Hadoop-2.3中，具体的情况可以在Apache的官网中找到：

https://issues.apache.org/jira/browse/YARN-1298

https://issues.apache.org/jira/browse/MAPREDUCE-5655

https://issues.apache.org/jira/browse/HADOOP-10110

那么问题的解决方式是：下载上面第2、3页面中提供的3个文件，即MRApps.patch、YARNRunner.patch、HADOOP-10110.patch，然后为Hadoop-2.2.0源代码打上补丁，再进行重编译成源文件即可。

上面的方法操作起来是非常的麻烦，但是实际上只是hadoop-2.2.0源文件里面的两个jar包有问题：

hadoop-2.2.0\share\hadoop\mapreduce\hadoop-mapreduce-client-common-2.2.0.jar

hadoop-2.2.0\share\hadoop\mapreduce\hadoop-mapreduce-client-jobclient-2.2.0.jar

可以直接从网上搜索下载其他网友重编译好的jar包，替换掉NameNode的jar包和本地Hadoop源文件中的jar包；如果建立的是Java工程，那么还需替换掉项目中相应的依赖包。之后找到本地Hadoop源文件中的如下jar包（或Java工程的相应依赖包）：

E:\hadoop-2.2.0\share\hadoop\mapreduce\hadoop-mapreduce-client-core-2.2.0.jar

用压缩软件打开，双击修改mapred-default.xml，如图A-1所示。

图 A-1 修改 mapred-default.xml 文件

添加如下变量：

```xml
<property>
<name>mapred.remote.os</name>
<value>Linux</value>
<description>Remote MapReduce framework's OS, can be either Linux or Windows
</description>
</property>

<property>
<name>mapreduce.application.classpath</name>
<value>
$HADOOP_CONF_DIR,
$HADOOP_COMMON_HOME/share/hadoop/common/*,
$HADOOP_COMMON_HOME/share/hadoop/common/lib/*,
$HADOOP_HDFS_HOME/share/hadoop/hdfs/*,
$HADOOP_HDFS_HOME/share/hadoop/hdfs/lib/*,
$HADOOP_MAPRED_HOME/share/hadoop/mapreduce/*,
$HADOOP_MAPRED_HOME/share/hadoop/mapreduce/lib/*,
$HADOOP_YARN_HOME/share/hadoop/yarn/*,
$HADOOP_YARN_HOME/share/hadoop/yarn/lib/*
</value>
</property>
```

附录B 常用Pig内置函数简介

B.1 可重入函数（Eval Functions）

（1）AVG

语法：AVG(expression)

用法：计算数值的平均值，使用 AVG 函数之前必须使用 GROUP 语句对待计算数值数据进行分组，例如使用 GROUP ALL 语句把所有数值数据分类成一个整体，然后计算所有数值数据的平均值，使用 GROUP BY 语句按组对数值数据进行分组，然后计算各个分组数值数据的平均值。expression 中的值必须为 int、long、float、double、bigdecimal、biginteger 或 bytearray 类型的数值数据。AVG 函数会忽略 null 值。

实例：计算每一个学生分数绩点 gpa 的平均值。

```
grunt> A = LOAD 'student.txt' AS (name:chararray, term:chararray, gpa:float);
grunt> DUMP A;
(John,fl,3.9F)
(John,wt,3.7F)
(John,sp,4.0F)
(John,sm,3.8F)
(Mary,fl,3.8F)
(Mary,wt,3.9F)
(Mary,sp,4.0F)
(Mary,sm,4.0F)
grunt> B = GROUP A BY name;
grunt> DUMP B;
(John,{(John,fl,3.9F),(John,wt,3.7F),(John,sp,4.0F),(John,sm,3.8F)})
(Mary,{(Mary,fl,3.8F),(Mary,wt,3.9F),(Mary,sp,4.0F),(Mary,sm,4.0F)})
grunt> C = FOREACH B GENERATE A.name, AVG(A.gpa);
grunt> DUMP C;
({(John),(John),(John),(John)},3.850000023841858)
({(Mary),(Mary),(Mary),(Mary)},3.925000011920929)
```

（2）CONCAT

语法：CONCAT (expression, expression, [⋯expression])

用法：用于连接两个或多个相同类型的 expression 值，若任何一个 expression 值为 null，则所得结果为 null 值。

实例：将 f1、f2 和 f3 这 3 个字段连接在一起，f1 与 f2 之间用下划线"_"连接在一起。

```
grunt> A = LOAD 'data' as (f1:chararray, f2:chararray, f3:chararray);
grunt> DUMP A;
(apache,open,source)
(hadoop,map,reduce)
(pig,pig,latin)
grunt> X = FOREACH A GENERATE CONCAT(f1, '_', f2,f3);
grunt> DUMP X;
(apache_opensource)
(hadoop_mapreduce)
(pig_piglatin)
```

(3)COUNT

语法：COUNT(expression)

用法：统计 expression 中元素总数，expression 中的元素类型一般为 bag 类型。使用 COUNT 函数之前必须使用 GROUP 语句对 expression 中的所有元素进行分组，例如使用 GROUP ALL 语句把所有元素分类成一个整体然后统计整个分类的元素个数，使用 GROUP BY 语句按组对元素进行分组，然后计算各个分组中元素的个数。

实例：统计每一个 bag 类型中的 tuple 元素个数。

```
grunt> A = LOAD 'data' AS (f1:int,f2:int,f3:int);
grunt> DUMP A;
(1,2,3)
(4,2,1)
(8,3,4)
(4,3,3)
(7,2,5)
(8,4,3)
grunt> B = GROUP A BY f1;
grunt> DUMP B;
(1,{(1,2,3)})
(4,{(4,2,1),(4,3,3)})
(7,{(7,2,5)})
(8,{(8,3,4),(8,4,3)})
grunt> X = FOREACH B GENERATE COUNT(A);
grunt> DUMP X;
(1L)
(2L)
(1L)
(2L)
```

(4)MAX

语法：MAX(expression)

用法：用于计算 expression 内单列数值数据中的最大值，expression 变量一般为 int、

long、float、double、bigdecimal、biginteger、chararray、datetime 或 bytearray 类型。执行 COUNT 函数之前必须使用 GROUP 语句对 expression 中的所有元素进行分组。MAX 函数会忽略 null 值。

实例：计算每一个学生所有项目的最高分数。

```
grunt> A = LOAD 'student' AS (name:chararray, session:chararray, gpa:float);
grunt> DUMP A;
(John,fl,3.9F)
(John,wt,3.7F)
(John,sp,4.0F)
(John,sm,3.8F)
(Mary,fl,3.8F)
(Mary,wt,3.9F)
(Mary,sp,4.0F)
(Mary,sm,4.0F)
grunt> B = GROUP A BY name;
grunt> DUMP B;
(John,{(John,fl,3.9F),(John,wt,3.7F),(John,sp,4.0F),(John,sm,3.8F)})
(Mary,{(Mary,fl,3.8F),(Mary,wt,3.9F),(Mary,sp,4.0F),(Mary,sm,4.0F)})
grunt> X = FOREACH B GENERATE group, MAX(A.gpa);
grunt> DUMP X;
(John,4.0F)
(Mary,4.0F)
```

（5）MIN

与 MAX 函数相对应，用于计算 expression 内单列数值数据中的最小值。

（6）SUM

语法：SUM(expression)

用法：用于计算数值的总和，执行 COUNT 函数之前必须使用 GROUP 语句对 expression 中的所有元素进行分组。expression 类型一般为 int、long、float、double、bigdecimal、biginteger 或 bytearray 等数值类型。SUM 函数会忽略 null 值。

实例：计算每一个人的宠物总数。

```
grunt> A = LOAD 'data' AS (owner:chararray, pet_type:chararray, pet_num:int);
grunt> DUMP A;
(Alice,turtle,1)
(Alice,goldfish,5)
(Alice,cat,2)
(Bob,dog,2)
(Bob,cat,2)
grunt> B = GROUP A BY owner;
grunt> DUMP B;
(Alice,{(Alice,turtle,1),(Alice,goldfish,5),(Alice,cat,2)})
```

```
(Bob,{(Bob,dog,2),(Bob,cat,2)})
grunt> X = FOREACH B GENERATE group, SUM(A.pet_num);
grunt> DUMP X;
(Alice,8L)
(Bob,4L)
```

B.2 加载/存储函数（Load/Store Functions）

（1）BinStorage

语法：BinStorage()

用法：以二进制形式加载/存储数据。

实例：将 BinStorage()函数应用到 LOAD、STORE 操作用于加载、存储数据。

```
grunt> A = LOAD 'data' USING BinStorage();
grunt> STORE A into 'output' USING BinStorage();
```

（2）JsonLoader、JsonStorage

语法：JsonLoader(['schema'])、JsonStorage( )

用法：JsonLoader 用于加载 JSON 格式的数据，JsonStorage 用于存储 JSON 格式的数据。schema 为可选的 Pig 模式，位于单引号内。

实例：为加载的数据指定相关模式。

```
grunt> a = load 'a.json' using JsonLoader('a0:int, a1:{(a10:int,a11:chararray)}, a2:(a20:double, a21:bytearray), a3:[chararray]');
```

（3）PigDump

语法：PigDump()

用法：使用 UTF-8 格式存储数据。

实例：将 PigDump()应用与 STORE 操作。

```
grunt> STORE X INTO 'output' USING PigDump();
```

（4）PigStorage

语法：PigStorage(['field_delimiter'] , ['options'])

用法：使用结构化文本文件格式加载或存储数据。field_delimiter 为数据字段分隔符，默认为 tab 指标符"\t"，可以指定其他符号为分隔符，如逗号（,）、冒号（:）等。options 为以字符串形式的选项，可以指定多个选项，选项之间以空格隔开，如('optionA optionB optionC')。当前所支持的选项如下。

('schema')：指定用一个隐藏的 JSON 文件存储关系的模式。

('noschema')：加载数据时忽略相应的模式。

('tagPath')：在原数据字段之前增加一个伪列 INPUT_FILE_PATH，用于指明包含该记录的文件输入路径。

('tagFile')：在原数据字段之前增加一个伪列 INPUT_FILE_NAME，用于指明包含该记录的文件名。

PigStorage 为 pig 加载（LOAD）/存储（STORE）数据时使用的默认函数，操作的文件格式为结构化的文本文件（可读的 UTF-8 格式）。

实例：所加载的文件内容各字段以 tab 字符作为分隔符，各记录以换行符结尾，该格式为 LOAD 或 STORE 操作文件的默认格式，第一条语句与第二条语句功能相同。

```
A = LOAD 'student' USING PigStorage('\t') AS (name: chararray, age:int, gpa: float);
A = LOAD 'student' AS (name: chararray, age:int, gpa: float);
```

STORE 操作使用 PigStorage(':')定义存储的目标文件中各字段之间以冒号（:）作为分隔符，指定存储目录为 output，文件名为 part-nnnnn（如 part-00000）。

```
STORE X INTO 'output' USING PigStorage('*');
```

（5）TextLoader

语法：TextLoader()

用法：用于加载 UTF-8 格式的非结构化数据，输入文件中的每一行作为一个单独的字段存储在 tuple 形式的结果中。

实例：应用 TextLoader()函数于 LOAD 操作。

```
A = LOAD 'data' USING TextLoader();
```

（6）HBaseStorage

语法：HBaseStorage('columns', ['options'])

用法：用于从 HBase 表中加载数据或把结果存储到 HBase 表中。参数 columns 指定多个列名用于读取数据或存储数据，列族（column family）与列名之间以冒号分隔开，不同列之间以空格分隔开，只需要指定 Pig 所操作的相关列。options 为以空格分开的一个或多个选项，选项以字符串形式位于单引号内，形式如('-optionA=valueA -optionB=valueB -optionC= valueC')。常见选项 options 如下。

–loadKey=(true|false)：加载数据时是否设置返回的 tuple 结果中第一个值为记录行键（row key），默认为 false。

–gt=minKeyVal：设置只返回 rowkey 大于 minKeyVal 的记录。

–gte=minKeyVal：设置只返回 rowkey 大于或等于 minKeyVal 的记录。

–lt=maxKeyVal：设置只返回 rowkey 小于 maxKeyVal 的记录。

–lte=maxKeyVal：设置只返回 rowkey 小于或等于 maxKeyVal 的记录。

–regex=regex：设置只返回 rowkey 与 regex 匹配的记录。

–limit=numRowsPerRegion：设置从每个 region 中提取数据的最大行数目。

–caching=numRows：保存在缓存（cache）中的记录条数。

实例：LOAD 操作使用 HBaseStorage 函数，并使用 AS 关键字指定模式。

```
grunt> raw = LOAD 'hbase:// TableName'
       USING org.apache.pig.backend.hadoop.hbase.HBaseStorage(
       'info:first_name info:last_name tags:*', '-loadKey=true -limit=5')
AS (id:bytearray, first_name:chararray, last_name:chararray, tags_map:map[]);
```

上述 LOAD 操作定义的关系 raw 中第一列 id 为记录在数据库中的 rowkey，通过设置参数–loadKey=true 选项指定执行 LOAD 操作时自动添加；info:first_name 和 info:last_name 列为实际数据列，包含了完整的模式，即字段名和字段类型；第三列 tags:*中的星号*为通配符，表示返回 tags 列族中的所有存在的列，为该字段定义的别名为 tags_map，类型为 map[]类型，用于存储一系列字段值，map 中的 key 为 HBase 表中的列名，key 类型为 chararray，map 中的 value 为相应列值，value 类型可以指定为 int 或 chararray 类型。

从 HDFS 上使用默认的 PigStorage 函数加载数据，使用 STORE 操作存储结果数据到

HBase 表中：

```
A = LOAD 'hdfs_users' AS (id:bytearray, first_name:chararray, last_name:chararray);
STORE A INTO 'hbase://users_table'
USING org.apache.pig.backend.hadoop.hbase.HBaseStorage(
'info:first_name info:last_name');
```

注意关系 A 中的模式包含 3 个字段，而 STORE 操作中的 HBaseStorage 函数只包含两个参数，因为关系 A 中的第一个字段 id 被用作 HBase 表中的 rowkey。

B.3　数学函数（Math Functions）

（1）ABS

语法：ABS(expression)

用法：返回 expression 的绝对值，expression 的类型为 int、long、float 或 double。

（2）CEIL

语法：CEIL(expression)

用法：返回不小于 expression 的最小整数，如 CEIL(4.3) 和 CEIL(4.6) 都返回 5，CEIL(-4.3) 和 CEIL(-4.6) 都返回 -4，即对 expression 向上取整，expression 的类型为 double。

（3）FLOOR

语法：FLOOR(expression)

用法：返回不大于 expression 的最大整数，如 CEIL(4.3) 和 CEIL(4.6) 都返回 4，CEIL(-4.3) 和 CEIL(-4.6) 都返回 -5，即对 expression 向下取整，expression 的类型为 double。

（4）LOG

语法：LOG(expression)

用法：以 e 为底返回 expression 的自然对数，expression 的类型为 double。

（5）LOG10

语法：LOG10(expression)

用法：以 10 为底返回 expression 的自然对数，expression 的类型为 double。

（6）RANDOM

语法：RANDOM()

用法：返回 double 类型的大于或等于 0.0 且小于 1.0 的伪随机数。

（7）ROUND

语法：ROUND(expression)

用法：以四舍五入的方式返回 expression 的整数值，若 expression 为 float 类型则函数返回的值为 int 类型，若 expression 为 double 类型则函数返回的值为 long 类型。如 ROUND(4.3) 返回 4，ROUND(4.6) 返回 5，ROUND(-4.3) 返回 4，ROUND(-4.6) 返回 -5。注意，ROUND(-4.5) 会返回 -4，当取中间负数值时，会返回最大值。

（8）SQRT

语法：SQRT(expression)

用法：返回 expression 的正数平方根，expression 的类型为 double。

B.4 字符串函数（String Functions）

（1）EqualsIgnoreCase

语法：EqualsIgnoreCase(string1, string2)

用法：忽略大小写方式比较两字符串是否相等。若 string1 和 string2 中的任何一个为 null，结果返回 null。

（2）INDEXOF

语法：INDEXOF(string, 'character', startIndex)

用法：从 string 的 startIndex 位置开始向后搜索，寻找 character 第一次出现的位置。startIndex 默认从 0 开始计数。

（3）LAST_INDEX_OF

语法：LAST_INDEX_OF(string, 'character')

用法：从 string 的末尾开始向前搜索，寻找 character 第一次出现的位置。

（4）LOWER

语法：LOWER(string)

用法：把 string 中的所有字符转换为小写，若 string 为 null，结果返回 null。

（5）SUBSTRING

语法：SUBSTRING(string, startIndex, stopIndex)

用法：返回 string 中从 startIndex 位置开始到 stopIndex 位置结束的子字符串，startIndex 默认从 0 开始计数，不包括 stopIndex 位置上的字符。

（6）TRIM

语法：TRIM(string)

用法：去除 string 中的首尾空格字符，若 string 为 null，结果返回 null。

（7）UPPER

语法：UPPER(string)

用法：把 string 中的所有字符转换为大写，若 string 为 null，结果返回 null。

B.5 时间函数（Datetime Functions）

（1）CurrentTime

语法：CurrentTime()

用法：返回当前时间的 DateTime 对象。

（2）GetDay

语法：GetDay(datetime)

用法：以天为单位返回时间。

（3）GetHour

语法：GetHour(datetime)

用法：以小时为单位返回时间。

（4）GetMilliSecond

语法：GetMilliSecond(datetime)

用法：以毫秒为单位返回时间。

（5）GetMinute

语法：GetMinute(datetime)

用法：以分钟为单位返回时间。

（6）GetMonth

语法：GetMonth(datetime)

用法：以月为单位返回时间。

（7）GetSecond

语法：GetSecond(datetime)

用法：以秒为单位返回时间。

（8）GetWeek

语法：GetWeek(datetime)

用法：返回一年中的第几周。

（9）GetYear

语法：GetYear(datetime)

用法：以年为单位返回时间。

B.6　Map/Bag/Tuple 函数

（1）TOTUPLE

语法：TOTUPLE(expression [, expression …])

用法：将一个或多个任意类型的 expression 转换为 tuple 类型。

实例：把字段 name、age、gpa 转换为 tuple 类型。

```
grunt> A = LOAD 'student' AS (name:chararray, age:int, gpa:float);
grunt> DUMP A;
(John,18,4.0)
(Mary,19,3.8)
(Bill,20,3.9)
(Joe,18,3.8)
grunt> B = FOREACH a GENERATE TOTUPLE(name,age,gpa);
grunt> DUMP B;
((John,18,4.0))
((Mary,19,3.8))
((Bill,20,3.9))
((Joe,18,3.8))
```

（2）TOBAG

语法：TOBAG(expression [, expression …])

用法：将一个或多个任意类型的 expression 转换为 bag 类型。该函数首先将每个 expression 转换为单独的 tuple 类型，然后把所有的 tuple 类型数据封装到 bag 类型中。

实例：将 name 字段和 gpa 字段分别转换为单独的 tuple 类型，然后封装到 bag 类型中。

```
grunt> A = LOAD 'student' AS (name:chararray, age:int, gpa:float);
```

```
grunt> DUMP A;
(John,18,4.0)
(Mary,19,3.8)
(Bill,20,3.9)
(Joe,18,3.8)
grunt> B = FOREACH A GENERATE TOBAG(name, gpa);
grunt> DUMP B;
({(John),(4.0)})
({(Mary),(3.8)})
({(Bill),(3.9)})
({(Joe),(3.8)})
```

（3）TOMAP

语法：TOMAP(key-expression, value-expression [, key-expression, value-expression …])

用法：将每对 key-expression, value-expression 转换为 map 类型。必须为该函数提供偶数个参数，其中，第奇数个参数的类型必须为 chararray，第偶数个参数的类型可以为 map value 所支持的任何类型。

实例：获取字段 name 和字段 gpa 并转换为 map 类型。

```
grunt> A = LOAD 'student' AS (name:chararray, age:int, gpa:float);
grunt> DUMP A;
(John,18,4.0)
(Mary,19,3.8)
(Bill,20,3.9)
(Joe,18,3.8)
grunt> B = FOREACH A GENERATE TOMAP(name, gpa);
grunt> DUMP B;
[John#4.0]
[Mary#3.8]
[Bill#3.9]
[Joe#3.8]
```